材料燃烧性能分析

舒中俊　杜建科　王　霁　编著

中国建材工业出版社

图书在版编目(CIP)数据

材料燃烧性能分析 / 舒中俊,杜建科,王霁编著.
—北京:中国建材工业出版社,2014.12(2023.8重印)
ISBN 978-7-5160-0108-0

Ⅰ. ①材… Ⅱ. ①舒… ②杜… ③王… Ⅲ. ①建筑材
料—燃烧性能—性能分析 Ⅳ. ①TU502

中国版本图书馆 CIP 数据核字(2014)第 250276 号

内 容 提 要

全书以可燃材料对火的反应特性为主线,以现有实验研究成果为基础,对材料的热分解、引燃、燃烧速率、热释放、火焰传播和产物的生成速率等主要的对火反应特性,从理论角度进行了深入分析,并详细介绍了材料对热响应和分解燃烧的数值分析与模拟的新进展,最后阐述了材料火灾危险性的分析方法与防治对策。

本书理论与实践相结合,能够满足国内对材料火灾安全研究和材料火灾防治的实际需要,可供广大聚合物材料和建筑材料的开发人员、火灾科学与消防工程的研究人员、建筑工程设计人员、消防监督管理人员,以及高等院校和科研院所相关专业的师生参考使用。

材料燃烧性能分析
舒中俊 杜建科 王 霁 编著

出版发行:中国建材工业出版社
地   址:北京市海淀区三里河路 11 号
邮   编:100831
经   销:全国各地新华书店
印   刷:北京雁林吉兆印刷有限公司
开   本:787mm×1092mm 1/16
印   张:14
字   数:348 千字
版   次:2014 年 12 月第 1 版
印   次:2023 年 8 月第 3 次
定   价:**48.00 元**

本社网址:www.jccbs.com.cn   微信公众号:zgjcgycbs
本书如出现印装质量问题,由我社营销部负责调换。联系电话:(010) 57811387

前　言

材料的燃烧性能直接影响火灾的发生、发展、熄灭及其危害后果。深入分析理解材料的燃烧性能，对材料火灾危险性的评价与防治具有重要作用。近年来，我国重特大火灾事故时有发生，如央视新址北配楼火灾、上海"11·15"教师公寓火灾和德惠"6·3"火灾等灾难性火灾给人民的生命财产造成了重大损失，对国家形象和社会稳定也造成了不可忽视的负面影响。引发火灾事故的原因很多，追根溯源，材料的可燃、易燃性是最本质的原因。正是人们对易燃、可燃材料的火灾危险性认识不清，导致管理不善，最终酿成灾难性后果。要正确认识和评价材料的火灾危险性，必须对材料对火反应的燃烧性能进行深入研究。国家标准《建筑材料燃烧性能分级》（GB 8624—2012）是规范材料安全使用最重要的技术法规，其中引用的标准试验也是评价材料火灾危险性的重要方法。鉴于科学技术的发展水平，标准规范的内容总会具有一定局限性，需要不断地修订与完善。GB 8624 也不例外，随着人们对材料的燃烧性能分析研究的深入，标准从最初的 1986 版，经过三次修订演变成现行的 2012 版，其内容也发生了深刻的变化，其引用的试验标准和分级指标更加科学、合理。所有这些都是建立在人们对材料的火灾燃烧性能深入分析研究的基础之上的。

本书以材料对火反应的进程为主线，对材料的受热分解、引燃、燃烧速率、热释放、火焰传播和燃烧产物的产率及毒性进行了深入分析，并在此基础上阐述了可燃材料火灾危险性的综合分析与评价方法。第 1 章为绪论，主要介绍了材料与火灾的关系、材料燃烧性能的基本概念和材料火灾防治的理念；第 2 章主要论述了火灾中的热环境、材料的高温性能和聚合物材料的热分解的机理，本章是分析材料燃烧性能的基础；第 3 章重点分析了热薄型和热厚型材料的引燃特性；第 4 章以滞留层理论为基础论述了材料的燃烧速率；第 5 章介绍了热释放速率的测定方法，重点分析了热释放速率的影响因素和常见聚合物材料的热释放；第 6 章以稳态模型为基础，详细分析了材料表面火焰传播规律；第 7 章以燃烧反应为基础，分析了燃烧产物的生成速率与产率，并简要介绍了常见燃烧产物的毒性；第 8 章主要论述了材料火灾模拟的方法、进展和应用；第 9 章阐述了材料火灾危险性的分析、表征和评价方法。

本书第 1、2、3、5、7 章由舒中俊撰写，第 4、6 章由杜建科撰写，第 8、9 章由王霄撰写，全书由舒中俊统稿。

本书在撰写过程中参阅和引用了大量国内外的文献资料，在此对文献作者表示由衷感谢！由于时间仓促，作者水平有限，书中难免存在不足之处，敬请读者批评指正。

编　者

2014 年 7 月

目　　录

第1章 绪 论

1.1 材料与火灾

材料是人类用于制造机器、构件和产品的物质，是人类赖以生存和发展的物质基础。从广义上讲，凡能为人们生产、生活所用的物质、物料都属材料。材料按组成成分可分为金属材料、无机非金属材料、高分子材料和复合材料。从来源上看，可分为天然材料和人造材料。在人类所使用的材料中有很大一部分具有可燃、易燃的特性，遇火能发生燃烧，甚至爆炸。火灾是在时间或空间上发生失控燃烧所造成的灾害。从燃烧的本质看，可燃材料的存在是发生火灾的前提。本书主要讨论具有可燃性的聚合物材料及制品的燃烧性能。

随着社会的进步和发展，现代建筑物、构筑物和交通工具等人员和财富集中的场所或载体所使用的建造材料日趋多样化。无论是有机高分子材料（聚合物材料）还是无机建筑材料，当它们接触火源或暴露在强热流环境时，都会引发一系列的火灾安全问题。前者具有可燃性，燃烧产生大量热和有毒烟气，引发热危险和非热危险；后者在热作用下，可能丧失稳定性，导致结构垮塌。从室内火灾发展过程来看，材料（包括结构材料、装饰装修材料和陈设物品等）的可燃性是造成火灾蔓延扩大的根本原因。因此，深入研究和认识材料的对火反应，对建筑火灾和交通工具火灾的预防与控制具有十分重要的意义。

随着我国城镇化进程加快，各种建筑物和基础设施的建设呈现井喷式发展，各种聚合物材料在工程中的使用量也随之激增。2013 年，我国塑料类聚合物材料的产量已达到 6188.66 万吨，合成橡胶达到 408.97 万吨，合成纤维达到 4133.68 万吨。近几年来，我国聚合物材料的总产量年均增长接近 10%，超过了 GDP 的增长速度。特别是随着高分子材料科学与工程的发展，普通塑料工程化、工程塑料高性能化的研究及应用已取得长足进展。聚合物复合材料作为工程塑料的典型代表（如纤维增强塑料），从 20 世纪 60 年代起已被广泛应用于航空航天、交通工具、城市基础设施、体育用品和大众消费品等诸多领域，其生产和使用量的增长速度更快。有关国内聚合物复合材料的实际使用量，尚未见权威统计数据，但可以参考美国早些年公布的统计数据，从中了解聚合物复合材料的发展态势。图 1.1 是 2001 年美国聚合物复合材料在不同领域的使用份额和使用数量。

从图 1.1 可看出，尽管复合材料大量应用于防腐保护、海洋开发、电子电器等领域，但在交通运输和建筑市场的使用量所占比例最大。在航空、船舶、建筑和化工行业，聚合物复合材料持续增长的使用份额已经对传统材料（如钢材、铝合金）提出了挑战。聚合物复合材料作为重要的工程材料，虽然不会完全替代钢铁，但是，聚合物复合材料的使用将持续发展。提高复合材料的质量和结构性能并降低成本，以及新兴纳米复合材料的发展，将会是推动高聚物复合材料广泛使用的关键因素。

聚合物材料能在诸多领域应用是因为其具有物理、化学、热学和机械等方面的卓越性能。与大多数金属合金相比，其主要优点包括：低密度、高硬度、高强度、良好的耐疲劳性

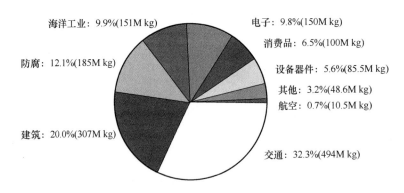

图 1.1　2001 年美国聚合物复合材料的使用情况

和抗腐蚀性、保温绝热和低热膨胀系数等。当然，部分聚合物复合材料也存在诸如力学性能低、抗冲击性能差，以及各向异性等缺点，从而限制了其应用领域。

聚合物材料最主要的缺点是耐火性能差。当复合材料暴露于高温环境（如 300～400℃）时，其有机基体分解燃烧释放出大量热、烟尘和有毒气体。如芳纶、聚乙烯等有机纤维用于增强复合材料的同时，也能发生分解，增加燃烧产生的热量和烟气释放量。当加热到适当温度（100～200℃）时，部分聚合物复合材料也能发生软化、蠕变和屈服形变，由此可能导致承重的聚合物复合材料结构的弯曲和失效。聚合物材料燃烧释放出的热量、烟气，以及结构完整性的下降会给消防救援造成极大的危险，同时加重火灾对人员生命及健康的危害。聚合物材料的可燃性是其在基础设施和公共交通领域应用受限的关键因素。

火灾本身是一个复杂的燃烧现象，一般经历从初起火逐步发展为火场温度和火灾规模递增的多个阶段，直至火势衰减熄灭。当涉及聚合物材料燃烧时，火灾可能变得更为复杂，因为聚合物材料能够影响火场温度、火灾规模和火焰传播速率。材料在燃烧过程中产生的湍流火焰，从底部到顶部一般可以划分为连续火焰区、间断火焰区和热烟羽流三个区域，如图 1.2 所示。连续火焰区靠近火焰底部，大部分的可燃蒸气在这个区域发生放热的链式反应并放出大量的热。一般来说，碳氢化合物的池火和天然气火焰的最高温度可达 900～1150℃，但是，大多数固体可燃物燃烧时连续火焰区的温度基本保持在 830～900℃。在连续火焰区之上是间断火焰区，在该区域温度持续下降，可见火焰温度在 300～600℃较宽的范围内变化，平均温度在 400℃左右。湍流火焰的连续火焰区和间断火焰区的界限并不清晰，经常出现重叠和变化。间断火焰区的上面是热烟羽流，在该区域没有可见火焰，并且温度随高度增大而下降。热烟羽流由热气体、蒸气和烟尘组成，通过对流换热向上运动。

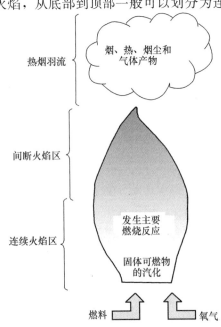

图 1.2　湍流火焰的结构示意图

火灾的发生和发展取决于很多因素的作用，这些因素包括燃料类型（不同的热值）、火灾荷载、燃料尺寸（不同的面积）、火焰中氧气含量、风速、以及着火空间的通风条件。当聚合物材料暴露于火灾中时，面临火场的高温和火焰轰击，其本身也就成为了加重火灾的燃料源。

在封闭空间（也称室内）使用聚合物材料，如飞机机舱、船舶舱室或高速列车，需要谨慎评估聚合物材料的可燃性带来的额外火灾风险。因此，分析室内火灾的发展过程对认识材料的火灾危险性很有帮助。室内火灾一般经历起火、增长、全面发展和熄灭几个阶段（如图 1.3 所示），现分述如下。

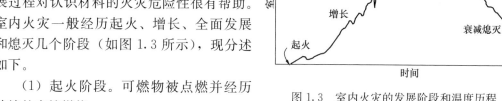

图 1.3　室内火灾的发展阶段和温度历程

（1）起火阶段。可燃物被点燃并经历持续的有焰燃烧。

（2）火势增长阶段。初期火灾的增长主要取决于可燃物的类型和分布。如果氧气和燃料充足，随着火灾增长，空间温度会持续升高。在此阶段，当温度达到 350～500℃时，暴露于火灾中的聚合物材料会被点燃。

（3）轰燃阶段。初起火增长到一定程度，会发生轰燃，此时空间内所有可燃物（包括聚合物复合材料）都参与燃烧。一般认为，当室内热烟气的温度达到或超过 600℃时会发生轰燃。

（4）充分发展阶段。轰燃发生后，室内的热释放速率和火场温度达到最大值，火灾进入全充分发展阶段（也称全盛期）。典型室内火灾当轰燃发生后峰值温度可达到 900～1000℃，理论上能达到 1200℃。

（5）衰减熄灭阶段。随着可燃材料逐步耗尽，室内温度下降，火灾进入了最后的衰减熄灭阶段。当然，室内的自动灭火系统的作用，如水喷淋的启动，也能使火势衰减和熄灭。

聚合物材料可提供丰富的碳氢化合物作为燃料，即使在初始燃料源（如油品、可燃气体）耗尽或熄灭之后，也能促进火灾的增长。当复合材料加热到足够高的温度时，聚合物基体和有机纤维将会发生热分解。大多数聚合物基体和有机纤维在可燃气体燃烧产生的温度达到 350～600℃时就会分解，通过不同的分解机理，来自聚合物长链的碎片分子量变得足够小时，它们就能扩散进入火焰参与燃烧。大多数聚合物热分解产生的小分子量产物基本都是易燃的烃类气体，因此，能成为燃料维持燃烧。气体燃烧主要发生在固体表面（连续火焰区），少部分发生在形成高活性的氢自由基的间断火焰区域。这些氢自由基与火焰中的氧结合产生羟基自由基：

$$H\cdot + O_2 \longrightarrow \cdot OH + O\cdot \tag{1.1}$$

$$O\cdot + H_2 \longrightarrow \cdot OH + H\cdot \tag{1.2}$$

火焰中产生热量最多的主要放热反应是：

$$\cdot OH + CO \longrightarrow CO_2 + H\cdot \tag{1.3}$$

反应（1.2）和（1.3）产生的氢自由基又反馈到反应（1.1）中作为反应物，当氧气供给充足时燃烧过程即可持续进行。这就是通常所说的有机聚合物的循环燃烧，如图 1.4 所示。当材料中的有机树脂完全分解后，燃料源枯竭，循环燃烧停止。在火灾科学研究中，人们通常使用辐射热通量代替火焰温度表征火焰强度。图 1.5 给出了热通量和聚合物材料热表面温度的关系。不同的火灾类型一般对应不同的热通量大小，如：①阴燃火：$2\sim10kW/m^2$；②垃圾桶火灾：$10\sim15kW/m^2$；③室内火灾：$50\sim100kW/m^2$；④轰燃后火灾：$>100kW/m^2$；⑤气体喷射火：$150\sim300kW/m^2$。

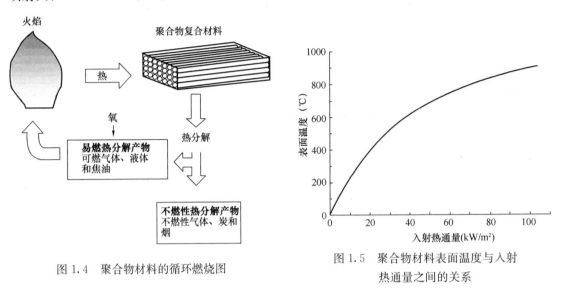

图 1.4　聚合物材料的循环燃烧图

图 1.5　聚合物材料表面温度与入射
热通量之间的关系

近些年来，在我国，与聚合物材料使用相关的重特大火灾事故时有发生，给人民生命和财产造成了巨大损失。

2009 年 2 月 9 日中央电视台新址北配楼因违规施放礼花弹，礼花弹在空中爆炸后的高温残片落入楼顶，引燃了作为外墙保温的钛合金 XPS（挤塑聚苯乙烯泡沫）复合材料，由于 XPS 具有热塑性，上部引燃的材料在燃烧过程中发生熔融滴落或大块塌落，致使火焰向下快速蔓延，短时间内形成大面积燃烧，事故造成一名消防指战员牺牲，经济损失巨大。

2010 年 11 月 15 日，上海市静安区一栋教师公寓楼在进行外部修缮和节能改造施工过程中，由于违章动火作业，引燃了作为保温层材料的硬质聚氨酯泡沫材料，火势快速发展，很快形成立体燃烧，最后导致 58 位居民在火灾中罹难，另有 10 余人受伤，火灾损失惨重。

2013 年 6 月 3 日吉林省长春市宝源丰禽业有限公司肉鸡屠宰加工车间，由于电气线路故障引燃了车间吊顶内用作保温材料的硬质聚氨酯泡沫和聚苯乙烯泡沫夹芯板，致使火灾快速蔓延，其间高温引起制冷剂液氨泄漏，加重了火灾危害，最后造成 121 人死亡、76 人受伤的巨大损失。

在上述三起典型火灾案例中，聚合物材料的易燃性是导致火灾快速蔓延和严重后果的根本原因。因此，聚合物材料的安全使用必须引起人们的高度重视。

1.2　材料的对火反应及试验

材料的燃烧性能通常是指在规定的试验条件下（小尺寸的样品，在通常环境条件下）材料对火反应的能力，即材料遇火燃烧时所发生的一切物理、化学变化，具体包括吸热、热解、着火燃烧、火焰蔓延、熄灭等多方面的行为。材料的燃烧性能能够在一定程度上反映材料在火灾的初起阶段（即轰燃前阶段）的燃烧行为。但是，由于规定的试验条件与真实火灾的环境条件毕竟存在较大差异。因此，通过试验获得的材料燃烧性能通常与其在真实火灾条件下的燃烧性能可能存在不可忽略的偏差。如常见的聚氯乙烯（PVC）材料在通常条件下燃烧时，具有自熄性，氧指数较高，属难燃材料。但是，同样的 PVC 材料在真实的火灾中，暴露在高温环境时，也能够剧烈燃烧，放出大量的热和有毒、有害气体，从而增大火灾的规模和危害。一般而言，材料科学研究者通常比较关注材料的燃烧性能，而从事火灾科学与消防工程的研究人员则更关注材料在火灾环境中的燃烧性能，即材料的火灾性能。由于真实火灾的发展具有很大的不确定性，真实火灾很难重复，因此，目前所说的材料火灾性能并非从真实火灾中得到，而是通过模拟火灾试验获得。在现有文献中，尚未将材料的火灾性能与燃烧性能严格进行区分，本书以下各章中所述燃烧性能，若未特别说明，均指材料在火灾条件下的燃烧性能。

材料的对火反应是指材料暴露于火焰和热辐射环境中所表现的燃烧性能和耐火性能。对于通用聚合物材料而言，主要表现为燃烧性能；无机材料主要表现为耐火性能。但是，对于部分高性能聚合物复合材料，除了高温下（火灾全盛期）表现出一定的燃烧性能，在火灾初期更多表现出耐火性能。材料的燃烧性能通常以引燃时间（t_{ig}）、热释放速率（HHR）、总热释放（THR）、火焰传播速率、产烟速率和烟气毒性等参数来表征，这些特性参数对火灾的发展蔓延和危害具有重要影响，是评价材料火灾危险性的主要依据。耐火性能主要包括材料的隔热性能、抗烧穿性能和结构完整性能。

目前，有关材料的对火反应已有多种试验方法和标准。这些试验方法能够测试材料的引燃时间、火焰传播速度、火焰传播距离，以及火焰停止传播的临界热通量等诸多参数。同时，也可通过多种试验方法来确定材料燃烧的综合性参数。但是，这些测试方法中仍没有一种方法能够提供比较全面的测试数据，也还不能提供完全可靠的参数用于工程预测。尽管如此，这些测试方法还是能够在一定程度上反映材料在特定条件下的燃烧性能，如引燃特性、燃烧速率、热释放速率和火焰传播等，这些参数可用于对材料使用中的火灾危险性进行分析评价。

当前，国际上通用的材料对火反应试验，按照试样的尺寸大致可分为：大尺度（large-scale 或 full-scale）、中尺度（middle-scale）和小尺度（small-scale 或 bench-scale）三类火灾试验。不同尺度的典型火灾试验如图 1.6 所示。从图 1.6 中可以看到，现有对火反应试验中试样的尺寸从 0.001m² 到 36m² 不等。若不考虑试样尺寸，重要的是对火反应的试验条件，应该尽可能接近材料实际可能遭受的火灾类型。对于这些不同类型火灾，其热通量分布处在低强度的 20kW/m² 到高强度的 150kW/m² 之间。此外，试样应该是材料的最终使用状态，也就是说试样应包括材料表面的装饰或各种功能性包覆层。目前尚未有一种试验能够测试材料所有的对火反应的燃烧性能，通常是一种试验只能测试材料一项与火灾危险性相关的燃烧性能。

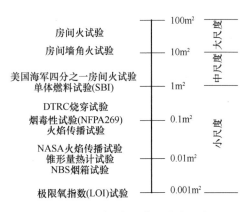

图 1.6 不同尺度的典型火灾试验

实验室小尺度火灾试验具有操作简便、费用低且能提供一致性和重复性较好的试验数据，因此，应用最为广泛。小尺度试验通常用于从易燃性和烟毒性等方面对材料进行筛选。此外，小尺度试验所获得的数据也可用于验证预测材料在大尺度火灾中燃烧性能的计算模型。常用于测试聚合物材料的小尺度火灾试验主要有锥形量热计试验、极限氧指数（LOI）试验和烟密度试验等。

特别是对热释放速率和烟密度而言，小尺度试验的局限性主要表现在这些试验没有考虑火灾增长对其性能参数的影响。这些试验的结果仅仅只是反映了材料在火灾特定阶段的特性，并不能反映其在整个火灾过程中的燃烧性能。小尺度试验的最大不足是试样在实验过程中均为完全燃烧，而在真实火灾中，由于封闭空间通风条件的限制，材料通常会发生缺氧燃烧，因而很少出现完全燃烧的情况。

中尺度火灾试验可以克服小尺度试验的一些主要缺点。虽然中尺度试验中材料试样的面积也只有 $1\sim2m^2$，但基本能够代表其实际使用的状态。单体燃烧试验（SBI）是目前比较通用的中尺度火灾试验。

由于费用高、耗时长，聚合物材料的大尺度火灾试验次数往往会受到限制，只有当材料使用中的结构比较复杂，缩比例试样不能代表其典型使用状态时，才使用大尺度试验，以避免中、小尺度试验可能产生的不确定性。

材料的引燃特性通常用引燃时间和对应的表面入射热通量（$\dot{q}''$）表征。

燃烧速率（$\dot{m}''$，严格而言，为单位面积上的质量损失速率）是材料接收到的热通量和材料的气化热相互作用的直接结果。材料的气化热（L）定义为：

$$L = \frac{\dot{q}''}{\dot{m}''} \tag{1.4}$$

这里，$\dot{q}''$ 实际上是材料气化形成燃料气体质量流为 $\dot{m}''$ 时材料所吸收的净热通量。

热释放速率是指材料燃烧时单位面积上释放的能量，由材料的燃烧热（Δh_c）导出，即：

$$HRR = \dot{m}'' \Delta h_c \tag{1.5}$$

上述 L 和 Δh_c，这些性质可由实验来测量。对液态物质而言，它们就是物质本身的热力学性质，但对固体材料而言，显然不及液体的那样精确。尽管如此，人们仍然能够从试验数据中导出有效值来确定固体材料名义上的 L 和 Δh_c。不论是否发生了相变、炭化和瞬变效应，所得出的这些特性参数值代表的是固体材料在整个有焰燃烧期间的平均结果，通常与燃烧期间的热通量无关，即使在非正常大气气氛下也是如此。对聚合物复合材料而言，这些特性参数值是可变的，它们取决于复合材料中控制燃烧的主要成分。

同样，引燃和火焰蔓延特性反映的是材料被加热至其引燃温度的历程，可用材料的热物理特性表示。这些热物理特性包括：密度（ρ）、比热容（c）和热导率（k）。与材料的厚度（δ）一样，传热特性对材料的燃烧性能也有重要影响。

引燃温度的概念直接来自针对自燃和液体闪点测试的气相试验结果。因此，一般而言，固体的引燃温度与其处于燃烧浓度下限的可燃蒸气被引燃的能力密切相关。高温下，对于合适的蒸气浓度（接近化学反应计量比），自燃的最低温度与气体的混合程度和固体表面温度相关。因此，可以此确定材料发生自燃的表面温度。在一定程度上，固体引燃或自燃的临界温度在一定的加热范围内不会发生变化。正因如此，这些特定温度可以看成是材料的热物理属性。例如，美国材料试验协会（ASTM）制定的《材料引燃及火焰传播性能试验标准》（ASTM E 1321）就是用于测定材料的热惯性（$k\rho c$）、引燃温度（T_{ig}）和火焰的逆风传播能力。美国工厂互助保险公司（FM）球形火焰传播仪（FPA）和美国材料试验协会的"使用火焰传播仪测量聚合物材料火焰传播"（ASTM E 2058）则用于测定材料的 L 和 Δh_c，以及其他一些与燃烧产物的产量相关的参量，如产率等。从燃烧反应的质量损失角度看，产率给出了燃烧反应的化学计量比。即：

$$y_i = \frac{m_i}{m_{\text{lost}}} \tag{1.6}$$

式中，y_i 为第 i 种燃烧产物的产率；m_i 为 i 产物的产量；m_{lost} 为反应物的损失质量。显然，这些产率是不同于真实化学反应方程中的系数比，它们表示的是反应的质量比。

应该指出的是，材料的 L 和 Δh_c 也是以燃料的质量损失为基础的。在材料分解、气化生成的蒸气中并非所有成分都能燃烧，如某些含有铵类阻燃剂的材料在分解时，就能产生诸如水蒸气的不燃气体。与 ASTM E 1354 中规定的锥形量热计试验一样，在 FM 的火焰传播仪试验以及等效的 ASTM E 2058 试验中，化学能释放速率（$\dot{Q}_{\text{chem}}$），即热释放速率也是基于氧消耗（$\dot{m}_{\text{ox}}$）原理，使用 $\Delta h_{\text{ox}} = 13.1\text{kJ/g}$ 来计算确定。这样便有：

$$\Delta h_c = \frac{\dot{Q}_{\text{chem}}}{\dot{m}_{\text{lost}}} = \frac{\dot{m}_{\text{ox}} \Delta h_{\text{ox}}}{\dot{m}_{\text{lost}}} \tag{1.7}$$

前面提到的气化热（L）就可由质量损失速率与外加辐射热通量之间的线性关系来确定。

只有当试验条件与材料火灾燃烧条件相近或具有相关性时，试验结果才能应用于消防工程的实践和火灾危险评估中。

在火势发展初期，材料尚未发生氧消耗之前，来自火焰和环境的热流对材料燃烧具有非常重要的影响。因此，许多试验都采用外加辐射热流（$\dot{q}''_e$）来确定材料在燃烧初期的燃烧行为。事实上，如果没有外加的辐射热流，许多材料在空气中并不会燃烧。因此，要评价材料的燃烧性能，就需要对材料在受热状态下的燃烧行为进行全面研究。不少试验方法虽然采用了外加辐射热流，但其结果也不能完全反映材料在所选热流强度范围之外的燃烧性能，当然也不能代表材料在所有火灾中的燃烧行为。在室内发生轰燃或火势发展到全盛期后，来自火焰的辐射热通量的上限值可达 $50 \sim 70\text{kW/m}^2$。然而，在材料火灾试验中所选热流强度并不会与实际火灾热流强度完全一致，正因为如此，目前部分工程模型计算和强制性标准试验的结果与材料在实际火灾中的燃烧行为的相关性并不能令人满意。图 1.7 说明了火灾试验环境与实际火灾之间辐射热流的差异。在火灾试验和真实火灾中，来自火焰和环境的热通量也不一样。

Panagiotou 和 Quintiere 使用锥形量热计和测试火焰竖向（向上和向下）传播的辐射加热仪的试验结果，绘制了不同聚合物材料的"燃烧特性图"，用以说明材料在所选的整个外加辐射热通量范围内的燃烧特性。材料引燃、火焰传播和持续燃烧的最低辐射热通量对判断材料整体燃烧特性非常重要。事实上，测试铺地材料燃烧性能的

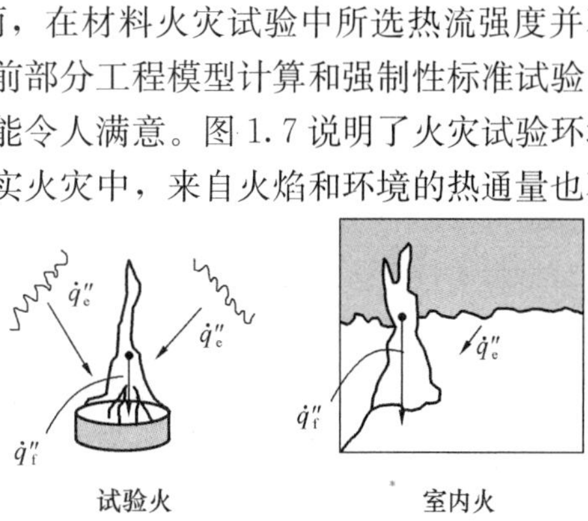

试验火　　　　室内火

图 1.7　火灾试验与真实火灾中的
辐射热通量

7

ASTM E 648（我国的 GB/T 11785 与此等效），就是以测试材料火焰蔓延的临界辐射热通量为基础的。图 1.8 和图 1.9 分别给出了抗冲击聚苯乙烯（HIPS）和聚甲基丙烯酸甲酯（PMMA，也称有机玻璃）两种常用聚合物材料在给定热通量范围内的燃烧特性。图中材料的燃烧特性是通过引燃时间、热释放速率峰值和火焰传播速率这三个特性参数进行表征的，其外推条件是火焰前端的预热表面与外加热流之间处于热平衡。

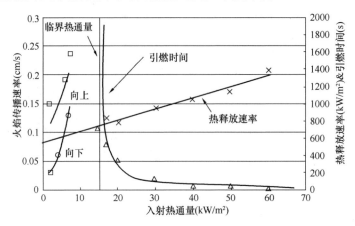

图 1.8　抗冲击聚苯乙烯（HIPS）燃烧特性图

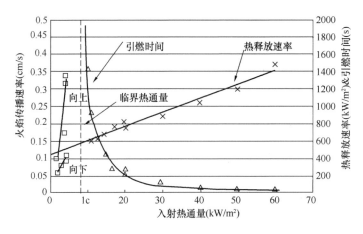

图 1.9　聚甲基丙烯酸甲酯（PMMA）燃烧特性图

1.3　材料火灾危险性分析与评价

材料一旦受到火源作用或暴露于较强的热流环境，其本身将发生一系列物理、化学变化，改变材料原有特性，同时放出热、烟和有毒有害气体，从而引发火灾安全问题。一般而言，材料的火灾危险性是指材料潜在的因燃烧、热蜕变等导致火灾危害的可能性。从材料的燃烧过程来看，其火灾危险性包含引燃危险性、热危险性和非热危险性。

引燃危险性是指材料受到火源或热源作用发生着火燃烧的可能性。如果火源功率确定或热源提供的热通量确定，则可使用引燃时间（t_{ig}）和临界引燃热通量（CHF）来表征材料在特定条件下的引燃危险性。引燃时间越短，临界引燃热通量越低，材料的引燃危险性越大。

热危险性是指材料在燃烧过程中因释放热量而引起对生命、结构和财产产生危害的可能性。材料的热危险性可用材料燃烧时的热释放速率和总热释放（THR）表征。热释放速率越大，单位时间内放出的热量越多，热危险性越大；总热释放越大，材料燃烧时累积放出的热量越多，热危险性越大。

非热危险性是指材料在燃烧过程中由燃烧的生成物引起对生命、财产和环境产生危害的可能性。材料的非热危险性可用材料燃烧时生成物的产率、腐蚀性、毒性等参数表征。产物的产率越大、腐蚀性越强、毒性越大，材料的非热危险性越大。

现阶段，不论是引燃危险性、热危险性还是非热危险性，它们的分析与评价都是以材料对反应试验中的燃烧性能为基础的。

因此，对火反应试验设计的科学性、合理性尤为重要。正如前面所述，现有对火反应试验，不论尺寸大小，都存在各自的不足，因此，设计开发新的对火反应试验，改进完善已有试验，也是材料对火反应研究的重要内容之一。与此同时，以聚合物材料的热解反应动力学、传热学和流体力学为基础，采用数值计算的方法，对材料的对火反应行为进行模拟，是非常有发展前景的研究方法。数值模拟方法简便、高效，几乎能够设置任意的火灾场景进行计算分析，这能更好地帮助人们全面了解材料的火灾危险性。当然，数值模型的可靠性首先必须得到对火反应试验和实体火灾的验证。由于材料热分解过程的复杂性，特别是分解燃烧过程中传热、传质规律的多变性，使得精确模拟在现阶段还非常困难，不过现有部分近似模拟已获得了较为满意的结果，具体内容将在本书后面章节中论述。

第2章　材料的高温性能与热分解

当建筑发生火灾时，其装修材料、结构材料都将暴露在火灾造成的热环境之中，材料的高温性能直接影响火灾的发展蔓延和危害程度。分析材料在火灾环境中的高温性能，对评价火灾危险性具有重要意义。

2.1　火灾中的热环境

2.1.1　火灾中的热传递方式

聚合物在燃烧过程中，固、液、气三态同时存在，因此，在聚合物燃烧过程中也存在着多种的热传递方式，包括固体中的热传导、高聚物熔体和裂解气体的热对流及火焰的热辐射。但在火灾的某个特定阶段，或在某个特定的区域，可能只有某一种方式起着决定性的作用，相应的，对热危险性进行分析计算时往往也只考虑主要的传热方式。一般情况下，燃烧的化学热释放速率以对流热释放速率和辐射热释放速率两种形式表现出来，前者与空气和产物之间的流动有关，后者与火焰的电磁波有关。

（1）热传导

物体各部分之间不发生相对位移，仅靠分子、原子和自由电子等微观粒子的热运动而引起的热量传递称为热传导。热传导是分子能量输运过程，可以用傅里叶定律表示，即单位时间内通过给定截面的热量，正比例于垂直于该界面方向上的温度变化率和截面面积，而热量传递的方向则与温度升高的方向相反。

$$\dot{q''_x} = -k\frac{\mathrm{d}T}{\mathrm{d}x} \tag{2.1}$$

热传导在固、液、气之中都可能存在，固体以两种形式传导热能，自由电子迁移和晶格振动，晶格振动传输的能量相对较小。在金属中，热传导主要通过自由电子运动；在其他固体和大部分液体中，热传导依靠原子、分子在其平衡位置的振动实现。对于聚合物来说，由于其分子链长，分子量很大，分子、原子间作用力很强，在玻璃化转变温度（T_g）以下高分子长链分子无法运动，主要通过链段和晶区的运动传热。聚合物的非晶区由于其结构无序，导致聚合物晶区和非晶区的导热系数差别非常大。聚合物晶区和非晶区之间的晶界和晶区的缺陷也会使声子受到散射而降低其平均自由路程，导致导热率下降，因此，大多聚合物都是热的不良导体。这使得试样受热面向内部传热比较困难，材料内部通常会存在非常大的温度梯度。

材料表面在引燃前，主要依靠热传导方式进行传热，聚合物内部的热传递影响着聚合物热裂解过程，从而影响聚合物的燃烧过程。热传导过程在固体着火、表面的火焰传播、壁面热损失以及材料的防火阻燃中尤为重要，对于热塑性聚合物形成液池燃烧时，液体导热也必须考虑。

（2）热辐射

因热的原因而产生的电磁波在空间的传播称为热辐射,热辐射过程不需要借助于介质。热辐射传递能量与温度的 4 次方成正比,因此,在火灾条件下,由于火焰和烟气的温度很高,热辐射是占主导地位的传热方式。来自火焰、热烟气及高温表面的辐射热流是材料火势增长的驱动力。

在火灾中,人们关心的是材料温度的变化。如果在同样的条件下,材料温升快则说明这种材料比较危险。同样是在太阳的热辐射作用下,一个表面涂黑的物体和一个白色或透明的物体相比,前者升温快。要确定材料的温度变化,仅知道入射热通量是不够的,还必须获得辐射源和材料对电磁波的吸收率 (α)、透射率 (τ) 和反射率 (ρ) 等光谱特性。材料的吸收率、透射率和反射率之和等于 1,且同一介质在相同温度下的光谱吸收率和光谱发射率相同,即 $\alpha_\lambda(\lambda, T) = \varepsilon_\lambda(\lambda, T)$。

就辐射源来说,不同的辐射源具有不同的光谱特征。图 2.1 (a)、(b) 和 (c) 给出了三种辐射源的光谱特征:(a) 地球表面的太阳光;(b) 一种油品 (JP-4) 池火;(c) 典型室内火灾条件 (800~1100K) 下的黑体辐射源。太阳辐射波长主要在 0.3~2.4μm 之间,而火灾条件下的辐射波长在 1~10μm 之间。

图 2.2 和图 2.3 分别给出了实验测定的织物反射和透射光谱。从图 2.2 可以看出,颜色 (6 白、7 黑、1 黄) 对太阳光的反射有明显影响。不过,在火灾时的光谱范围内,颜色几乎

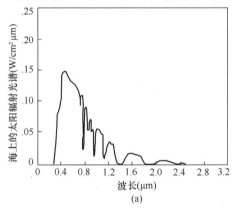

(a)

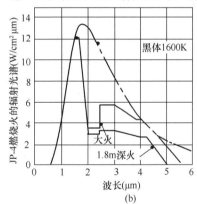

(b)

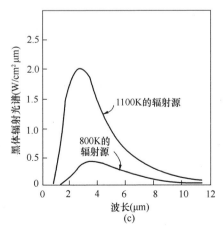

(c)

图 2.1　不同辐射源的光谱特征

(a) 地球表面的太阳光;(b) 油品火;(c) 黑体辐射

没有影响，即便是污浊（5a）或潮湿（5b）织物的反射系数也降到了小于或等于0.1。因此，考虑到火灾分析的实际需要，当没有其他可供参考的确定参数时，取反射率为0或吸收率为1是合理的，因为只有薄织物（图2.3）的透射系数为0.2或更低，而且波长大于$2\mu m$时则几乎降至0。

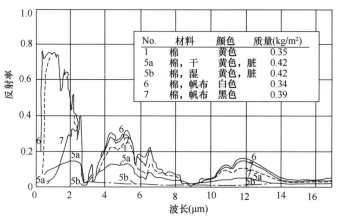

No.	材料	颜色	质量(kg/m²)
1	棉	黄色	0.35
5a	棉，干	黄色，脏	0.42
5b	棉，湿	黄色，脏	0.42
6	棉，帆布	白色	0.34
7	棉，帆布	黑色	0.39

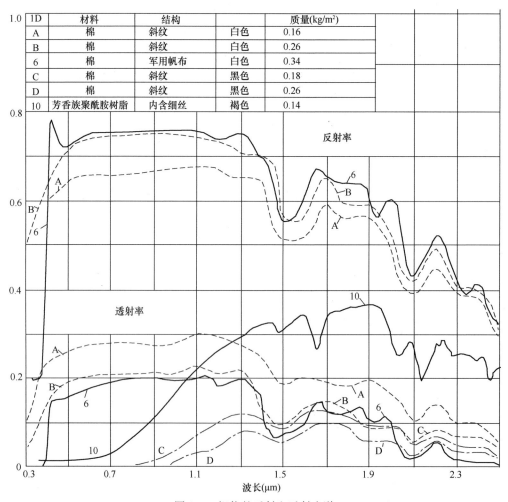

ID	材料	结构		质量(kg/m²)
A	棉	斜纹	白色	0.16
B	棉	斜纹	白色	0.26
6	棉	军用帆布	白色	0.34
C	棉	斜纹	黑色	0.18
D	棉	斜纹	黑色	0.26
10	芳香族聚酰胺树脂	内含细丝	褐色	0.14

图2.3 织物的反射和透射光谱

火焰和燃烧产物的热辐射是一个复杂过程，确定时必须了解温度随时间和空间的变化、烟尘大小的分布及其浓度，以及发射和吸收气体组分的浓度。从理论上讲，如果已知上述参数，就能够计算辐射传热量，但这对真实火灾而言并不现实。通常只能采用实测和经验关系式合理估算。通过描述火焰的平均热辐射通量可以克服上述困难，即：

$$\overline{\dot{q}''} = (\overline{\varepsilon_g} + \varepsilon'_g)\sigma(\overline{T} + T')^4 \tag{2.2}$$

式中，上画线表示时间平均值以及湍流脉动项的最大值。这里并未考虑空间变化，因为它会使问题复杂化。此外，发射率取决于燃料性质和火焰形状。火焰或气体的发射率可简单地表示为：

$$\varepsilon_g = 1 - e^{-\kappa_g l} \tag{2.3}$$

式中，κ_g 为吸收率，l 是火焰的平均长度或特征尺度。特征尺度为 $1\sim2\text{m}$ 的火焰接近黑体发射体，$\varepsilon_g \approx 1$。

（3）热对流

流体之间发生相对位移所引起的热传递过程称为热对流，热对流仅发生在流体中。对流传热的特点是靠近壁面附近的流体层中依靠热传导方式传热，而在流体中则主要依靠对流方式传热，热对流总是伴随着热传导。热对流是火焰和外界进行热传递的主要方式之一。温度探测器及温度传感器等都是通过热对流的方式工作的，因此，研究室内火灾的热对流过程有特殊的作用。热对流在热辐射较小的火灾初始阶段尤为重要。

聚合物材料引燃后，由于温度不同而引起热解气体密度的差别，使气体轻的上浮，重的下沉，热解气体与氧气混合并燃烧释放出大量的热。聚合物引燃后高温气体通过热对流将部分热量传递到聚合物上，热塑性材料在熔融后，熔融层中也存在热对流现象。

通常火灾条件下用对流换热系数 $h[\text{W}/(\text{m}^2 \cdot \text{K})]$ 表示流体流动对温度场的影响，即：

$$\dot{q}'' = h(T - T_s) \tag{2.4}$$

其中，T 是流体温度，T_s 是固体壁面温度。

2.1.2　净入射热通量

火灾中的热环境以材料暴露面遭受的热通量大小表征。热通量由对流热流和辐射热流两部分组成。材料表面在火灾中的受热情况如图 2.4 所示。

图 2.4 中，T_s 为材料受热表面温度（K）；$\varepsilon_f\sigma T_f^4$ 为来自火焰或高温烟气的辐射热通量（kW/m^2）；$h(T_f - T_s)$ 为材料表面对流热通量（kW/m^2）；$\varepsilon_f\sigma T_s^4$ 为材料表面向外辐射的热通量（kW/m^2）；$\dot{q}''_{net}$ 为材料表面的净热通量（kW/m^2）。

对材料的对热反应而言，其表面接收的净热通量尤为重要。净热通量表示为：

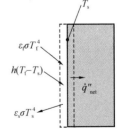

图 2.4　火灾中材料表面受热示意图

$$-k\frac{dT}{dx} = \dot{q}''_{net,f} = \varepsilon_f\sigma T_f^4 - \varepsilon_s\sigma T_s^4 + h(T_f - T_s) \tag{2.5}$$

在大部分实际应用中，边界总热通量通常采用水冷热流计测量，热流计表面温度近似与环境温度（T_∞）相同，设定表面温度为环境温度后，公式（2.5）变为：

$$\ddot{q}''_{水冷,f} = \varepsilon_f \sigma T_f^4 - \varepsilon_s \sigma T_\infty^4 + h(T_f - T_\infty) \tag{2.6}$$

冷却热流计表面能使对流换热最大，同时使辐射热损失最小。因此，冷却的热流计可测得最大入射热通量。使用热流计测得的总入射热通量［按公式（2.6）］与实际热通量之间的关系如下：

$$\ddot{q}''_{net,f} = \left[\varepsilon_f \sigma T_f^4 - \varepsilon_s \sigma T_\infty^4 + h(T_f - T_\infty) \right] - h(T_s - T_\infty) - \varepsilon_s \sigma(T_s^4 - T_\infty^4) \tag{2.7}$$

即：

$$\ddot{q}''_{net,f} = \ddot{q}''_{水冷,f} - h(T_s - T_\infty) - \varepsilon_s \sigma(T_s^4 - T_\infty^4) \tag{2.8}$$

因此，通过测量总的入射热通量就可避免使用热烟气温度及其热辐射系数，这两者很难通过计算获得。计算材料表面的净热通量还需知道公式（2.8）中的局部换热系数（h）和材料表面热辐射率（ε_s）。对材料表面的热辐射率可采用合理的估算值。局部换热系数主要取决于材料表面结构，其取值范围从 $0.010\text{kW}/（\text{m} \cdot \text{K}）$（对于平直墙面）到 $0.050\text{kW}/（\text{m} \cdot \text{K}）$（火焰达到顶棚）。

2.1.3 局部火羽

火羽由燃料燃烧产生的火焰和热烟气两部分组成。火羽可以是靠近材料的物体燃烧产生，也可以是材料本身燃烧产生，或者两者兼具产生，分别如图 2.5 中的（a）、（b）、（c）所示。

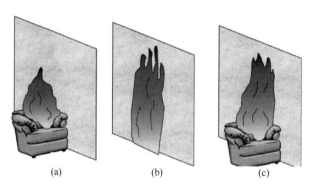

图 2.5 不同类型的火羽

下面重点讨论这些不同类型的火羽反馈到材料表面的热通量。火羽的热通量随空间位置和时间的变化而变化。不同结构和不同材料表面的热通量可以使用水冷热流计测量。本节所有讨论的场景和应用公式都是针对火焰直接作用在材料表面的情况。如果火源脱离材料表面，其实际热通量将低于应用公式中的估算值。来自局部燃烧的热通量与火焰长度密切相关，而火焰长度又与燃烧的热释放速率和特征长度（表征燃烧面积的尺寸大小）相关。理论上，材料燃烧的热释放速率可按式（2.9）计算：

$$\dot{Q}'' = \chi \dot{m}'' \Delta H_c \tag{2.9}$$

式中，χ 为材料的燃烧效率。

通常，材料的热释放速率可采用大尺度火灾试验（如 ISO 9705 房间火试验），或小尺度燃烧试验（如锥形量热计试验）测量获得。表 2.1 列出了几种典型墙面对应火焰长度的计算关系式。

表 2.1　几种典型墙面对应火焰长度（L_f）的计算关系式

结构类型	计算关系式
竖直墙面	$L_f = 0.052\left(\dfrac{\dot{Q}''}{d}\right)^{2/3}$
直角墙面	$L_f = 5.9\left(\dfrac{\dot{Q}''}{1100d^{5/2}}\right)^{1/2}d$
无顶棚竖直墙面	$L_f = 0.23\,(\dot{Q}'')^{5/2}D$

表中，L_f 为火焰长度（m）；$\dot{Q}''$ 为热释放速率（kW/m^2）；d 为墙面的燃烧宽度或墙角处侧墙的燃烧宽度（m）；D 为方形燃烧器的边长或圆形燃烧器的直径（m）。

表 2.2 和表 2.3 分别列出了针对不同结构火羽反馈到燃烧物体本身和提供给相邻材料表面热通量的计算公式。应该强调的是，在利用表 2.2 和表 2.3 中的关系式进行计算时，必须从表 2.1 中选择对应的关系式计算火焰的长度。

表 2.2　火羽反馈到燃烧材料本身的热通量计算公式

结构类型	计算关系式
竖直墙面	$\dot{q}'' = 60 \qquad (z/L_f) \leqslant 0.53$ $\dot{q}'' = 12.3\,(z/L_f)^{-2.5} \qquad (z/L_f) \geqslant 0.53$
直角墙面	$\dot{q}''_{max} = \dot{q}''_{pk} \qquad (z/L_f) \leqslant 0.5$ $\dot{q}''_{max} = \dot{q}''_{pk} - 5(z/L_f - 0.5)(\dot{q}''_{pk} - 27) \qquad 0.5 < (z/L_f) \leqslant 0.7$ $\dot{q}''_{max} = 10.0\,(z/L_f)^{-2.8} \qquad (z/L_f) > 0.7$ 其中，$\dot{q}''_{pk} = 120\left[1 - \exp(-0.1\dot{Q}''^{1/2})\right]$

表中，$\dot{q}''$ 为热通量（kW/m^2）；z 为火羽的高度（m）；其他符号的意义与表 2.1 相同。

表 2.3　火羽提供给邻近材料表面的热通量计算公式

结构类型	计算关系式
竖直墙面	$\dot{q}''_{max} = \dot{q}''_{pk} \qquad (z/L_f) \leqslant 0.4$ $\dot{q}''_{max} = \dot{q}''_{pk} - 4(z/L_f - 0.4)(\dot{q}''_{pk} - 30) \qquad 0.4 < (z/L_f) \leqslant 1.0$ $\dot{q}''_{max} = 20\,(z/L_f)^{-5/3} \qquad (z/L_f) \geqslant 1.0$ 其中，$\dot{q}''_{pk} = 200\left[1 - \exp(-0.1\dot{Q}''^{1/3})\right]$
直角墙面	$\dot{q}''_{max} = \dot{q}''_{pk} \qquad (z/L_f) \leqslant 0.4$ $\dot{q}''_{max} = \dot{q}''_{pk} - 4(z/L_f - 0.4)(\dot{q}''_{pk} - 30) \qquad 0.4 < (z/L_f) < 0.65$ $\dot{q}''_{max} = 10.0\,(z/L_f)^{-2.8} \qquad (z/L_f) \geqslant 0.65$ 其中，$\dot{q}''_{pk} = 120\left[1 - \exp(-4.0D)\right]$
顶棚面或顶部墙面	$\dot{q}''_{max} = 120 \qquad [(r+H)/L_f] \leqslant 0.58$ $\dot{q}''_{max} = 18\left[(r+H)/L_f\right]^{-3.5} \qquad [(r+H)/L_f] > 0.58$

表中，r 为从墙角线到测量位置的距离（m）；H 为顶棚高度（m）；其他符号的表示意义与表 2.1 和表 2.2 相同。

表 2.2 和表 2.3 的大部分计算公式都是通过对具有特定物理尺寸与特定热释放速率的火灾进行研究得到。在表 2.2 和表 2.3 中，对于热释放速率小于 1.0MW、燃烧直径小于 1.0m 的局部火灾，在许多具有不同结构形式的表面都能产生高达 100kW/m² 的热通量。对于能够直接冲击到顶棚的大火，其燃烧直径可达 1.6m，热通量则可高达 130kW/m²。随着燃烧热释放速率和物理尺寸的增加，热辐射距离也随之增大，热烟气的辐射率可达 1.0。另外，更大的池火能产生更高的烟气温度，这是因为生成的大量烟气阻碍了火羽的热辐射。已有研究表明，烟气的温度与燃烧火焰的直径密切相关，实验测得直径为 6m 时烟气温度为 1000℃，直径为 30m 时烟气温度高达 1250℃。

局部火灾燃烧的最大热通量可以通过大型池火的热通量进行估计。已有实验结果表明，在油池火试验中，可能达到的最大热通量为 170kW/m²，因此，可以预期局部火灾燃烧所达到的最大热通量为 170kW/m²。

2.1.4 热烟气层的影响

房间内的局部燃烧产生的热烟气在房间顶部集聚形成热烟气层。热烟气层将预热房间的围护结构（边界结构）。如果局部燃烧的火焰厚度不足以遮挡光线的通过，那么，高温热烟气对房间边界结构也会贡献一部分热通量。

有多种燃烧模型可用来预测室内燃烧时上部热烟气层的温度。在具体应用中，使用经验公式预测热烟气层的温度同样可行。这些经验公式分别适用于有一个开口的房间（可自然通风或强迫通风），也适用于完全封闭的房间。McCaffrey、Quintiere 和 Harkelroad 提出了自然通风条件下的计算公式：

$$\Delta T = C \left(\frac{\dot{Q}^2}{h_k A_T A_0 \sqrt{H_0}} \right)^{1/3} \tag{2.10}$$

式中，ΔT 为热烟气层的温度与初始温度差值（K）；C 为特定常数；$\dot{Q}$ 为燃烧的热释放速率（kW）；h_k 为房间边界的对流换热系数 [kW/（m²·K）]；A_T 为房间墙（不包括门）和顶棚的总面积（m²）；A_0 为房间开口的面积（m²）；H_0 为房间门的高度（m）。

当 $t < \dfrac{\alpha \delta^2}{4}$ 时，$h_k = \sqrt{\dfrac{k \rho C_p}{t}}$；

当 $t > \dfrac{\alpha \delta^2}{4}$ 时，$h_k = \dfrac{k}{\delta}$。

以上两式中，t 为燃烧时间（s）；α 为热扩散系数；δ 为房间边界构件的厚度（m）；ρ 为房间边界构件的密度（kg/m³）；C_p 为房间边界构件的比热容 [kJ/（kg·K）]；k 为房间边界构件的导热系数 [kW/（m·K）]。

Karlsson 和 Magnusson 研究认为，式（2.10）中的常数 C 是关于室内起火位置的函数。当火焰位于房间中央，C 值取 6.83；若火焰位于墙角，C 值取 9.22。墙角火燃烧时由于空间结构的限制，使得卷吸进入火羽的空气减少，冷却作用较弱，所以烟气温度较高。

对于强迫通风的情况，Deal 和 Beyler 提出了如下的计算公式：

$$\Delta T = \frac{\dot{Q}}{\dot{m}_e C_{p,a} + h_k A_T} \tag{2.11}$$

式中，$\dot{m}_e$ 为气体流出房间的质量流速（kg/s）；$C_{p,a}$ 为空气在 300K 时的比热容［kJ/（kg·K）］。

另外，式中的换热系数 h_k 按式（2.12）计算：

$$h_k = 0.4\max\left(\sqrt{\frac{k\rho C_p}{t}}, \frac{k}{\delta}\right) \tag{2.12}$$

如果已知开口的通风速率，也可使用式（2.11）计算自然通风时室内热烟气层的温度。

对于含有热薄型围护结构（如钢结构）的房间，Peatross 和 Beyler 提出了使用修正系数对换热系数进行修正，从而对墙的热损失进行量化。因此，对于有热薄型结构的边界，换热系数则可按式（2.13）进行计算：

$$h_k = 30 - 18\left[1 - \exp\left(-\frac{50}{\rho\delta C_p}t\right)\right] \tag{2.13}$$

Tanaka 等人对一个宽 3.3m、进深 3.3m、高 2.35m 的房间，在开门自然通风的条件下进行火灾燃烧试验，测定了房间墙面的热通量，测量结果如图 2.6 所示。图 2.6 中的直线是根据热烟气层的温度，按 $\sigma T_{烟}$ 计算的黑体热通量。

实际上，热烟气层和墙面之间同时存在热对流和热辐射。可以将热烟气层假设为黑体，能够很好地估算墙面上总的热通量。因此，来自热烟气层的热通量可以按以下关系计算：

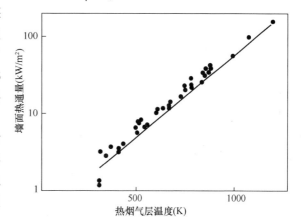

图 2.6 处于热烟气中的内墙面热通量随热烟气层温度的变化

$$\dot{q}''_{水冷,烟} = \sigma T_{烟}^4 - \varepsilon_s\sigma T_\infty^4 \tag{2.14}$$

则有

$$\dot{q}''_{net,烟} = \dot{q}''_{水冷,烟} - \varepsilon_s\sigma(T_s^4 - T_\infty^4) \tag{2.15}$$

在火羽区，边界表面的净热通量为火焰热通量和热烟气层热通量的总和：

$$\dot{q}''_{net} = \dot{q}''_{net,f} + \tau_f\dot{q}''_{net,烟} \tag{2.16}$$

假定辐射衰减的主因是具有灰体特性的烟气和火羽引起，这样，随着发烟量和光程（如火焰的厚度）的增加，热烟气通过火焰传到边界表面的热辐射率反而减小；如果火羽是光薄型（遮光性很低），来自烟气层的热辐射损失很小，可忽略；若火羽是光厚型（遮光性很强），则来自烟气层的热辐射几乎不能穿过火羽。因此，边界表面的热通量只与燃烧火羽本身有关。这三种条件下的热通量可以按如下方法分别计算。

（1）具有灰体特性的火羽

$$\dot{q}''_{net} = \dot{q}''_{net,f} + [\exp(-kl)]\dot{q}''_{net,烟} \tag{2.17}$$

（2）光薄型火羽

$$\dot{q}''_{net} = \dot{q}''_{net,f} + \dot{q}''_{net,烟} \tag{2.18}$$

（3）光厚型火羽

$$\dot{q}''_{net} = \dot{q}''_{net,f} \tag{2.19}$$

2.1.5 充分发展阶段的室内火灾

在本节讨论中，一般可认为火羽是占主导地位的热辐射源，但是，如果室内火羽增长到足够大时，热烟气层将起主导作用。图2.7给出了室内火灾发展不同阶段的示意图。轰燃前，火羽包括热烟气层的加热作用对热流环境起主导作用。从热流环境的变化来看，最值得关注的是轰燃后的充分发展阶段。

室内火灾进入充分发展阶段后，热通量主要由室内热烟气温度决定。Babrauskas和Williamson最早提出了研究室内火灾充分发展阶段的经典方法。该方法把房间看成是一个具有均一温度、能充分搅拌的反应器，根据能量守恒定律计算室内烟气温度。室内外能量的变化如图2.8所示。按照图2.8的分析，可得到室内火灾的控制方程：

$$\dot{Q}_f - \dot{Q}_{o,c} - \dot{Q}_{o,r} - \dot{Q}_w = 0 \tag{2.20}$$

式中，$\dot{Q}_f$ 为房间火灾燃烧的热释放速率；$\dot{Q}_{o,c}$ 为房间开口对流热损失速率；$\dot{Q}_{o,r}$ 为开口辐射热损失速率；$\dot{Q}_w$ 为墙体的热损失速率。

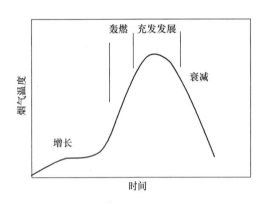

图2.7 室内火灾发展的不同阶段

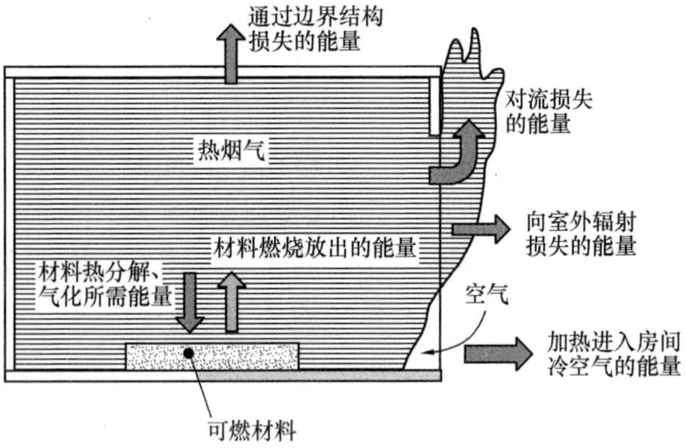

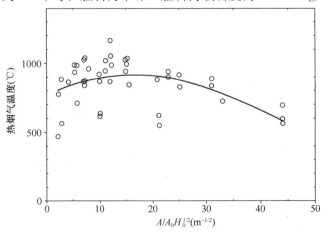

图2.8 室内火灾充分发展阶段能量变化的分析

有很多经验公式可用来计算室内烟气温度。这些经验公式大部分是以国际建筑理事会（CIB）经典的室内火灾试验数据为基础提出来的，实验结果如图2.9所示。实验房间高1m，长、宽从1m到4m不等。燃料为木垛，燃料荷载密度为10~40kg/m²。从图2.9中的

图2.9 CIB室内火灾试验中烟气平均温度（全盛期）随有效面积与通风因子比值的变化

数据可以看出，室内烟气温度是室内有效面积（不包括地板和开口面积）A 与通风因子（$A_0\sqrt{H_0}$）的函数。将燃料的燃烧速率相对通风因子和房间长宽比（W_1/W_2）的 1/2 次方进行归一化处理后，其归一化的燃烧速率同样是室内有效面积（不包括地板和开口面积）A 与通风因子（$A_0\sqrt{H_0}$）的函数，如图 2.10 所示。

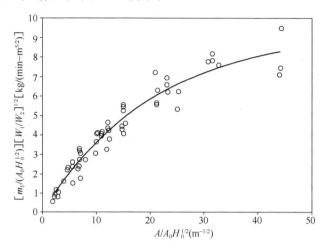

图 2.10　CIB 室内火灾试验中归一化的燃烧速率（全盛期）随有效面积与通风因子比值的变化

在 CIB 室内火灾试验中也使用了包括热塑性塑料在内的其他可燃物作为燃料，试验结果与木垛火相比后发现，改变燃料类型对烟气温度和燃烧速率都有影响。可燃物不同，其分解气化热不同，热释放速率不同，燃烧反应的化学计量比也不同，这些都会影响室内火灾的能量平衡，最终就会对火灾全盛期的烟气温度造成影响。

若已知材料可燃成分的质量（m_c）和燃烧时材料的质量损失速率（$\dot{m}_f$），就可按式（2.21）估算室内火灾燃烧持续的时间（t）：

$$t = \frac{m_c}{\dot{m}_f} = \frac{\eta m_t}{\dot{m}_f} \tag{2.21}$$

可燃成分的质量可由材料的总质量（m_t）乘以燃烧残余物的分数（η）来计算，燃烧残余物包括残炭、玻璃纤维和其他一些聚合物材料的填充物。正如前面讨论的那样，可燃物的质量损失速率与室内火灾燃烧的热反馈和燃烧反应的化学计量比（如氧气浓度的影响）相关。

2.2　建筑材料的高温性能

2.2.1　概述

对建筑物而言，不同的构件必须满足规定的耐火等级。构件的耐火性能很大程度上取决于构件组成材料的性质，利用组成材料的性质即可预测构件在火灾中的耐火性能。

从建筑材料对火反应来看，建筑材料可分为可燃性建筑材料和不燃性建筑材料。建筑材料的力学性质和热学性质是分析构件在火灾中所具有的结构性能的基本点。可燃性建筑材料，在火灾中会被引燃，发生着火燃烧，从而对构件的结构性能产生负面影响，也就是说可燃材料变成了燃料，继而增加火灾的严重性。正是因为建筑材料的燃烧性能对构件在火灾中的耐火性能具有重要影响，所以，各国对建筑材料的燃烧性能都制定了严格的分级标准。我国的国家标准《建筑材料及制品燃烧性能分级》（GB 8624—2012），将建筑材料按燃烧性能分为 A（A1、A2）、B_1（B、C）、B_2（D、E）和 B_3（F）四级，分别对应不燃、难燃、可燃和易燃四种燃烧特性。而在美国，则把建筑材料分为如下五类：

第 1 类，承重材料。此类材料具有很高的抗拉或抗压能力，力学性质是关键。如结构钢、轻质钢、增强/预应力钢等。

第 2 类，承重/隔热材料。此类材料能够承受较大应力，并且在火灾时能够对第 1 类材料提供隔热保护。对此类材料而言，力学性质和热学性质同等重要。如混凝土、砖等。

第 3 类，隔热材料。此类材料没有承重能力，它们的主要作用是在火灾中防止热量通过构件进行传播，并且能够为前述两类材料提供隔热保护。对此类材料而言，热学性质是其重点。如石膏板。

第 4 类，承重/隔热/可燃材料。此类材料就是在火灾中能够燃烧的第 2 类材料。如木材、纤维增强塑料等。

第 5 类，隔热/可燃材料。此类材料就是在火灾中可变为燃料的第 3 类材料。

通过标准试验确定材料及制品的燃烧性能，再根据材料的燃烧性能分级使用，这样可最大限度降低因材料的可燃性带来的火灾风险。因此，全面了解材料的高温特性，对于理解和分析材料的燃烧性能和火灾危险性具有很重要的意义。

2.2.2　热学性质

建筑材料除了满足必要的强度及其他性能要求外，为了降低建筑物的使用能耗，以及为生产和生活创造适宜的条件，常要求材料满足一定的热学性质要求，以维持室内温度。

（1）导热性

当材料两面存在温度差时，热量从材料一面通过材料传导至另一面的性质，称为材料的导热性。导热性用导热系数 λ 表示。导热系数的定义和计算式如下所示：

$$\lambda = \frac{Q \cdot L}{(T_1 - T_2) \cdot A \cdot t} \tag{2.22}$$

式中，λ 为材料的导热系数 [W/（m·K）]；Q 为传导的热量（J）；L 为材料厚度（m）；A 为热传导面积（m^2）；t 为热传导时间（s）；$T_1 - T_2$ 为材料两侧温度差（K）。

材料的导热系数越小，表示其保温隔热性能越好。各种材料的导热系数差别很大，大致在 0.029～3.5W/（m·K），如泡沫塑料的导热系数为 0.035W/（m·K），而大理石的导热系数为 3.5W/（m·K）。工程中常把导热系数小于 0.23W/（m·K）的材料称为保温隔热材料。

导热系数与材料的物质组成、微观结构、孔隙率、孔隙特征、湿度、温度和热流方向等有着密切关系。由于密闭空气的导热系数很小 [小于 0.23W/（m·K）]，所以，材料的孔隙率较大者其导热系数较小，但如果孔隙粗大或贯通，由于对流作用，材料的导热系数反而增高。材料受潮或受冻后，其导热系数大大提高，这是由于水和冰的导热系数比空气的导热系数大很多 [水和冰的导热系数分别为 0.58W/（m·K）和 2.20W/（m·K）]。因此，保温隔热材料应经常处于干燥状态，以利于发挥材料的保温隔热效果。表 2.4 为常用建筑材料的导热系数及密度。

表 2.4 常用建筑材料的导热系数及密度

类 别	名 称	导热系数 [W/ (m·K)]	密度 (kg/m³)
普通混凝土	钢筋混凝土	1.74	2500
	碎石混凝土	1.51	2300
轻骨料混凝土	炉渣混凝土	1	1700
	水泥焦渣	0.67	1050
砌体	混凝土单排孔砌块 190	1.020	1200
	加气混凝土	0.22	700
	灰砂砖砌体	1.10	1050
	炉渣砖砌体	0.87	1050
砂浆	水泥砂浆	0.93	1800
	水泥石灰砂浆 (混合砂浆)	0.87	1700
	保温砂浆	0.29	800
保温材料	聚苯板 (含钢丝网架聚苯板)	0.041	18～22
	挤塑板	0.030	25～32
	胶粉聚苯颗粒保温浆料	0.060	≤250 (干)
	聚氨酯	0.024	30 (外墙), 35 (屋面)
	岩棉矿棉玻璃棉板 (毡)	0.05	≤80
	泡沫玻璃	0.058	140
松散材料	锅炉渣	0.29	1000
	高炉炉渣	0.26	900
	粉煤灰	0.23	1000
黏土	夯实黏土	1.16	2000
	轻质黏土	0.47	1200
石材	花岗岩	3.49	2800
	大理石	2.91	2800
玻璃	平板玻璃	0.76	2500

（2）热容量与比热容

材料在受热时吸收热量，冷却时放出热量的性质称为材料的热容量，可用式（2.23）表示：

$$Q = m \cdot C \cdot (T_1 - T_2) \tag{2.23}$$

式中，Q 为材料的热容量（J）；m 为材料的质量（g）；$T_1 - T_2$ 为材料受热或冷却前后的温度差（K）；C 为材料的比热容 [J/ (g·K)]。

比热容的物理意义是指单位质量的材料温度升高或降低 1K 时所吸收或放出的热量。用公式表示为：

$$C = \frac{Q}{m(T_1 - T_2)} \tag{2.24}$$

式中，C、Q、m、$(T_1 - T_2)$ 的意义同前述。

比热容是反映材料的吸热或放热能力大小的物理量。不同的材料比热容不同，即使是同一种材料，由于所处物态不同，比热容也不同，例如，水的比热容为4.19J/（g·K），而结冰后比热容则是2.05J/（g·K）。表2.5为几种典型材料的比热容。

表2.5　几种典型材料的比热容

材料	比热容［J/（g·K）］	材料	比热容［J/（g·K）］
铜	0.38	松木（横纹）	1.63
钢	0.47	泡沫塑料	1.30
花岗岩（石）	0.82	冰	2.05
普通混凝土	0.86	水	4.19
烧结普通砖	0.85	静止空气	1.00

材料的比热容，对保持建筑内部温度稳定有很大意义。比热容大的材料，能在热流变动或采暖设备供热不均匀时，缓和室内的温度波动。

（3）温度变形性

材料的温度变形是指温度升高或降低时材料的体积变化。除个别材料以外，多数材料在温度升高时体积膨胀，温度下降时体积收缩。这种变化表现在单向尺寸时，为线膨胀或线收缩。

材料的单向线膨胀量或线收缩量的计算公式为：

$$\Delta L = (T_2 - T_1) \cdot \alpha \cdot L \qquad (2.25)$$

式中，ΔL 为线膨胀或线收缩量（mm）；$T_2 - T_1$ 为材料升（降）温前后的温度差（K）；α 为材料在常温下的平均线膨胀系数（1/K）；L 为材料原来的长度（mm）。

材料的热膨胀系数大小直接与热稳定性有关。一般而言，系数越小，材料热稳定性越好。

另外，热膨胀是因为固体材料受热以后晶格振动加剧而引起的体积膨胀，而晶格振动的加剧就是热运动能量的增加。同时热容定义为升高单位温度时能量的增量，所以热膨胀系数与热容密切相关并有着相似的变化规律。

（4）热震稳定性

热震稳定性是指材料承受温度的急剧变化而不致破坏的能力，又称抗热震性、抗热冲击性或耐温度急变抵抗性。热震破坏的类型有：热震断裂（材料发生瞬时断裂）、热震损伤（在热冲击循环作用下，材料表面开裂、剥落，并不断发展，以致最终碎裂或变质而损坏）。

热震破坏来源于材料温度变化时产生的热应力。热应力是由于温度变化使材料热膨胀或收缩受到约束而引起的内应力。

2.2.3　高温性能

建筑材料按用途可分结构材料（如用作梁、板、柱和框架的材料）、装修材料（包括铺地材料）和功能材料（如具备保温、隔热、防水等功能的材料）。建筑材料的高温性能直接关系到建筑物的火灾危险性大小。建筑材料的高温性能主要包括高温下的力学性能、隔热性能和燃烧性能（包含发烟性能和烟气毒性）。建筑材料的种类不同，其高温性能存在较大差异。就一般建筑物而言，制作结构件的材料基本上都是无机材料，其高温性能主要表现在力学性能和隔热性能。装修材料、功能材料和室内用品大部分具有可燃性，因此，其高温性能主要表现在燃烧性能上。本书主要讨论可燃建筑材料的燃烧性能，对于无机建筑材料的高温性能，仅以最常见的钢材、混凝土和石材等无机材料为例，在此做简要介绍。

（1）钢材的高温性能

建筑用钢材可分为钢结构用钢材（各种型材、钢板）和钢筋混凝土结构用钢筋两类。按照化学成分，钢可以分为碳素钢和合金钢。就防火而言，钢材虽然属于不燃性材料，耐火性能却很差。

① 强度

在高温下钢材的强度随温度升高而降低，降低的幅度因钢材温度的高低和钢材的种类而不同。在建筑结构中广泛使用的普通低碳钢力学性质随温度升高的变化特性如图 2.11 所示。由图 2.11 可见，当钢材温度在 350℃ 以下时，由于蓝脆现象，极限强度比常温时略有提高；温度超过 350℃，强度开始下降；温度达到 500℃ 时强度降低约 50%，600℃ 时降低约 70%。此外，钢材的屈服点随温度升高也逐渐降低，在 500℃ 时约为常温的 50%。

钢材在高温下屈服点降低是决定钢结构和钢筋混凝土结构耐火性能的最重要因素。由于钢材在火灾高温作用下屈服强度降低，当实际应力值达到降低后的屈服强度，就表现出屈服现象而破坏。

钢材的种类不同，其在高温下的强度变化也不相同。普通低合金钢在高温下的强度变化与普通碳素钢基本相同，在 200~300℃ 的温度范围内极限强度增加，当温度超过 300℃ 后，强度逐渐降低。

冷加工钢筋是普通钢筋经过冷拉、冷拔、冷轧等加工强化过程得到的钢材，其内部晶格架构发生畸变，强度增加而塑性降低。这种钢材在高温下，内部晶格的畸变随着温度升高而逐渐恢复正常，冷加工所提高的强度也逐渐减少和消失，塑性得到一定恢复。因此，在相同的温度下，冷加工钢材强度降低值比未加工钢筋大很多。当温度达到 300℃ 时，冷加工钢筋强度降低约 30%；500℃ 时强度急剧下降，降低约 50%；500℃ 左右时，其屈服强度接近甚至小于未冷加工钢筋在相应温度时的强度。

高强钢丝用于预应力钢筋混凝土结构。它属于硬钢，没有明显的屈服极限。在高温下，高强钢丝的抗拉强度的降低比其他钢筋更快。当温度在 150℃ 以内时，强度不降低；温度达到 350℃ 以上，强度降低约 50%；400℃ 时强度下降约 60%；500℃ 时强度下降 80% 以上。

预应力钢筋混凝土构件，由于所用的冷加工钢筋和高强钢丝在火灾高温下强度的下降比普通低碳钢筋和低合金钢更快，因此，耐火性能低于非预应力钢筋混凝土构件。

② 弹性模量

普通低碳钢弹性模量随温度的变化情况如图 2.11 所示。从图 2.11 中可看出，钢材弹性模量随温度升高而降低，但降低的幅度比强度降低小。种类和强度等级对高温下钢材的弹性模量的降低影响甚微。

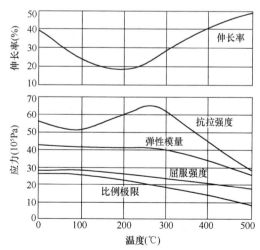

图 2.11　普通低碳钢力学性质随温度升高的变化特性

③ 变形性能

钢材的伸长率和截面收缩率随着温度升高总体呈增大趋势，表明高温下钢材塑性性能增大，易于产生变形。

另外，钢材在一定温度和应力作用下，随时间的推移会发生缓慢塑性变形，即蠕变。蠕变在较低温度时就会产生，在温度高于一定值时比较明显，对于普通低碳钢，这一温度为300～350℃，对于合金钢为400～450℃，温度越高，蠕变现象越明显。蠕变不仅受温度的影响，而且受应力大小的影响，若应力超过了钢材在某一温度下的屈服强度时，蠕变会明显增大。

④ 导热系数

钢材在常温下的导热系数为58W/（m·K），约为混凝土的38倍。随着钢材温度升高，导热系数逐渐减小，当温度达到750℃时，导热系数几乎变成了常数，约为30W/（m·K）。钢材的导热系数大是造成钢结构在火灾条件下极易破坏的主要原因之一。

（2）混凝土的高温性能

混凝土是由胶凝材料、水和粗、细骨料按适当比例配合，拌制成拌合物，经一定时间硬化而成的人造石材。按照表观密度的大小，混凝土通常分为重混凝土（表观密度大于2600kg/m³）、普通混凝土（表观密度为1900～2500kg/m³）、轻混凝土（表观密度为800～1900kg/m³）三类。重混凝土采用重晶石、铁矿石等做骨料，对X射线、γ射线有较高的屏蔽能力。普通混凝土采用天然的砂、石子做骨料，在建筑工程中使用最广，如房屋、桥梁等承重结构，道路路面等。轻混凝土包括轻骨料混凝土、多孔混凝土及无砂大孔混凝土，多用于有保温隔热要求的墙体、屋面等处，强度等级高的轻骨料混凝土也用于承重结构。此外，混凝土可按照功能及用途分类，如结构混凝土、防水混凝土、耐热混凝土、耐酸混凝土等。

① 抗压强度

温度为300℃以下时，混凝土的抗压强度基本上没有降低，甚至还有些增大；当温度超过300℃以上，随着温度升高，混凝土的抗压强度逐渐降低。如图2.12所示。

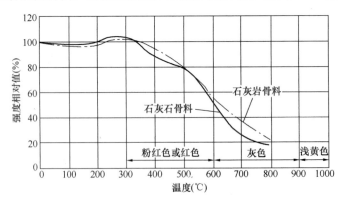

图 2.12 混凝土抗压强度随温度的变化

影响混凝土抗压强度的主要因素有：加热温度和组成骨料。此外，火灾时消防射水对混凝土的强度也有较大影响。在火灾中，当混凝土结构表面温度达到300℃左右时，其内部温度依然很低，内外温差较大，水射到混凝土结构表面急剧冷却会使表面混凝土中产生很大的收缩应力，因而构件表面出现很多由外向内的裂缝。当混凝土温度超过 500℃ 以后，构件游离的 CaO 遇到喷射的水流，发生水化反应，体积迅速膨胀，造成混凝土强度急剧降低。研究表明，如果混凝土受热时的温度不超过 500℃，火灾后在空气中冷却一个月时抗压强度降至最低，此后随着时间的增长，强度逐渐回升，一年时的强度可恢复到受热前的 90％；如果混凝土的温度超过 500℃ 后，其强度则不能再恢复。

② 抗拉强度

高温下，混凝土的抗拉强度随温度上升而明显下降，下降幅度比抗压强度大 10％～15％。当温度超过 600℃ 以后，混凝土抗拉强度则基本丧失，这主要是因为高温下混凝土中的水泥石产生微裂缝所致。

③ 黏结强度

钢筋混凝土构件遭受高温时，钢筋和混凝土之间黏结强度的变化对其承载力的影响很大。受热时，钢筋发生膨胀，尽管混凝土中的水泥石对钢筋有环向挤压、增加两者间摩擦力的作用，但由于水泥石中产生的微裂缝和钢筋的轴向错动，仍将导致钢筋与混凝土之间的黏结强度下降。螺纹钢筋表面凹凸不平，与混凝土之间的机械咬合力较大，因此，在升温过程中黏结强度下降相对较小。

④ 弹性模量

高温下混凝土的弹性模量下降，呈明显的塑性状态，形变增加。这主要是因为水泥石与骨料之间在高温产生裂缝、组织松弛，以及混凝土发生脱水，内部孔隙率增加。

⑤ 混凝土的爆裂

混凝土的爆裂是指在火灾初期混凝土构件受热表层发生的块状爆炸性脱落现象。这种爆裂，很大程度上决定着钢筋混凝土结构的耐火性能，对预应力钢筋混凝土结构尤其如此。混凝土的爆裂会导致构件截面减小和钢筋外露，造成构件承载力迅速降低，甚至失去支持能力而发生倒塌。混凝土的含水率、密实性、骨料的性质、加热速度、构件施加预应力的情况以及约束条件等因素对爆裂均有影响。

（3）混凝土的热学性质

混凝土构件在火灾条件下的升温速度及内部的温度分布，取决于混凝土的热学性质和构件的截面尺寸、形状等。

① 导热系数

大量试验结果表明，普通混凝土在常温下的导热系数约为 1.63W/（m·K），随着其温度升高，导热系数减小，在温度 500℃ 时为常温的 80％，在 1000℃ 时只有常温的 50％。

② 比热容

混凝土在温度升高时比热容缓慢增大。在火灾高温下混凝土的比热容可取常值 921 J/（kg·K）。

③ 密度

在升温条件下，混凝土由于内部水分的蒸发和发生热膨胀，密度降低。试验研究得出普通混凝土密度随其温度变化的关系为：

$$\rho = 2400 - 0.56T \qquad (2.26)$$

式中，ρ 为普通混凝土在高温下的密度（kg/m³）；T 为混凝土温度（℃）。

2.3 聚合物材料的热分解

2.3.1 聚合物材料的分类

固态聚合物材料遇火、受热时将发生一系列的物理和化学变化，从而对材料的性能产生不利影响。在讨论具体的物理、化学变化之前，首先必须明确聚合物材料的热分解（thermal decomposition）和热蜕变（thermal degradation）两个基本概念。按照美国试验与材料协会（ASTM）的定义，所谓热分解是指由于受热引起聚合物材料产生大量化学基团的过程；而热蜕变则是指材料、产品或部件受热或受高温的作用导致物理、力学或电学等性能下降的过程。就火灾而言，最重要的是热分解。热分解产生的小分子可燃蒸气能在材料表面发生持续燃烧。为了维持燃烧，必须要有足够的热量反馈到聚合物材料的表面促使材料不断发生热分解，产生可燃气体，可燃气体与氧气混合燃烧，放出热量，部分热量反馈到聚合物表面，维持分解燃烧过程的不断进行。循环过程如图2.13所示。

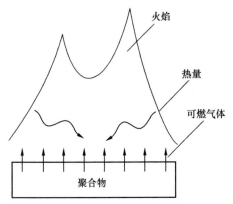

图 2.13 聚合物材料持续燃烧示意图

显然，在发生诸如熔融、炭化等物理变化的同时，所发生的化学过程直接产生可燃蒸气，因此，化学过程能够显著影响材料的热分解和燃烧特性。

聚合物材料的气化远比可燃液体复杂，就大部分可燃液体而言，简单通过蒸发即可实现气化。液体在蒸发时，液面的饱和蒸汽压必须与外界环境压力保持平衡。但是，对于聚合物材料而言，材料本身并不具有汽化特性，组成材料的大分子必须分解成小分子后才能气化。大多数情况下，固体聚合物材料会分解成一系列由不同化学基团组成的小分子碎片，而每种小分子碎片都有不同的饱和蒸气压，分子量更小的碎片一旦生成即可气化，而分子量更大些的碎片则会继续留在凝聚相中。留在凝聚相中的这些分子量相对较大的碎片受热继续分解成分子量更小的碎片后，持续气化。有些聚合物能够完全分解而不会留下固体残余物，但是，更多时候是许多聚合物并不会全部分解气化，而会留下固体残余物。这些残余物可能是炭，或是其他无机物，也可能是两者的混合体。像木材这类成炭材料，大部分含碳成分最后都形成了多孔炭留在固体残余物中。当内层材料继续发生热分解时，所生成的气化物必须通过上层的炭化物才能到达材料表面，在此传输过程中，炽热的炭在气化物中可以引发次级反应，形成膨胀的炭层，从而明显地降低材料热分解速率。另一方面，无机残余物则能形成玻璃化密封层阻止气化物的穿过，从而防止内层材料持续分解。若没有这类无机阻隔层形成，单纯的炭层在高温下与氧气接触也会被氧化燃烧。

聚合物材料的分类有多种方法。首先按来源可分为天然高分子材料和合成高分子材料（包括人工改性的半天然高分子材料）。但更有用的分类方法是按物理性质，特别是按弹性模量和断裂伸长率进行分类，按此可将聚合物材料分为橡胶（又称弹性体）、塑料和纤维三大高分子材料。塑料又可分为热塑性塑料（受热后的形变可恢复）和热固性塑料（受热后发生不可逆转的变化）。橡胶的弹性模量一般在 $10^5 \sim 10^6 \, N/m^2$ 之间；塑料在 $10^7 \sim 10^8 \, N/m^2$ 之间；纤维则在 $10^9 \sim 10^{10} \, N/m^2$ 之间。橡胶的断裂伸长率在 $500\% \sim 1000\%$ 之间；塑料在 $100\% \sim 200\%$ 之间；而纤维仅在 $10\% \sim 30\%$ 之间。

聚合物也可按照其化学组成分类。从该角度分类能够很好地反映每一类聚合物的化学反应特性，包括它们的热分解机理和火灾特性。

主链不含杂原子的聚合物主要有聚烯烃、聚二烯烃和聚芳烃。主要的热塑性聚烯烃有聚乙烯（PE，重复单元为 $-[CH_2-CH_2]-$ ）、聚丙烯（PP，重复单元为 $-[CH(CH_3)-CH_2]-$ ）。二者均为应用最广泛的合成高分子材料。聚二烯烃聚合物的重复单元中含有一个双键，它们通常为弹性体。除聚异戊二烯（可人工合成，也可为天然产品，如天然橡胶）和聚丁二烯（大部分用作橡胶的替代品）外，大部分聚烯烃都是二烯烃与其他单体配合形成共聚物和混聚物，如 ABS 塑料（丙烯腈、丁二烯和苯乙烯的三聚体）、SBR 橡胶（苯乙烯和丁二烯的共聚体）和 MBS（甲基丙烯酸甲酯、丁二烯和苯乙烯的三聚体）等。这些聚烯烃主要用作抗磨损和抗冲击材料。最重要的聚芳烃是聚苯乙烯（PP，链节为 $-[CH(phenvl)-CH_2]-$ ），它广泛用作泡沫材料和注射成型的塑料产品。

最重要的含氧聚合物有纤维素、聚丙烯酸类化合物和聚酯。聚丙烯酸类化合物是唯一含氧且由碳碳链构成的聚合物。用途最广的聚丙烯酸类化合物为聚甲基丙酸甲酯（PMMA，链节为 $-[CH_2-C(CH_3)-CO-OCH_3]-$ ），其最有价值的用途是其具有很高的透光性、染色性和透明性。

最重要的聚酯由乙二醇制成，如聚对苯二甲酸乙二酯（PET）或聚丁二烯乙二酯（PBT），或由双酚 A 制成（如聚碳酸酯）。它们常用作工程塑料，像纤维和玻璃替代品等。其他含氧聚合物包括酚醛树脂、聚醚、聚酮的聚合物材料。

含氮材料包括尼龙、聚氨酯、聚酰胺和聚丙烯酰胺。尼龙分子结构的链节中含有特征基团 $-CO-NH-$ ，通常制成纤维和注射成型的物品。尼龙属合成的脂肪族聚酰胺，也有些天然的聚酰胺材料，如动物毛发、蚕丝、皮革等，还有合成的芳香族聚酰胺，具有优异的热稳定性，用于制作防护服。聚氨酯（PU）通常由多元氰酸酯和聚多元醇缩聚而成，分子结构中含有重复的特征基团 $-NH-COO-$ 。该材料的基本用途是制作软质或硬质泡沫材料，或制作隔热材料。其他聚氨酯材料可制作具有化学惰性的热塑性弹性体。在这些聚合物中均含有 C—N 键，例如聚丙烯腈（PAN）就是典型代表，其分子中的重复单元为 $-(CH_2-CH-CN)-$ ，主要用作纤维和工程塑料的合成组分，如 ABS 塑料。

含氯的聚合物材料，最典型的是聚氯乙烯（PVC），其分子中的重复单元为 $-(CH_2CHCl)-$ 。与聚乙烯和聚丙烯一样，PVC 也属于用途最广的合成高分子材料之一。其特别之处是既可制成硬质材料（未塑化），也可制作软质柔性材料（添加塑化剂或流变剂）。通过对 PVC 进行氯化处理，可获得另一种含氯聚合物材料——氯化聚氯乙烯（CPVC），它具有与 PVC 大不相同的物理性质和火灾特性。还有两种有商业价值的含氯材料：一是氯丁橡胶，一种聚二烯材料，用作耐油的电线电缆和有弹性的泡沫；二是聚偏氯乙烯（PVDC），分子中的重复单元为 $-(CH_2CCl_2)-$ ，主要用于制作胶片和纤维。

含氟聚合物材料具有高热稳定性、化学惰性和较低的摩擦系数。这类材料中最重要的代表是聚四氟乙烯（PTFE）。

2.3.2　受热过程中的物理变化

聚合物材料在外部热源作用下被加热时，首先外部热源的热流经过聚合物外部环境和介质的作用（如辐射吸收）后，以一定的热通量到达聚合物表面，再经过聚合物表面的反辐射等作用后，最后以净热通量作用到聚合物表面，这部分热能就是实际作用到聚合物表面上的热能量。随着表面温度的升高，由表及里在固体内部形成温度梯度，温度的分布随时间也在变化。受热后，固体内部各部分分子运动不同程度加速，高于玻璃化温度时，聚合物开始软化，继续加热，聚合物结晶区会发生熔融产生相变，聚合物的物理形态、性质会发生一定程度的变化。在这个阶段，热塑性聚合物一般会出现软化、熔融行为，有些还会出现膨胀或收缩现象；有些热固性聚合物和弹性体也会出现膨胀或收缩等行为。这些热行为变化由外部加热引起而且反过来影响内部传热过程，进而影响随后的分解、引燃和燃烧过程。这些热行为可能导致密度的变化、体积的变化，以及晶区的相变化，这些都会影响热传递过程，影响内部温度场。应该注意这一阶段聚合物的物理变化也有可能直接影响实际的火灾过程。比如，聚合物的熔融行为就有影响。当聚合物的熔融温度远低于其分解温度时，就可能在加热时发生熔流或熔滴。这种行为非常复杂，但就材料的火灾安全性而言，它可能是有利的，也可能是不利的。在某些特定位置下，熔融使材料流向远离火源的方向，避免了被引燃或扩大火灾发展；但在另外一些情况下，熔融流体也可能流向火源而引发更大的火灾。

聚合物材料受热过程中发生的物理变化取决于材料本身的性质。例如，热固性塑料一旦形成就不会再发生融化和溶解，受热时不会发生简单的相变。而热塑性塑料，在受热温度未超过热分解温度之前，材料可发生可逆的塑性变化，这也是热塑性材料易于加工的优点之所在。

热塑性材料受热过程的物理变化取决于材料中分子封装的有序度，即分子的结晶度。对于结晶化材料，存在确定的熔点。如果材料内部分子封装不存在这种有序度，即为非晶材料，如常见的窗户玻璃就是非晶材料。此类材料看上去是固体，实际上是流体，经过漫长的岁月（如几个世纪）就可看到明显的流动。尽管如此，在低温下非晶材料仍然具有常见固体材料的结构特性。对聚合物材料而言，当达到玻璃化转变温度时，材料就开始转变为柔软的橡胶态。如果要将材料当作橡胶带使用，那么使用温度就应该在材料的玻璃化转变温度以上。当然，如果希望材料具有一定的强度和韧性，就必须在玻璃化转变温度以下使用。图2.14给出了热塑性聚合物的形变随温度的变化。

从图2.14中可以看出，随着温度的升高，热塑性材料的变形能力出现了两个台阶式的变化。实际上，这两个台阶反映了玻璃化转变温度是聚合物作为塑料使用的温度上限，同时也是作为弹性体使用的温度下限。需要说明的是，很多聚合物材料还未达到熔融温度时，材料本身就开始热分解。另外，由于很多聚合物只是部分结晶化，其玻璃化转变温度和熔化温度不像典型的相变温度那么固定，而往往表现出一个温度区间。

热固性塑料和纤维材料均没有流动态。由于结构的特殊性，这些材料在发生热分解之前不会产生相变。对纤维类材料，在受热过程中将发生吸附水的解吸这样一个半物理变化。由于这些水的吸附既有物理吸附也有化学吸附，所以，它们的解吸温度和速率随材料不同有很大的变化。水发生物理解吸的活化能约为30～40kJ/mol，发生解吸的温度比水的沸点（100℃）略低一些。

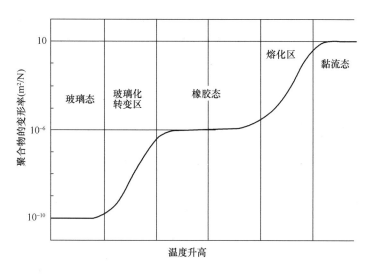

图 2.14　聚合物的变形率随温度的变化曲线

无论是热塑性、热固性，还是纤维材料，它们中的许多在受热分解过程中都会发生炭化，产生炭层，炭层的结构将对聚合物的持续热分解产生强烈的影响。一般来说，炭层的物理性质直接决定了聚合物的热分解速率。炭层的这些重要的物理性质包括：密度、连续性、完整性、强度、抗氧化性、隔热性和渗透性。低密度、高孔隙率的炭层一般具有很好的隔热性，能够有效阻隔气相燃烧区产生的热量反馈到材料内部，从而有效降低材料的热分解速率。这也是聚合物材料阻燃的有效方法之一。随着炭层的增厚，进入材料内部的热流会逐渐减少，材料的热分解速率也随之减小。炭层本身暴露在空气中时，会发生无焰燃烧。但是，在材料表面气相燃烧与炭层的无焰燃烧一般不会同时发生，因为从材料内层分解产生的可燃气体穿过炭层进入气相燃烧区时，将自动阻止空气与炭层直接接触。因此，一般来说，炭层的无焰燃烧发生在气相燃烧的后期和明火熄灭后。

2.3.3　热分解机理

聚合物材料的热分解既可通过氧化过程进行，也可简单通过热作用进行。就许多聚合物而言，氧化剂（如空气或氧气）的存在将加速聚合物的热分解过程。而且，在氧化剂存在的条件下，聚合物材料的最低分解温度也会降低。这就使预测聚合物材料热分解速率变得更为复杂，因为预测聚合物分解或燃烧时其表面氧气的浓度非常困难。尽管这对火灾的发生、发展很重要，但是人们关于聚合物在空气或氧气中热分解的研究却要比在惰性气体中的研究少得多。不过，关于聚合物在空气中的燃烧也有不少有价值的研究成果值得总结。Stuetz 的研究发现，氧可以穿透聚丙烯材料表面至少 10mm 以下的位置。然而，对于聚丙烯和聚乙烯这类材料，氧的存在对其热分解的速率和机理都具有很重要的影响。Brauman 的研究也表明，聚丙烯在热分解时其内部氧的存在能够对热分解产生明显的影响，而对聚甲基丙烯酸甲酯的热分解没有影响。Kashiwagi 的研究发现，有很多性质影响热塑性聚合物的热分解和氧化分解，尤其是分子量、原有热损伤、弱键和初级基团等性质的影响更甚。尤其值得关注的是，氧对热分解的作用取决于聚合物的聚合机理，若为自由基聚合而成高分子化合物，热解时能够导致氧作用的无效。还有对聚偏氟乙烯热分解的研究表明，氧的作用可导致该聚合物热分解速率和动力学反应级数的改变。

尤其值得一提的是，以 Kashiwagi 的研究为基础，人们已开发出了无规断链热分解的动力学模型，以及纤维和热塑性塑料的热分解模型。

在聚合物的热分解中存在多种重要的化学机理，主要有：

（1）无规断链。在聚合物的分子链中断链位置明显具有随机性。

（2）末端断链。在聚合物分子链的末端，组成聚合物的单体依次脱除。

（3）链消除。原子或基团从聚合物分子的主链上脱除。

（4）链交联。在聚合物分子链之间形成新键。

这里需要强调的是，在某一聚合物的热分解中，可能同时存在几种热分解机理。就普通聚合物而言，其热分解的化学机理如图 2.15 所示。

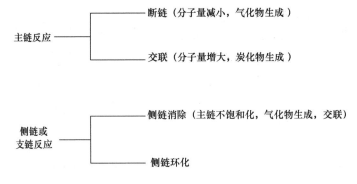

图 2.15　热分解的化学机理

这些化学反应可分成聚合物主链的原子反应和侧链或原子团的反应。有些聚合物的热分解可用其中一种机理解释，而其他聚合物可能要用四种机理联合解释。在比较简单的热塑性聚合物中，其最常见的热分解机理是聚合物分子主链的断链反应。断链反应既可发生在主链的末端，也可发生在链中的任意位置。末端断链生成聚合物的单体，这个过程就是大家熟知的聚合物的解聚。随机断链既可生成单体，也可生成齐聚物（由 10 个以内的重复单元组成），以及其他化学粒子。交联是主链上发生的另一种反应，通常在主链发生消除反应和邻近的两个高分子链之间有新键生成之后。这个过程对成炭非常重要，因为交联后形成的结构具有很大的分子量，不易气化。

支链或基团的主要反应类型是消除反应和环化反应。发生消除反应时，支链与主链之间的连接键断裂，断裂下来的支链基团与其他断裂基团发生反应，生成新的产物粒子，这些产物一般分子量较小，足以气化。在环化反应中，两个相邻的侧位基团相互间反应成键，形成具有环化结构的产物。这个过程对于成炭也是很重要的，因为消除或环化后，产物中的碳含量远高于原来的高分子。

断链机理：断链是聚合物非常典型的热分解机理。这个过程实质上是一个多步自由基反应，归纳起来，一般分为断链的引发、传播、分支和终止四个步骤。

断链的引发分为随机断链（无规断链）和末端断链两种形式。当然两者都是形成自由基产物。随机断裂，顾名思义，是指在主链上的任意位置出现断链点，因为主链上所有的键强度相等。末端断链是指在链的末端断裂一个小的结构单元或基团，可以是一个单体，也可以是一个小的取代基。这两种断链的初始反应可用如下一般反应表示：

$$P_n \Rightarrow R_r + R_{n-r} \quad （随机断裂）$$

$$P_n \Rightarrow R_n + R_E \text{（末端断裂）}$$

这里，P_n 代表含有 n 个单体的高分子，R_r 是指含有 r 个单体的自由基，R_E 是指末端自由基。

聚合物热解的传播反应又称解聚反应。在分解的自由基传播阶段，存在多种自由基传播形式，如图 2.16 所示。

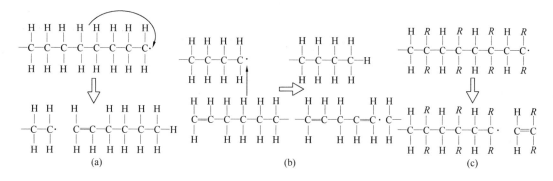

图 2.16　自由基传播形式
（a）分子内 H 的转移；（b）分子间 H 的转移；（c）解聚

$$R_n \Rightarrow R_{n-m} + P_m \text{（分子内 H 的转移，随机断键）}$$
$$P_m + R_n \Rightarrow P_{m-j} + P_n + R_j \text{（分子间 H 的转移）}$$
$$R_n \Rightarrow R_{n-1} + P_1 \text{（解聚）}$$

在这几种反应形式中，首先要介绍的是单一聚合物分子链内的 H 原子的转移，m 通常在 1~4 之间，代表距离自由基链端最近的 1~4 个聚合物结构单元。对某一具体的聚合物分子而言，m 的值不一定为常数，因为发生转移的 H 原子由于分子构象的不同是变化的。这种分子内 H 原子的转移导致的分解，其机理即为随机断链机理。第二个反应是发生在两条分子链之间的 H 原子转移。原有自由基 R_n，从聚合物分子 P_m 中抽取一个 H 原子，使自己还原，同时，使 P_m 一分为二，形成一个新的自由基 R_j 和新不饱和聚合物分子 P_{m-j}。最后一个反应中没有 H 原子的转移，它实际上是聚合反应的逆反应，也因此称为解聚。对于主链仅由 C 原子构成的聚合物分子而言，通过分析聚合物分子的结构特点可以确定分解的机理是 H 原子的转移还是解聚。一般来说，如果 H 的转移存在位阻，则分解最有可能由解聚实现。

分析表征聚合物的热分解反应机理，必须以适用的热分析技术为基本手段。三种常用的热分析技术分别是热重分析（TGA）、差示扫描量热分析（DSC）和气相色谱-质谱联用分析（GC/MS）。热重分析可以获得聚合物热分解时其质量损失随温度或时间的变化；差示扫描量热分析可以获得聚合物发生热分解过程中吸热或放热的变化规律；气相色谱-质谱联用分析则可以确定聚合物热分解气相产物中的化学组成。此外，热气化分析（TVA）和差热分析（DTA）也可用于聚合物的热分解分析。需要指出的是，在实际工作中，通常需要联合使用多种热分析技术完成对聚合物的热分解速率、热分解机理、气化和成炭的较为全面的分析表征。

2.3.4　常见聚合物材料的热分解

（1）聚烯烃

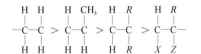

图 2.17　不同聚烯烃热稳定性的比较
注：R 为比甲基大的基团，X、Z 为杂原子。

就聚烯烃而言，低密度聚乙烯（LDPE）、高密度聚乙烯（HDPE）和聚丙烯（PP）是目前用量最大、用途最广的商用聚烯烃。这些聚烯烃聚合物在热分解过程中几乎没有聚合单体生成，生成的几乎都是碳氢化物，种类达 70 余种之多。聚烯烃的热稳定性受支链的影响非常显著，线性聚乙烯最稳定，有支链的聚乙烯稳定性降低。它们的稳定性的大小如图 2.17 所示。

①聚乙烯（PE）。在惰性气氛中，聚乙烯在 475K 时发生交联，在 565K 开始发生分解，但在温度不超过 645K 之前，分解速度很慢。聚乙烯辐射引燃时的表面温度为 640K。分解产物包括一系列的烷烃和烯烃。聚乙烯的支链能够促进分子链内 H 原子迁移，从而降低分子的稳定性。低温下尽管不发生汽化，但是由于分子链中的弱键（如氧原子通过氧化作用，以杂质的形式进入分子链中形成的弱键）的断链，导致分子量发生改变。高温下的初始反应包括叔碳原子断链和相对叔碳的 β 位置的常规 C—C 的断链。分解的主要产物是丙烷、丙烯、乙烷、乙烯、丁烯、己烯-1 和丁烯-1。在有氧气存在的条件下，会促进聚乙烯的热分解。在空气中当温度达到 423K 时，氧的促进作用明显。

②聚丙烯（PP）。在聚丙烯高分子的主链中每一个叔碳原子都容易成为热分解反应时被进攻的对象。这也是聚丙烯与聚乙烯相比热稳定性降低的原因。与聚乙烯一样，断链和链间 H 原子的转移在聚丙烯的热分解中也很重要。就现有的研究看，第二自由基（即在第二碳原子的位置形成的自由基）比第一自由基更重要。热分解的主要产物表明，戊烷占 24%，2-甲基戊烷占 15%，2,4-二甲基-1-庚烯占 19%。这些产物更容易经高分子内 H 原子的迁移断链后形成。聚丙烯在 500～520K 开始热分解，温度超过 575K 时热分解气化速度明显加大。聚丙烯的辐射加热引燃时的表面温度为 610K。氧的存在将极大地影响聚丙烯的热分解机理和热分解速率。有氧存在时，聚丙烯热分解起始温度降低到 200K，氧化分解的产物主要包括酮。当聚丙烯样品非常薄（厚度小于 0.3mm）时，由于氧向材料内的扩散减弱，样品的氧化分解将受到限制。在温度低于熔点时，由于较高的密度和结晶化使氧向材料内的扩散受到抑制，此时，聚丙烯发生氧化分解的难度增大。聚丙烯氧化分解的机理是初级热分解产物氧化生成过氧有机酸化物，过氧有机酸化物再分解形成酮。

③聚苯乙烯（PS）。聚苯乙烯受热当温度低于 575K 时，一般没有明显的质量损失，但是，由于分子链中的"弱键"断裂，聚合物的分子量会减小。一旦超过上述温度，随着二聚体、三聚体和四聚体的减少，热分解的主要产物是聚合物的单体（苯乙烯）。在热分解的过程中，起初分子量有一个急剧下降的阶段，随后分子量的降低速率减慢。可能的占主导地位的分解机理是：末端断链引发分解，随后发生解聚、分子内的 H 转移，最后以双分子终止。分子量的变化主要是分子间传递反应引起，而气化则是由分子内传递反应主导。尽管侧位芳香基因电子云的离域化导致立体的位阻效应降低，解聚反应在高分子热分解中仍占优势地位。当在分子中引入一个 α-甲基团形成的聚 α-甲基苯乙烯，其在热分解中由于甲基的附加位阻效应，使得生成的产物主要是单体，同时也降低聚合物的稳定性。自由基聚合的聚苯乙烯的稳定性比阴离子聚合的聚苯乙烯要低，后者的热分解速率主要取决于分子链中的末端基团。

（2）聚丙烯酸类高分子

①聚甲基丙烯酸甲酯（PMMA）。由于分解的产物几乎仅有单体，并且能够形成稳定燃

烧，PMMA 在火灾科学研究中是一种常用的可燃材料。甲基的存在有效阻止了高分子链中 H 原子的迁移，从而导致热分解产物中单体的产率极高。PMMA 的聚合方式对其热分解的起始温度具有显著影响。自由基聚合的 PMMA 起始分解温度约在 545K，断链发生在末端的双键上。在热重分析（TGA）中，第二个峰出现在 625～675K 之间，这是由第二个初始反应的发生形成的。在这个温度段，末端断链和随机断链同时发生。阴离子聚合的 PMMA 由于链的末端缺少双键，末端断链不易发生，其初始分解温度约为 625K。这也就能解释在 PMMA 的引燃试验中观察到的引燃温度（550～600K）。从反应动力学看，PMMA 的热分解为一级反应，活化能取决于末端基团结构，约为 120～200kJ/mol 之间。热分解的速率也取决于高分子链的规整度和分子量的大小。这些因素对 PMMA 燃烧时的火焰传播速率也有很大的影响。值得一提的是，PMMA 的交联共聚物热分解形成大量的炭，而不是发生末端断链，因而具有很高的热稳定性。

②聚丙烯腈（PAN）。PAN 在 525～625K 之间开始发生放热的分解反应，放出少量的氨和氰化氢。在生成这些产物的同时伴随有环化反应发生，在侧位邻近基团中的 N 原子和 C 原子形成交联键（图 2.18）。气体产物并非由于环化反应本身产生，而是由没有参加环化的侧位基团和末端基团的劈裂生成。氨来源于末端的亚胺基团（NH），而 HCN 则来自没有参与类似聚合的环化反应的侧位基团。当高分子链不在全同（等规），且 H 原子被 N 原子夺走时，环化反应终止。环化过程也是再解链成环的过程（图 2.19）。当温度达到 625～925K 之间时，环化结构炭化释放出来氢，温度更高时，氮也释放出来，从而炭就变成纯碳。事实上，只要采取适当控制技术，就可利用该过程制备碳纤维。氧的存在能使 PAN 的热稳定性增强，这可能是因为氧与初始分解位置上碳（也是腈发生聚合的位置）发生反应的缘故。氧化分解的产物具有很高的共轭性，并含有酮的官能团。

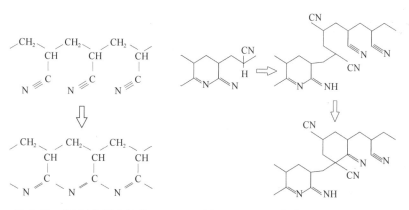

图 2.18　PAN 的环化过程　　　　图 2.19　PAN 侧位基团的再环化

（3）含卤聚合物

①聚氯乙烯（PVC）。聚氯乙烯是最常见的含卤聚合物，与 PE、PP 一样是用途最广的三大塑料之一。当受热温度达到 500～550K 时，PVC 高分子链通过链消除热分解机理，几乎能定量化地释放出 HCl 气体。不过需要指出的是，不论采用何种方式进行测量，其开始释放出 HCl 气体的温度与材料中所使用的稳定剂密切相关。有研究表明，部分商用的 PVC 产品，直到温度超过 520K 后仍未有 HCl 气体产生。去氯化氢的阶段起始于 600K。当温度达到 700～750K 时，出现炭化，放出氢，并有环化的气化产物生成。温度更高时，高分子

链之间发生交联，形成完全的炭化残余物。去氯化氢的速率取决于 PVC 的分子量、结晶度、氧的作用、氯化氢的浓度和添加的稳定剂。氧的存在能够加速去氯化氢的速率，导致主链断链分解，从而抑制了交联反应。当温度超过 700K 后，脱去 HCl 后形成的炭将被氧化，最后没有残余物留下。分子量降低能够增大去氯化氢的速率。防止脱除 HCl 的稳定剂包括锌、镉、铅、钙和脂肪酸的钡盐，以及有机锡的衍生物。典型化合物的稳定性表明分子中的弱键在热分解中起着重要的作用。很多研究表明，去氯化氢形成的多烯大分子同时发生环化反应和分子内的断链分解反应。

②聚四氟乙烯（PTFE）。由于 F 原子的电负性很强，C—F 的键能很大，PTFE 属于具有高稳定性的聚合物。起始分解温度在 750～800K 之间。热分解的主要产物是单体（四氟乙烯）和四氟化碳（CF_4），还有少量的氟化氢和六氟丙烯。随机断链引发初始的分解反应，随后发生解聚反应，最后以歧化反应终止。在气相可能分解生成 CF_2。通过促进链的转移反应限制链的解聚长度，从而进一步增强了 PTFE 聚合物分子的稳定性。在有氧存在的条件下，热分解产物中没有单体生成。氧与聚合物自由基反应，生成一氧化碳、二氧化碳和其他产物。

（4）含 C—O 链聚合物

①聚对苯二甲酸乙二酯（PET）。PET 的热分解由分子链中的烷—氧键（C—O）的断裂引起。其热解动力学分析表明，热分解的机理为无规断链。分解的主要气态产物有：乙醛、水、一氧化碳、二氧化碳和含酸的化合物，以及酸酐的端基。氧的存在能加速 PET 的热分解。有研究表明，PET 和 PBT（聚对苯二甲酸四乙酯）通过形成环化的或开链的齐聚物进行分解，这些齐聚物的末端含有烯烃基或羧基。

②聚碳酸酯（PC）。如果分解产物可以移走，聚碳酸酯最后会产生大量的炭。如果气相产物不能移走，由于缩合和热分解的竞争反应，就没有交联反应发生。PC 的热分解由分子链中较弱的 $O—CO_2$ 键断裂引发。热解生成的气态产物中 CO_2 占 35%。其他主要产物包括双酚-A 和苯酚。可能的分解机理是同时有无规断链和交联。分解的起始温度在 650～730K 之间，主要由产品中聚碳酸酯结构的精确性决定。

③酚醛树脂。热分解起始温度为 575K，苯环与亚甲基之间的断键引发分解。温度在 633K 时，热解产物主要是 C_3 化合物；继续加热（达到或超过 725K）开始成炭，并生成碳的氧化物和水；超过 770K 时，放出一系列的芳族和缩合产物；当温度继续升到 1075K 时，苯环破裂生成甲烷和碳的氧化物。在 TGA 实验中，当升温速率为 3.3K/min 时，炭化率可达 50%～60%，700K 时，其质量损失只有 10%。由于该聚合物本身能提供氧，所以受热时发生的是氧化热分解。

④聚甲醛（POM）。聚甲醛热分解几乎能定量生成甲醛。分解由分子链的末端引发，随后发生解聚，分子链中氧的存在能有效阻止分子内 H 原子的转移。由于有末端羟基，热分解的起始温度仅为 360K，而当末端为酯基时，热分解温度则延至 525K。辐射引燃时表面温度为 550K。末端基团的乙酰化也能提高聚合物的稳定性。封闭末端链节后，无规断链引发分解，随后发生解链。非晶聚甲醛的分解速率大于结晶化聚甲醛。

（5）聚酰胺聚合物

①尼龙。尼龙热分解的主要气态产物为 CO_2 和水。尼龙-6 热分解还产生少量的简单碳氢化物，而尼龙-6,10 则产生大量的己二烯和己烯。作为一类，不同组成的尼龙在温度低于

615K 时不会发生明显的分解。尼龙-6,6 在 529～532K 之间发生熔融，在空气氛中于 615K 分解，在氮气氛中于 695K 分解。当温度在 625～650K 的范围内时，聚合物发生无规断链生成齐聚物。在分子链中 C—N 键最弱，CO—CH₂ 键也较弱，它们在分解时率先发生断裂分解。虽然在 660K 以上分子主链将发生断裂分解生成齐聚物、二聚体和三聚体，但在低温下，大部分分解产物不能气化。由于己二酸具有闭环的趋势，尼龙-6,6 的稳定性要低于尼龙-6,10。当温度达到 675K，分解产物及时移走，尼龙就开始出现凝胶化和褪色。芳香聚酰胺具有很好的热稳定性，最简单的例子就是聚芳酰胺，其在空气中温度在 725K 以内不会分解。低温下主要气态分解产物是水和 CO₂，高温下的分解产物是 CO₂、苯、氰化氢、甲苯和苯基腈。当温度达到 825K 时，放出氢和氨，残留物高度交联化。

②动物毛发。动物毛发属天然聚酰胺化合物，其热分解将近有 30%的残留物生成。热分解的第一步是失水。大约在 435K，部分氨基酸开始发生交联。当温度达到 485～565K 之间，胱氨酸中的双硫键断裂，并释放出 CO₂。当温度更高达到 873～1198K 时，裂解产物是大量的氰化氢、苯、甲苯和 CO₂。

（6）聚氨酯

温度低于 475K 时聚氨酯不发生分解，并且空气的存在有降低其分解速率的趋势。随着热分解温度的升高，生成氰化氢和一氧化碳的量也会随之增多，此外，还有包括有氮的氧化物、腈和甲苯基二异氰酸酯等有毒化合物生成。聚氨酯的分解机理是聚氨酯聚合过程中多元醇与异氰酸酯之间形成键断裂引起分解。异氰酸酯气化，再凝结便成烟雾；液态多元醇留在凝聚相继续分解。

（7）聚二烯和橡胶

合成橡胶，即聚异戊二烯的热分解由分子链内的 H 转移导致的无规断链所引起，自然这个过程只能产生少量的单体。其他一些聚二烯烃，尽管热稳定性可能大不相同，但它们的热分解机理与聚异戊二烯基本相同。从聚异戊二烯分解获得的碎片，其平均大小为 8～10 单体的长度，这正好支持了其热分解机理为无规断链和分子链内的 H 原子转移。在氮气氛中，其热分解的起始温度为 475K。温度高于 675K 后，单体的产率提高，这主要是由于气化产物发生二次反应生成单体的缘故。温度在 475～575K 之间时，主要生成一些低分子量产物，残余物会变得难以溶解和难以加工。如果在 475～575K 之间对材料进行预加热，则会降低材料在高温下热分解生成单体的产率。温度低于 575K 的热分解生成黏性液体产物，最终将变成干性固体。单体冷却时很容易发生二聚化生成戊二烯。最后要说明的是，天然橡胶与合成橡胶的热分解没有明显的差异。

（8）纤维素

纤维素的热分解除了脱除物理吸附的水外，至少包含了四个主要过程。第一是纤维素链的交联，同时脱除水。第二个平行反应是纤维素链的解聚，从聚合单体形成左旋葡萄糖（图 2.20）。第三个反应是脱水产物（脱水纤维素）分解成炭和气化产物。最后是左旋葡萄糖进一步分解，生成更小的气化产物，包括焦油和最终的 CO。部分左旋葡萄糖也有可能重新聚合。当温度低于 550K 时，脱水与解聚反应的速率相当，此时继续保留纤维素的基本骨架结构。当温度更高时，解聚速度加快，纤维素的原有基本骨架结构很快消失。当温度达到 770K 时，交联的脱水纤维素和再聚合的左旋葡萄糖开始生成多核芳香化合物和石墨化的碳结构。正如大家所熟知的那样，炭的生成主要取决于对纤维素的加热速率。如果加热速率非

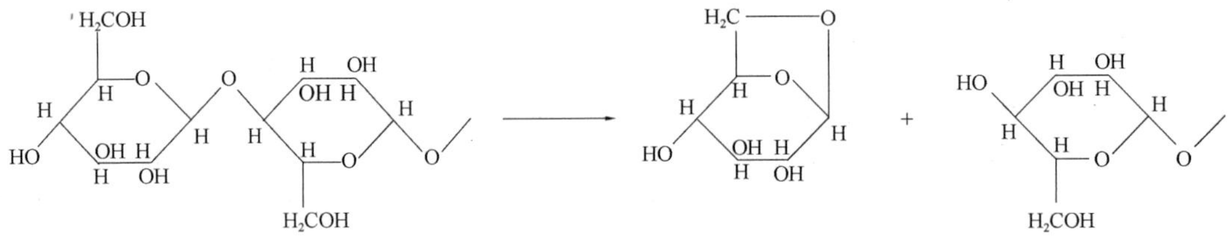

图 2.20　从纤维素的分解中形成左旋葡萄糖的反应

常高，往往没有炭生成。相反，如果在 520K 预热样品，则可得到 30% 的炭。这有两方面的原因，一是低温脱水反应对最终成炭非常重要；二是伴随较低的加热速率，增加了左旋葡萄糖重新聚合的机会。

一般而言，木材大约由 50% 的纤维素、25% 的半纤维素和 25% 的木质素组成。气体产物的产率和动力学数据表明，木材的分解是单一组成分解叠加的机理。加热时，首先是半纤维素分解（约在 475～535K 之间），接着是分解纤维素（约在 525～625K 之间）和木质素（约 775K）。木质素对成炭产率有显著贡献。木材在辐射加热引燃时的表面温度在 620～650K 之间。

（9）聚合物复合材料

聚合物复合材料是指由聚合物为树脂基，在其中添加有机或无机纤维，经过加工处理制备的具有优异性能的复合材料。按照树脂基的特性可分为热固性树脂复合材料和热塑性树脂复合材料。热固性树脂复合材料主要有：聚酯基复合材料、乙烯基复合材料、环氧树脂复合材料和酚醛树脂复合材料。热塑性树脂复合材料主要有：聚丙烯复合材料、聚醚醚酮（PEEK）复合材料和聚苯硫化物（PPS）复合材料。聚合物复合材料的热分解主要是作为树脂基的聚合物和作为增强成分的有机纤维的热分解。这些有机树脂和纤维的热分解机理与本章 2.3.3 节所述内容相同，在此不再赘述。但要特别说明的是，由于复合材料的组成的特殊性，使得材料受热时树脂基和有机纤维的热分解也具有不同一般聚合物材料的特点。其中，加热速率对复合材料中聚合物的热分解反应具有控制性作用。当聚合物复合层压板材料在火灾中一面受热时，层压板内部的加热速率并不均匀，受热面加热速率很高，而沿背热面深入，加热速率快速降低。例如，有文献报道一种厚度为 12.5mm 的玻璃纤维增强聚酯复合材料，当其一面暴露于入射热通量为 $50kW/m^2$ 的热流时，其加热速率随归一化深度的变化呈现对数函数关系，如图 2.21 所示。[归一化深度（x/L）是材料内部受热面距暴露表面的距离（x）与材料厚度（L）的比值。]暴露面上初始升温速率高达 1000℃/min，不过，该过程通常不会超过 1min，随后升温速率明显降低，最后表面温度接近火焰温度。随着归一化深度的增大，加热速率快速降低，主要是因为材料相对较低的热扩散系数导致的"热滞"现象所致。

当然，表面可燃气体向外扩散时的对流冷却和聚合物热分解的吸热反应都在一定程度上可降低材料受热时的加热速率。在以上所举例子中，材料背热面（$x/L=1$）的加热速率降低到 15℃/min，更厚的层压板和表面进行防火保护的复合材料一面受热时，背热面加热速率会更低。夹芯板的隔热作用也与此相同，由于夹芯板中芯材具有较低的导热率，使得材料受热时背热面的升温速率很低。

在热分解温度范围内，聚合物材料的热分解温度随加热速率的增大而升高。例如，一种酚醛树脂在加热速率为 5～50℃/min 时采用热重分析仪（TGA）测得其残余质量随温度变化曲线如图 2.22 所示。从图 2.22 中可以看到，当加热速率增大时，酚醛树脂的热分解温度持续移向高温。因此，当复合材料暴露于火灾中时，材料中的有机树脂和有机纤维的热分解温度不会是均一的，从受热面到背热面，其热分解温度降低。

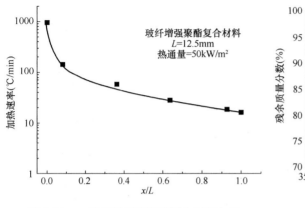

图 2.21　一种玻纤增强聚酯复合材料加热
速率随归一化深度的变化

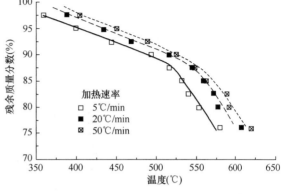

图 2.22　一种酚醛树脂在不同加热速
率下的 DTA 曲线

2.3.5　聚合物复合材料的热破坏

近年来，人们对聚合物复合材料在火灾中受到的热破坏作用进行了很多研究，主要关注点是确定热固性树脂复合层压板受火时的破坏历程，因为这些复合材料已经用在了飞机和船舶的建造之中；而热塑性树脂复合材料的研究相对较少。这些复合材料受热破坏的主要形式有树脂基和有机纤维的炭化、软化和降解，分层和树脂开裂。图 2.23 给出了复合材料一面受热后，从其受热表面到背热面不同区域受热破坏的程度。

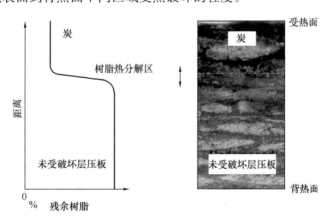

图 2.23　一种复合材料受火破坏区域的截面图

同时，图 2.23 也给出了沿厚度方向残余树脂质量分数的变化。从图 2.23 中可看出，从受热面向内的第一个区域为成炭区，由黑色炭层组成。在此区域，聚合物的含量已很少，有机树脂完全发生了降解，残余有机物都浓缩于炭层之内。成炭区之下是一层很薄的热分解区，该区域温度达到树脂热分解温度之上，但尚未达到成炭温度。在热分解区，树脂发生部分降解，通过断链反应生成大分子量的碎片，这些碎片因分子量大而难以气化。由于分解反应并未完成，树脂还未转化成炭和可燃气体。热分解区的下面是未受热破坏的区域，紧邻热分解区的部分出现很多裂缝。该区域温度很低，不足以让树脂产生软化或热分解。随着受热时间延长，热分解区和炭化区逐渐向内移动，最终，所有树脂都完全降解成炭。

由于芯材不同，夹芯复合材料与层压复合材料受热破坏过程有一定程度的差异。图2.24 给出了一种单面受热夹芯复合材料热破坏的截面图。

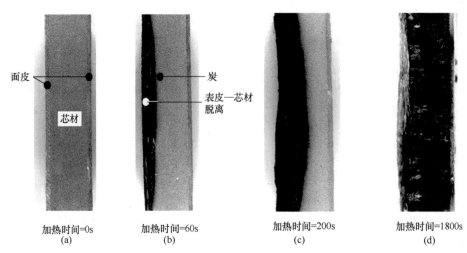

图2.24　一种夹芯复合材料单面受热在不同
时间热破坏截面图

图2.24 中所用夹芯复合材料的两面表皮为玻纤增强乙烯基树脂复合材料，芯材为 PVC泡沫材料。实验时受热面的入射热通量为 $50kW/m^2$，受热时间最长为 30min。其他夹芯复合材料的表皮和芯材受热破坏情况一般皆与图 2.24 所示情况类似。当表皮暴露在热流中受热时，从表及里，将会发生炭化、树脂软化、降解、脱层和树脂开裂。一旦表皮复合材料深度降解而不能起到隔热保护作用后，芯材就开始发生降解。芯材的热分解会导致其从炭化的表皮脱离。随着加热时间的延长，分解和炭化区将逐步移向背热面。处在表皮之间的 PVC芯材受热后发生深度分解和气化，只有很少的残炭留下，这是低成炭率的芯材具有的共同问题。其他一些成炭率相对较高的芯材，如酚醛泡沫和巴沙木，在火灾中受热时则能够提供较好的结构和尺寸稳定性。

成炭对复合材料的阻燃具有重要意义。与成炭率较低的聚合物材料相比，具有高成炭率的聚合物材料一般都具有引燃时间较长、热释放速率较低、火焰传播速率较慢、发烟量和毒性气体产率较少的燃烧特性。图 2.25 给出了几种聚合物材料及其复合材料的极限氧指数（LOI）随成炭率的变化情况。LOI 用于测量材料在大气中维持有焰燃烧的最低氧含量，这一参数通常用于对不同材料的易燃性进行相对分级。材料的 LOI 值增加能够间接反映其阻燃性的增强。从图 2.25 中可以看到，材料的 LOI 值随成炭率的增加而升高，这是因为成炭能够从多方面降低材料的易燃性。

首先，由于炭具有很低的热导率，在很多情况下，炭层起到了隔热层的作用。例如文献报道，室温下炭层的导热系数为 $0.17W/(m \cdot K)$，而对应的未受热破坏的碳纤维增强环氧层压复合材料的热导率是其数倍，高达 $8 \sim 12W/(m \cdot K)$（取决于增强纤维的含量）。低密度、多气孔的炭具有更好的隔热性能。炭层热导率降低，就能减少热传向未受影响的原有材

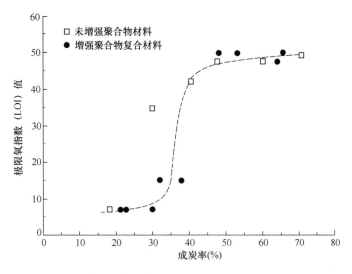

图 2.25　几种聚合物及其复合材料的极限氧指数随成炭率的变化曲线

料，进而减慢有机树脂或有机纤维的热分解反应速率。随着炭层的增厚，分解反应逐渐变慢，当没有足够的热导向内部原材料时，复合材料的燃烧就会出现自熄现象。不过需要指出的是，芳香族聚合物热分解产生的炭通常较为密实，并形成连续网络结构，这些反而会增大导热速率，继而增大分解反应速率。

其次，炭层能够限制空气中的氧扩散到复合材料发生热分解的区域，从而减慢燃烧速率，起到阻燃的作用。另一方面，炭层也能起到阻隔分解区的可燃蒸气向外逸出的作用，从而延缓引燃时间，降低火焰传播速度和热释放速率。某些类型的复合材料热分解产生的蒸气可以起到发泡作用，当炭层冷却固化后即可形成高气孔率的结构。图 2.26 给出了一种碳纤维增强的环氧树脂复合材料一面对火燃烧时表层形成的多孔炭层结构。

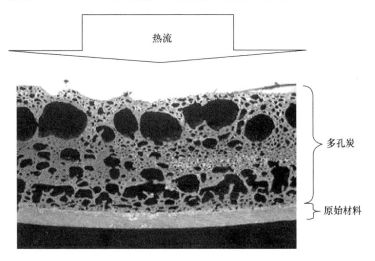

图 2.26　碳纤维/环氧树脂复合材料对火燃烧时形成的多孔炭层

最后，当有机树脂降解后，炭层还能起到支撑复合材料中的增强纤维保持原有位置不变的作用，从而有助于受火破坏的复合材料保持结构的完整性。当然，要让炭层起到有效的阻燃作用，它必须形成具有低热导率和低透气性的连续网络结构，此外，炭层还必须能够牢固黏附在材料表面而不脱落。不连续的炭层结构含有的裂缝和细微贯穿空洞能够成为内部热分解产生的可燃蒸气流向火焰的通道，从而降低炭层的阻燃作用。

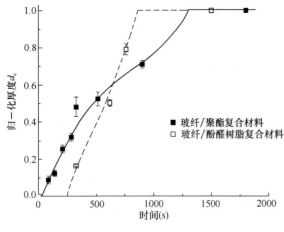

图 2.27　聚合物复合材料炭层的归一化厚度随时间的变化

不少文献报道了多种热固性复合材料在不同受热条件下炭的形成和炭层的增长。图 2.27 给出了聚酯和酚醛树脂复合材料炭层的厚度随时间增大的变化规律。图 2.27 中，炭层的厚度为归一化厚度（d_c）［炭层的实际厚度与复合材料总厚度（d）的比值］。从图 2.27 中可以看到，在这两种复合材料中，炭的形成和炭层的增长分三个阶段。在初始阶段，由于需要一定的时间才能将材料加热到热分解温度，因此，此阶段炭层增长速度很慢。一旦炭层形成后，炭层的厚度将随时间延长而稳定增长，直至炭层前沿接近复合材料的背热面。当炭层前沿接近背热面时，复合材料的厚度变薄，呈现热薄型的特性，从而加速炭层的生长速率直到所有有机树脂全部降解。

成炭速率很大程度上取决于增强纤维的方向，特别是增强纤维与有机树脂的热特性存在较大差异时更是如此。表 2.6 给出了常用增强纤维的近似导热率，并与常用有机树脂的导热率进行了比较。从表 2.6 中的数据可以看出，常用增强纤维的轴向热导率在 0.2～0.4W/(m·K)，一般要大于多数聚合物树脂。玻璃纤维的导热性近似各向同性，而碳纤维和其他有机纤维则是各向异性，它们在轴向具有很高的热导率。当聚合物复合材料卷入火灾时，沿着增强纤维延展方向的导热速度相对较快。尤其是碳纤维具有很高的轴向导热率，这也是碳纤维增强复合材料受热时沿纤维轴向成炭更为明显的原因。图 2.28 给出了碳纤维增强环氧树脂复合材料沿纤维轴向和垂直方向炭化深度随时间变化的规律。从图 2.28 中可看出，沿轴向的增长速率要高出许多。

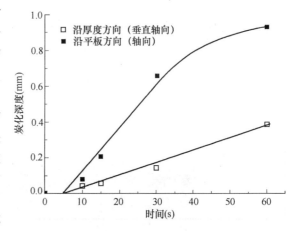

图 2.28　碳纤维/环氧树脂复合材料沿不同方向炭化深度随时间的变化

表 2.6　常用增强纤维和有机树脂的热导率

	k（平行） ［W/(m·K)］	k（垂直） ［W/(m·K)］
E-玻璃纤维	1.13	1.13
PAN基-碳纤维	～20	0.32

	k（平行） $[W/(m \cdot K)]$	k（垂直） $[W/(m \cdot K)]$
聚芳基酰胺纤维	0.52	0.16
聚乙烯纤维	～20	0.35～0.5
聚酯树脂	0.19	
乙烯基树脂	0.19	
酚醛树脂	0.25～0.38	
环氧树脂	0.23	
聚丙烯树脂	0.18	
聚醚醚酮树脂	0.25	

当聚合物材料在火灾中受热，发生热分解燃烧时，在其反应区的前方出现开裂现象。严格地讲，这种破坏现象只限于反应区，有时也有可能通过反应区和之后的原始材料发生传播。一般认为，开裂是由于气化产生的蒸气或材料内部已有蒸气在材料内部受热形成内压。开裂区的温度一般要高于树脂的玻璃化转变温度。因此，开裂现象也可解释为蒸气的内压力和树脂软化共同作用的结果。图 2.29 给出了聚合物层压复合材料受热时出现的开裂和树脂龟裂的显微照片。

由于热应力的作用，当复合材料受热其内部具有很高温度梯度时，这种温度差能够增加开裂的程度。一般来说，沿增强纤维方向相邻层间的温差越大，开裂越严重，这是因为增强纤维与树脂的热膨胀特性不相同所致。当热通过传导穿透材料后，随着时间的增加，开裂深度也随之增加。

由于在材料内部形成了没有键合作用的界面，开裂对材料的火灾性能可能产生很大影响。虽然这些界面会增大热阻，降低树脂的热分解速率，但是其影响程度还需进行定量化研究。有文献指出，树脂的开裂为内部可燃气体的快速释放提供了通道。当层压复合材料处于火焰上方或处于垂直方向时，层间开裂将导致材料分层脱落，因为将内部原始材料又暴露于火焰之中。

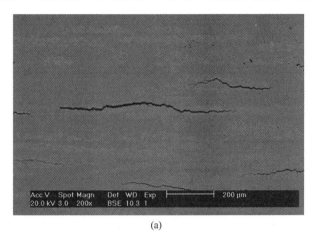

(a)

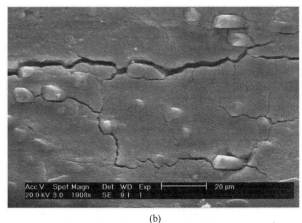

(b)

图 2.29　典型聚合物层压复合材料受热时的
开裂和树脂龟裂现象
（a）开裂；（b）龟裂

第 3 章　材料的引燃性

3.1　引言

引燃性是材料对火反应的重要内容之一，引燃的难易程度直接影响火焰在材料表面的传播，是评价材料火灾危险性的重要特性参数之一。从材料在火灾中着火燃烧的实际过程来看，材料的着火有引燃着火和自燃着火两种方式。引燃着火是指可燃材料在受热时产生的可燃气体与空气的混合物，遇到其表面或表面附近存在的小火源（包括火星、电火花等）而发生着火燃烧的现象。自燃着火则是指可燃材料受热后产生的可燃气体与空气的混合物，持续受热达到自燃点而发生着火燃烧的现象。引燃性反映的是材料在遇火或受热时发生分解燃烧的难易程度，以给定条件下发生着火所需的时间进行表征。

在第 2 章中我们已经讨论了材料在建筑火灾中遭受的热环境，显然引燃着火在火灾的初期阶段起着关键性作用，特别是在热辐射作用下，材料的引燃特性直接影响火势的蔓延发展。由火焰、热烟气和热表面产生的辐射热是火焰在材料表面蔓延发展的驱动力。事实上，许多可燃材料如果没有足够强度的热流作用，一般很难维持着火燃烧。因此，目前部分有关材料燃烧特性的试验方法都要同时采用辐射热源对材料进行加热，例如目前比较通用的锥形量热计试验就是如此。此类试验方法与材料在实际火灾中遭受的热环境比较相近，其试验结果更接近材料在火灾中的燃烧特性。

3.2　材料着火的影响因素

固体可燃材料表面遭受恒定入射热通量作用时的受热模型如图 3.1 所示。图 3.1 中，$\ddot{q}''$ 为入射热通量，既能代表火焰提供的热通量（包括辐射和对流两部分），也能代表单一的来自辐射热源或模拟火灾环境的外加辐射热通量；T_∞ 为环境温度；T_s 为材料的表面温度；h_t 为换热系数；δ 为材料物理厚度。

在此模型中，材料受热时，其表面的净热通量为：

$$\ddot{q}'' = \left(-k\,\frac{\partial T}{\partial x}\right)_{x=0}$$
$$= \ddot{q}''_e + \ddot{q}''_f + h_c[T_\infty - T(0,t)] - \varepsilon\sigma[T^4(0,t) - T_\infty^4] \tag{3.1}$$

式中，$\ddot{q}''_e$ 为外部入射辐射热通量；$\ddot{q}''_f$ 为总的火焰热通量（辐射＋对流）；$h_c[T_\infty - T(0,t)]$ 为无火焰时的对流热通量；$\varepsilon\sigma[T^4(0,t) - T_\infty^4]$ 为温度 T_∞ 时传给大环境的净辐射热通量。

对于单一的辐射加热，则有 $\ddot{q}'' = \ddot{q}''_e$，$h_t = h_c + h_r$。

对于火焰加热，则有 $\ddot{q}'' = \ddot{q}''_f = \ddot{q}''_{f,c} + \ddot{q}''_{f,r}$，$h_t = h_r$，这里，$h_t = [\sigma(T^4 - T_\infty^4)]/(T - T_\infty)$。

对具有均一组成的材料而言，受热时材料发生热分解引燃着火的过程及影响因素如图

3.2 所示。

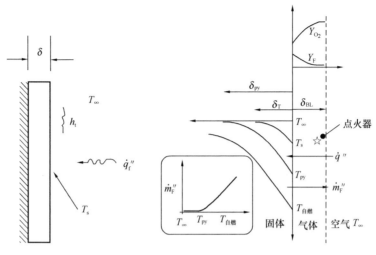

图 3.1　背面隔热的材料
受热示意图

图 3.2　固体可燃材料受热着
火的影响因素

图 3.2 中，Y_{O_2} 为氧的质量分数；Y_F 为可燃气体的质量分数；δ_{BL} 为边界层厚度；T_∞ 为环境温度；T_s 为可燃固体表面温度；T_{py} 为引燃着火的临界温度；$T_{自燃}$ 为可燃气体自燃温度；$\dot{q}''$ 为入射热通量；$\dot{m}''_F$ 为可燃气体生成速率；δ_{py} 为临界加热厚度；δ_T 为热穿透厚度；竖实线代表固体表面，虚线为可燃气体扩散的边界层界线。引燃过程大致可分三步。

第一步，热分解。固体受热时，温度升高产生包括气体燃料在内的热解产物。这种分解过程可以理想化为阿累尼乌斯型反应：

$$\dot{m}'''_F = A_S e^{-E_S/RT} \tag{3.2}$$

式中，A_S 和 E_S 是固体本身的性质。与纯液体蒸发过程类似，分解产物的生成速率是温度的非线性函数，必然存在能提供足够可燃气体并使其着火的临界温度 T_{py}。对于深度加热的平板状固体，从表面逸出的燃料质量流量可表示为：

$$\dot{m}''_F = \int_0^{\delta_{py}} A_S e^{-E_S/RT} \mathrm{d}x \tag{3.3}$$

式中，δ_{py} 为临界加热厚度，如图 3.2 所示。这意味着在表面温度升至 T_{py} 之前，可燃气体浓度增大并不明显；在 T_{py} 点，$\dot{m}''_F$ 将达到引燃所需的最低值。

第二步，可燃气体混合扩散。生成的可燃气体必须穿过流体边界层向外扩散，并在边界层与周围的空气混合，达到可燃的极限浓度。

第三步，引燃或自燃。可燃混合气体（质量分数处在燃烧极限范围内）向下游流动，遇到有足够能量的点火源（如电火花或小火焰等）时，在点火源的作用下发生热失控反应，形成明火燃烧。如果没有点火源，外部热源持续对混合气体加热，当温度达到气体混合物的自燃温度（约为 300～500℃）时，即可发生自燃。通常自燃点远高于引燃所需的表面温度（T_{py}）。

因此，就常见的引燃现象而言，固体可燃材料受热引燃时间可由下式表示：

$$t_{ig} = t_{py} + t_{mix} + t_R \tag{3.4}$$

式中，t_{ig} 为引燃时间；t_{py} 为发生热分解所需时间；t_{mix} 为可燃混合气体扩散达到点火源位置所需时间；t_R 为发生热失控反应所需时间。

对常见可燃固体而言，在式（3.4）中，t_{py} 远大于其后两者之和，故一般有：

$$t_{ig} \approx t_{py} \tag{3.5}$$

3.3　热薄型材料的引燃

3.3.1　热薄型的特征

对常见的固体可燃材料而言，当其受热方向的厚度很薄时，其内部温差一般很小。如果材料的厚度足够小时，则可近似为没有体积、内部也没有温度梯度的理想受热体，理论上称这类材料为热薄型材料。

对实际材料而言，要使材料内部的温度差足够小，则要求其物理厚度（d）必须尽可能小于热穿透深度（δ_T），如图 3.3 所示。

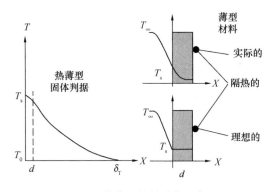

图 3.3　热薄型材料受热示意图

即必须满足如下条件：

$$d \ll \delta_T \approx \sqrt{\alpha t} \approx \frac{k(T_s - T_0)}{\ddot{q}''} \tag{3.6a}$$

或

$$Bi \equiv \frac{d h_c}{k} \ll \frac{h_c(T_s - T_0)}{\ddot{q}''} \tag{3.6b}$$

其中，Bi 是毕渥数（Biot number）。如果 $\ddot{q}''$ 仅仅由对流换热产生，即为 $\ddot{q}'' = h_c(T_\infty - T_s)$，则方程（3.6b）可改写为：

$$Bi \ll \frac{T_s - T_0}{T_\infty - T_s} \text{（纯对流）} \tag{3.7}$$

这也就是说，对于 d 足够小的热薄型材料，其内部温差应远小于界面层处的温差。

一般而言，厚度小于 1mm 的匀质可燃材料可按热薄型处理，包括一张纸、薄布料和塑料薄膜等，但不适用于非隔热基底上的薄涂层或多层材料，因为基底的导热作用能够使多层材料起到类似厚型材料的效果。此外，当材料长时间受热，或处于燃烧后期剩余材料的受热，这两种受热状态也可按热薄型处理。

3.3.2　热薄型材料的引燃时间

对于厚度为 δ、一侧隔热的热薄型材料（图 3.1），或厚度为 2δ 的对称加热的热薄型材料，初始温度为 T_0，环境温度为 T_∞。边界条件是：

$$\ddot{q}'' = \left(-k \frac{\partial T}{\partial x} \right)_{x=0} \text{（表面）}$$

和

$$\left(\frac{\partial T}{\partial x} \right)_{x=i} = 0 \text{（中心或隔热面）}$$

根据热薄型近似，受热时 $T(x, t) \approx T(t)$，在环绕热薄型材料的控制体中能量守恒，此时，对于与环境压力相同的固体，则有：

$$\rho c \delta \frac{dT}{dt} = \ddot{q}'' = \ddot{q}''_e - h_c(T - T_\infty) - \varepsilon \sigma(T^4 - T_\infty^4) \tag{3.8}$$

方程（3.8）为非线性微分方程，无法得到解析解。但是，当 $T-T_\infty$ 的值较小时，对于方程右边最后一项（热辐射损失）可做如下的线性近似：

$$\varepsilon\sigma(T^4-T_\infty^4)\approx h_r(T-T_\infty) \tag{3.9}$$

其中，

$$h_r\equiv\frac{\varepsilon\sigma(T^4-T_\infty^4)}{T-T_\infty}\approx4\varepsilon\sigma T_\infty^3 \tag{3.10}$$

利用 $h_t=h_c+h_r$，方程（3.8）则可简化为

$$\rho c_p\delta\frac{dT}{dt}=\ddot{q}_e''-h_t(T-T_\infty) \tag{3.11}$$

对（3.11）积分求解，可得

$$T-T_\infty=\frac{\ddot{q}_e''}{h_t}\left[1-\exp\left(-\frac{h_t t}{\rho c_p\delta}\right)\right] \tag{3.12}$$

令

$$\tau\equiv\frac{h_t t}{\rho c_p\delta} \tag{3.13}$$

则方程（3.12）可简化为

$$T-T_\infty=\frac{\ddot{q}_e''}{h_t}(1-e^{-\tau}) \tag{3.14}$$

根据方程（3.14），当 $t\to\infty$ 时，$e^{-\tau}\to0$，材料受热达到稳定的平衡状态；当 $t\to0$ 时，$e^{-\tau}\approx1-\tau$。此时，若材料的引燃时间较短，则 $T=T_{ig}$ 时可得材料引燃时间 t_{ig} 的简化表达式如下：

$$t_{ig}\approx\frac{\rho c_p\delta(T_{ig}-T_\infty)}{\ddot{q}_e''} \tag{3.15}$$

需要说明的是，当 $\ddot{q}_e''\gg h_t(T_{ig}-T_\infty)$ 时，则可完全忽略材料表面的对流冷却作用。下面通过简单的估算说明该问题。

一般情况下，若近似取

$$h_c=0.010\ kW/(m^2\cdot K)$$

$$h_r\approx4\varepsilon\sigma T_\infty^3=4\times(1)\times5.671\times10^{-11}\times298^3=0.006\ [kW/(m^2\cdot K)]$$

$$T_{ig}=325℃$$

则表面对流冷却的热通量为：

$$h_t(T_{ig}-T_\infty)=(0.010+0.006)\times(325-25)=4.8\ (kW/m^2)$$

因此，当 $\ddot{q}_e''>5kW/m^2$ 时，方程（3.15）的近似是合理的。

对于长时间加热的情况，当 $t\to\infty$ 时，材料的温度才能达到 T_{ig}。因此，当材料表面的入射热通量小于引燃的临界热通量 $\ddot{q}_{ig,crit}''$ 时，无论加热时间多长都不可能引燃着火。由方程（3.15），根据稳态条件可得热薄型材料的临界引燃热通量为：

$$\ddot{q}_{ig,crit}''=h_t(T_{ig}-T_\infty) \tag{3.16a}$$

若考虑高温表面的热辐射，则更精确的表达式为：

$$\ddot{q}_{ig,crit}''=h_c(T_{ig}-T_\infty)+\varepsilon\sigma(T_{ig}^4-T_\infty^4) \tag{3.16b}$$

3.3.3　热薄型材料的引燃实验

从方程（3.15）可以得出，对于组成均一的热薄型材料（T_{ig}）近似为定值，则其引燃

时间的倒数与入射热通量具有线性关系。这种线性可从文献报道的试验中得到证实。Quintiere 等人将 0.2mm 厚的聚氟乙烯（MPVF）薄膜黏附在 25mm 厚玻璃纤维棉上，通过引燃实验验证了上述分析结果，实验结果如图 3.4（a）和（b）所示。着火和撕裂时间数据对应的临界热通量分别约为 25 kW/m² 和 11 kW/m²。很明显，存在两种临界热通量表明着火或撕裂薄膜都需要达到最小值。

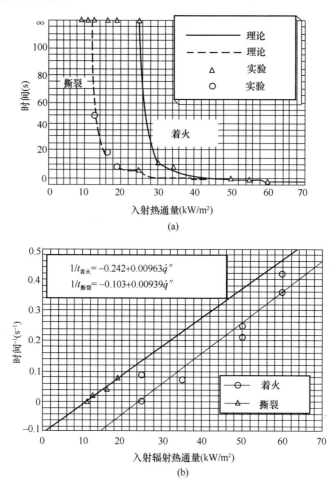

图 3.4 热薄型材料引燃实验结果

（a）MPVF 的撕裂和引燃时间随入射热通量的变化；（b）MPVF 的撕裂和引燃时间的
倒数随入射热通量的变化

3.4 热厚型材料的引燃

3.4.1 热厚型的特征

热厚型材料受热时其内部总会存在温度梯度，并且不受背面效应的影响。采用传热的半无限大平板方法可近似处理热厚型材料的着火过程，换言之，能够忽略背面边界条件对材料受热着火的影响，这就是热厚型的基本特征。为了获得满足这种情况的近似厚度 δ 值，要求热穿透深度 δ_T 达到 $x = \delta$ 之前着火。即有

$$\delta \geqslant \delta_{\mathrm{T}} \approx \sqrt{\alpha t_{\mathrm{ig}}} \tag{3.17}$$

在建筑物火灾中，常见可燃物的引燃着火时间通常不超过 300s。若取 $\alpha = 2 \times 10^{-5} \ \mathrm{m^2/s}$，则有 $\delta \geqslant \sqrt{(2 \times 10^{-5} \, \mathrm{m^2/s}) \times (300s)} = 0.078 \mathrm{m}$。

因此，可以推测固体着火时表现为热厚型特征，且 $t_{\mathrm{ig}} = 300$s 时，δ 约为 8cm；$t_{\mathrm{ig}} = 30$s 时，δ 约为 2.5cm。

一般来说，当材料的厚度大于 1mm 时，即可按热厚型特征分析材料的受热引燃过程。热厚型在实际工作中对应的情况有：（1）物理厚度特别大的材料受热；（2）材料受热起始阶段；（3）紧贴在很厚的不燃材料之上的薄层可燃材料受热。

3.4.2　热厚型材料的引燃时间

根据热厚型材料的特征，厚度为 δ 的热厚型材料受热过程（半无限导热问题）的能量守恒，可采用如下偏微分方程描述：

$$\frac{\partial T}{\partial t} = \frac{k}{\rho c} \frac{\partial^2 T}{\partial x^2} \tag{3.18}$$

这里，边界条件为

$$x = 0, -k \frac{\partial T}{\partial x} = \ddot{q}'' - h_{\mathrm{t}}(T - T_\infty);$$

$$t = 0, T = T_0;$$

$$x \to \infty, T = T_0$$

令 $\theta = T - T_0$，方程（3.18）则变为

$$\frac{\partial \theta}{\partial t} = \frac{k}{\rho c} \frac{\partial^2 \theta}{\partial x^2} \tag{3.19}$$

方程（3.19）的边界条件为

$$x = 0, -k \frac{\partial \theta}{\partial x} = [\ddot{q}'' - h_{\mathrm{t}}(T_0 - T_\infty) - h_{\mathrm{t}}\theta];$$

$$t = 0, x \to \infty, \theta = 0$$

这样，材料表面温度可表示为

$$T_{\mathrm{s}} - T_0 = \left[\frac{\ddot{q}''}{h_{\mathrm{t}}} - (T_0 - T_\infty)\right][1 - \exp(\gamma^2)erfc(\gamma)] \tag{3.20}$$

式中，$erfc$ 表示余误差函数。

$$\gamma = h_{\mathrm{t}} \sqrt{\frac{t}{k\rho c}} \tag{3.21}$$

当 γ 值大（加热引燃时间较长）时，方程（3.20）近似为

$$T_{\mathrm{s}} - T_0 \approx \left[\frac{\ddot{q}''}{h_{\mathrm{t}}} - (T_0 - T_\infty)\right]\left(1 - \frac{1}{\sqrt{\pi}\gamma}\right) \tag{3.22}$$

若 $T_0 = T_\infty$，$T_{\mathrm{s}} = T_{\mathrm{ig}}$，此时，长时加热引燃时间近似为

$$t_{\mathrm{ig}} \approx \frac{k\rho c}{\pi} \frac{(\dot{q}''_{\mathrm{e}}/h_{\mathrm{t}})^2}{[\dot{q}''_{\mathrm{e}} - h_{\mathrm{t}}(T_{\mathrm{ig}} - T_\infty)]^2} \tag{3.23}$$

与热薄型固体一样，$t_{\mathrm{ig}} \to \infty$，临界引燃热通量为

$$\dot{q}''_{\mathrm{ig,crit}} = h_{\mathrm{t}}(T_{\mathrm{ig}} - T_\infty) \tag{3.24}$$

当 γ 值较小（加热引燃时间较短）时，由方程（3.20）可得

$$T_{\text{s}} - T_0 \approx \left[\frac{\dot{q}''}{h_{\text{t}}} - (T_0 - T_\infty)\right]\left(\frac{2}{\sqrt{\pi}}\gamma\right) \tag{3.25}$$

同样的，若 $T_0 = T_\infty$，$T_{\text{s}} = T_{\text{ig}}$，此时，短时加热引燃时间近似为

$$t_{\text{ig}} \approx \frac{\pi}{4}k\rho c\left(\frac{T_{\text{ig}} - T_\infty}{\dot{q}''_{\text{e}}}\right)^2 \tag{3.26}$$

与热薄型的现象类似，方程（3.26）也忽略了表面热损失，因此，该公式更适合 $\dot{q}''_{\text{e}}$ 较大的情况。

3.4.3 热厚型材料的引燃实验

木材是建筑物中最常见的可燃材料，一般来说，在实际使用中它们都具有热厚型特征。Spearpoint 等人使用花旗松（尺寸为 96mm×96mm×50mm）为试样，对其引燃特性进行深入研究，实验结果如图 3.5（a）和（b）所示。从图 3.5 中可以看出，垂直或平行于木纹方向（图 3.6）加热时实验结果明显不同，试样的临界引燃热通量分别为 12.0kW/m² （垂直于木纹方向）和 9.0kW/m² （平行于木纹方向）。图 3.5（b）根据方程（3.26）绘制了 $1/\sqrt{t_{\text{ig}}}$ 随入射热通量变化的曲线。从图 3.5 中可看出，入射热通量较高时的实验数据与理论具有很好的一致性；而入射热通量较低时，可能因为表面氧化等因素影响，实验数据相对于线性关系发生了偏移。根据图 3.5（b）中临界热通量和拟合曲线的斜率，可以确定试样的 T_{ig} 和 $k\rho c$。表 3.1 列出了 Spearpoint 等人通过实验测定的几种不同木材的引燃特性参数。

表 3.1 几种不同木材的引燃特性参数

种类①	加热方向	密度 （kg/m³）	$\dot{q}''_{\text{ig,crit}}$ （测定，kW/m²）	$\dot{q}''_{\text{ig,crit}}$ （理论，kW/m²）②	T_{ig}（℃）③	$k\rho c$ [kW/(m²·K)]²·s
红杉	垂直	354	13.0	15.0	375	0.22
	平行	328	9.0	6.0	204	2.1
花旗松	垂直	502	12.0	16.0	384	0.25
	平行	455	9.0	8.0	258	1.4
红橡木	垂直	753	—	11.0	305	1.0
	平行	678	—	9.0	275	1.9
枫木	垂直	741	12.0	14.0	354	0.67
	平行	742	8.0	4.0	150	11.0

① 50mm 厚样品，水分含量 5%～10%。

② 由理论推导得到。

③ 由 $\dot{q}''_{\text{ig}}$ 的理论值确定。

对木材而言，"平行"于木纹加热时，挥发物易于沿着木纹方向扩散而离开木材，所以"平行"方向有较低的 T_{ig}。此外，平行于木纹时的热导率为垂直于木纹时热导率的近 2 倍，所以不同方向上的 $k\rho c$ 值不同。

需要指出的是，对于厚度为 δ 的热厚型可燃材料（背面隔热）在长时间受热时，其内部温

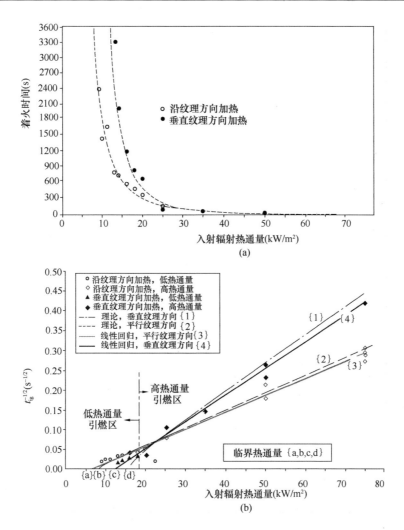

图 3.5　热厚型材料引燃实验结果

(a)厚度 50mm 花旗松引燃时间随入射热通量的变化;

(b) 试样的 $1/\sqrt{t_{ig}}$ 随入射热通量的变化曲线

度会逐步达到一致,此时,材料转变成热薄型。当材料引燃后因燃烧厚度变到足够薄时,也会如此。若令上述热薄型和热厚型加热引燃模型的解相等,就可求出材料达到此状态的时间 t_δ。具体而言,令热薄型与热厚型的短时解(短时加热引燃)相等,即热薄型模型中的表面温度与热厚型模型中的表面温度相同,则有

$$\frac{h_t t}{\rho c \delta} = \frac{2}{\sqrt{\pi}} \frac{h_t \sqrt{t}}{\sqrt{k\rho c}} \tag{3.27}$$

求解时间 t,即可得材料变成热薄型的时间为

$$t_\delta = \frac{4\delta^2}{\pi\alpha} \quad \alpha = \frac{k}{\rho c} \tag{3.28}$$

t_δ 可以看作是热从材料表面扩散到厚度为 δ 截面的时间。

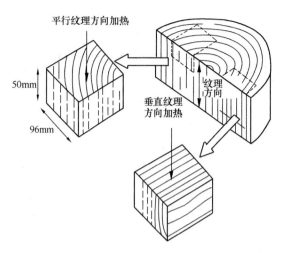

图 3.6　试样木纹的取向示意图

3.5　热厚型材料受热自燃

可燃材料受热分解产生的可燃气体逸出固体表面，与空气混合形成可燃混合气体，达到燃烧极限浓度后，遇到引火源即可发生明火燃烧。如果在混合气流的下游没有引火源存在，但有热源持续对其加热，混合气体的温度会不断升高，当达到可燃气体的自燃点时，便可发生自燃着火。下面以木材的受热自燃为例，说明热厚型材料受热自燃的特性。

木材的受热自燃与外加热通量的大小密切相关。在高热通量下，木材的阴燃或降解由氧扩散过程控制，而在低热通量下则由分解过程的化学动力学控制。热通量低于 $40kW/m^2$ 时，有焰燃烧的自燃明显取决于阴燃时供给的能量。图 3.7 给出了红杉木引燃、自燃和无焰燃烧着火时间的实验结果。图 3.7 中实验结果表明，木材的受热自燃可以 $40kW/m^2$ 的热通量值为界，分成自燃Ⅰ型和自燃Ⅱ型两个区域。木材在低于 $40kW/m^2$ 热通量的环境中，在经过相当长时间的无焰燃烧后仍有可能发生有焰燃烧。无焰燃烧对自燃的影响在临界热通量为 $20kW/m^2$ 时仍然存在。需要指出的是，无焰燃烧向有焰燃烧的转变过程尚无法利用方程(3.26)给出的简单热传导模型来预测。但是，当热通量达到 $40kW/m^2$ 以上时，在测量精度范围内未观察到在着火时间上存在差别，也就是说，在高热通量下木材的引燃和自燃时间差距很小。表 3.2 列出了根据图 3.8 的实验结果估算出的红杉木的着火温度和对应的临界热通量。在图 3.8 中，数据点的分散性说明其准确性较差，但仍能反映出引燃、无焰燃烧和自燃所需时间的长短次序。

从表 3.2 中可清楚看到，木材的自燃温度比引燃温度高出许多。与之相对应，红杉引燃和自燃所需的燃料质量分数分别约为 0.10 和 0.45±0.15。

表 3.2　红杉木的着火温度和临界热通量

	平行于木纹加热(℃)	垂直于木纹加热(℃)	临界热通量(kW/m²)
引燃	204	375	9～13
无焰燃烧(<40kW/m²)	400±80	480±80	10
自燃(>40kW/m²)	350±50	500±50	20

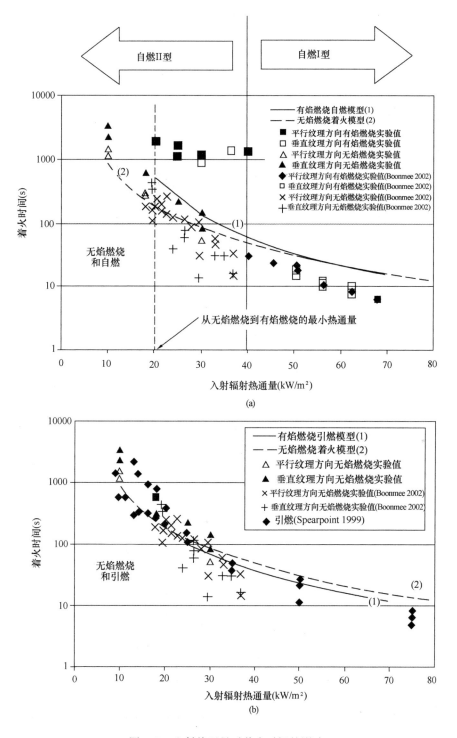

图 3.7　入射热通量对着火时间的影响

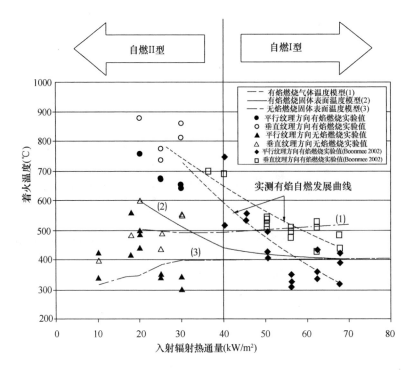

图 3.8　有焰自燃和无焰燃烧着火温度随入射热通量的变化

3.6　聚合物复合材料的引燃

正如前述，引燃性是可燃材料重要的对火反应特性之一，因为它直接控制可燃材料的初始燃烧。当复合材料常用的有机树脂(如聚酯、乙烯基树脂和环氧树脂)暴露于高温火焰时，它们在很短时间内就能被引燃。引燃之后，复合材料持续燃烧也可产生很大的高温火焰，从而促进火焰的快速蔓延。正因如此，引燃性也是评价聚合物复合材料火灾危险性的重要特性。

当复合材料的表面在火灾中被加热到聚合物树脂的热分解温度时，复合材料就会被引燃。树脂热解反应产生的可燃蒸气从材料表面流入火焰，在材料和火焰的界面处，当可燃蒸气在空气中浓度达到燃烧的极限浓度，可燃蒸汽被引燃，并发生明火燃烧。绝大部分可燃蒸气由聚合物树脂热分解反应产生，蒸气的种类取决于树脂的类型，主要包括一氧化碳、苯乙烯、芳香族化合物和低分子量的碳氢化合物。用于增强纤维表面的联结剂也可产生少量可燃蒸气。当然，如果增强纤维为有机高分子聚合物(如芳纶和超高分子量聚乙烯)，它们也可发生热分解，产生大量可燃蒸气。

引燃的难易程度一般使用引燃时间表征。复合材料的引燃时间受多种因素的影响，这些因素包括环境中的氧含量、温度、树脂及增强纤维的化学性质和热物理性质。

复合材料的引燃时间通常也是使用火灾试验测定，如锥形量热计试验和 ISO 的引燃性试验。引燃时间在两种条件下测定：一种是自燃引燃，另一种是使用诸如电火花之类的小火源引燃。与本章前述一样，本节也主要讨论复合材料在第二种条件下的引燃特性。

用于航空、舰艇和基础设施中的聚合物复合材料的引燃性是人们最为关注、研究最多的问题之一。图 3.9 给出了玻纤增强的不同树脂基复合材料的引燃时间随外加入射热通量的变化。在临界热通量之下，即使加热很长时间，材料也不会被引燃。聚酯、乙烯基树脂和环氧基树脂复合材料引燃的临界热通量约为 $13kW/m^2$，而酚醛树脂复合材料约为 $25kW/m^2$。热通量太低，不足以将复合材料加热到树脂的热分解温度。在临界热通量之上，材料的引燃时间随热通量的增大快速减小。对大部分聚合物复合材料而言，在引燃时间的减少和热通量的升高之间存在双对数线性关系。热通量增大导致热分解速率随之快速增大，引燃时间相应快速减小。

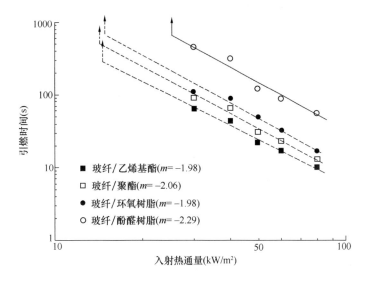

图 3.9　玻纤增强的四种复合材料引燃时间随热通量变化的双对数图

从图 3.9 中还可看到，玻纤增强酚醛树脂复合材料的引燃时间比其他几种复合材料明显要大很多。延迟引燃特性是酚醛树脂复合材料具有的出色的对火反应性能之一，这主要是因为酚醛树脂具有很高的热分解温度、很强的分解成炭能力和很低的可燃气体产率。

出色的抗引燃性能是酚醛树脂复合材料在高火灾风险场所得到普遍使用的主要原因之一。当然，还有其他一些高温热固性树脂复合材料也具有较长的引燃时间，这些树脂包括大部分双马来酰胺、聚亚酰胺、氰酸酯和邻苯二腈等。此外，不少热塑性复合材料即使在高热流之中也具有出色的抗引燃性能，如聚苯硫醚（PPS）、聚醚醚酮（PEEK）和聚醚酮酮（PE-KK）复合材料。图 3.10 给出了不同热固性和热塑性玻纤增强的先进复合材料的引燃时间与标准玻纤/乙烯基树脂复合材料引燃时间的对比图，图中的引燃时间在热通量为 $75kW/m^2$ 的热流中测得。

与层压复合材料相比，夹芯复合材料的引燃性的研究报道则很少。由于受芯材的影响，夹芯复合材料的引燃过程比较复杂。图 3.11 给出了两种船用夹芯复合材料的引燃时间随入射热通量变化的双对数图。

从图 3.11 中可以看到，巴沙木夹芯复合材料的引燃时间与热通量之间在双对数图中呈线性关系，这种关系与图 3.9 中的单面层压复合材料相似。然而，PVC 泡沫夹芯复合材料在高热通量下则不具有线性关系。并且，这种材料在热通量小于 $50kW/m^2$ 的范围内，引燃时间要明显偏小。这是因为 PVC 泡沫芯材对引燃过程产生了较大影响。当材料暴露于火焰中时，PVC 泡沫芯材的受热熔化和发生热分解导致复合材料的面层与芯材之间出现了空隙。

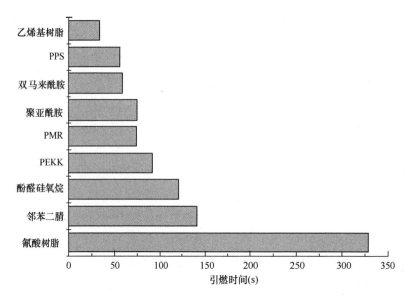

图 3.10　不同玻纤增强的先进复合材料在 75kW/m² 的热流中的引燃时间

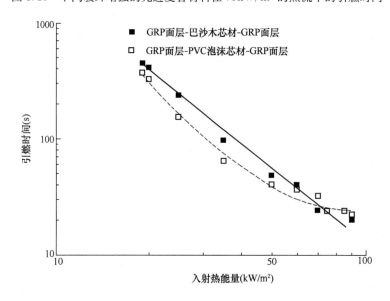

图 3.11　热通量对两种夹芯复合材料引燃时间的影响

这种空隙降低了面层的热传导速率，使得面层温度快速上升，从而导致引燃时间变短。具有较低热导率的芯材，如聚合物泡沫、蜂窝状聚合物，也具有较短的引燃时间。在复合材料受热时，这类芯材不易将热量从面层快速导走。图 3.11 中 PVC 泡沫芯材的导热率比巴沙木芯材要小很多，这也是导致其引燃时间变短的另一原因。

　　复合材料中用于增强的纤维也能对其引燃时间产生影响。虽然增强纤维能够影响引燃的过程，但是，玻璃纤维和碳纤维在热通量低于 125kW/m² 的范围内，它们对火呈现惰性，不会发生明显变化。玻璃纤维的用量能够改变复合材料的抗引燃性。图 3.12 给出了纤维含量对玻纤/聚酯复合材料引燃时间的影响。

　　从图 3.12 可以看出，引燃时间随玻璃纤维含量的增加而快速增大。玻纤含量增大，树

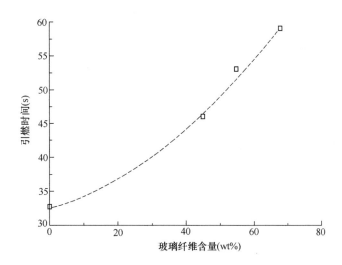

图 3.12　玻璃纤维的含量对玻纤/聚酯复合材料引燃时间的影响

脂质量减小，所能产生可燃蒸气的量也会减少。

厚度对材料的引燃时间也有决定性影响。图 3.13 给出了在不同热通量下样品厚度对玻纤/酚醛树脂复合材料引燃时间的影响。从图 3.13 中可以看出，在低热通量下，样品厚度对引燃时间影响较为敏感。热通量为 $35kW/m^2$ 时，引燃时间随厚度变大持续快速增加。但是，在高热通量下，样品的引燃时间在 3mm 以内逐渐增加，超过此厚度，引燃时间几乎不再随厚度变化。有文献认为，这是因为厚度增加增大了材料的热容量，延长了样品加热到树脂热分解温度的时间。

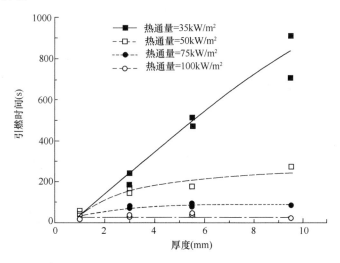

图 3.13　不同热通量下样品厚度对复合材料引燃时间的影响

火灾环境气氛对聚合物复合材料的引燃特性也有很大影响。通常，大部分对材料引燃性的研究都是在标准大气条件($21\%O_2/78\%N_2$)下进行，然而，实际火灾中的环境气氛与此有明显差异。例如，在没有通风的密闭空间发生火灾，室内空气中的氧气浓度随时间持续下降。在火焰熄灭前，氧浓度能够降到 $10\%\sim12\%$ 的缺氧环境。另一方面，在某些富氧环境（如高压氧舱、空间站等），材料的引燃特性也备受人们的关注。目前，关于材料在非正常环境气氛下的引燃性的研究报道并不多，已有部分研究结果表明，环境中的氧含量对材料的引燃性有明确的影响。有学者采用控氧锥形量热计分别对环氧树脂和酚醛树脂复合材料在不同氧含量气氛(18％~30％)中的引燃性进行了研究，研究结果如图3.14所示。从图3.14(a)中可以看到，随着氧含量的增加，碳纤维、玻纤和聚亚酰胺增强的环氧树脂复合材料的引燃时间都呈现随之减小的趋势。这是因为在富氧条件下，有更多的氧参与可燃蒸气的氧化反应，增大了反应速率。在图3.14(b)中，碳纤维/酚醛树脂复合材料的引燃时间随氧含量增加而减小，这与环氧树脂复合材料基本相同。但是，玻纤/酚醛树脂和聚亚酰胺酚醛树脂复合材料的引燃时间随氧含量的增加出现了先减小而后又略微增大的异样变化，出现这种现象的具体原因尚需进一步研究。

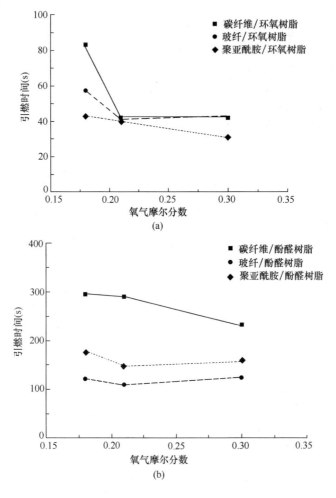

图3.14 氧含量对环氧复合材料和酚醛树脂复合材料引燃性的影响
(a)环氧复合材料；(b)酚醛树脂复合材料

目前，由于模拟复合材料的引燃机理很困难，复合材料的引燃时间通常采用实验测定。复合材料引燃性的理论模拟之所以困难，是因为树脂和可燃增强纤维的热分解反应非常复杂，热解反应区的热流和可燃蒸气的流量衡算也很困难，还有其他一些不确定因素共同作用所致。当复合材料暴露于火中时，它们能发生选择性燃烧，依次经历化学降解、炭化、释放可燃气体、燃烧发烟、生成毒性气体、放出热量以及发生开裂等一系列对火反应变化。这些复杂过程很难轻易采用模型计算进行分析预测。尽管如此，目前仍有几个引燃模型对特定条件下材料的引燃时间能给出较好的预测。

Lyon 等人认为当聚合物表面有足够的热能将固体可燃物转变成气态可燃物，引燃就可发生。固态聚合物单位质量的气化热(L_g)可按式(3.29)计算：

$$L_g = c(T_{ig} - T_0) + (1 - \mu)L_v \tag{3.29}$$

式中，T_{ig} 为引燃温度；T_0 为环境温度；L_v 为分解产物的蒸发热；μ 为聚合物中不燃组分的质量分数，包括成炭量、填料和增强纤维；$c = c_0(T/T_0)$，c_0 为环境温度下的热容。以此为基础，聚合物的气化热与引燃温度之间的关系可表达如下：

$$L_g = \int_{T_0}^{T_{ig}} c(T)\mathrm{d}T + (1 - \mu)L_v = \frac{c_0 T_{ig}^2}{2T_0} + \left[(1 - \mu)L_v - \frac{c_0 T_0}{2}\right] \approx \frac{c_0 T_{ig}^2}{T_0} \tag{3.30}$$

即

$$T_{ig} \approx \left(\frac{T_0 L_g}{c_0}\right)^{1/2} \tag{3.31}$$

只要知道了聚合物的 L_g 和 c_0 值，就可以预测引燃温度。图 3.15 给出了几种聚合物材料易燃温度的计算值与实测值的比较，从图中可以看出二者的符合度很好。

正如前面的讨论，材料的厚度也是影响可燃材料引燃的重要因素之一。在 3.3 节中专门论述了热薄型材料的特征，热薄型材料受热时其内部几乎没有温度梯度，来自火焰的热量能够快速被吸收。而热厚型材料受热时，其内部存在较大的温度梯度(具体参阅 3.4 节的内容)。

如果复合材料的厚度在 1~2mm 以内，可按热薄型对待，对于均一材料其引燃时间可按式(3.15)计算。实际使用的复合材料其厚度均远大于热穿透厚度，因此，绝大部分为热厚型材料，对于均一材料，其引燃时间可采用式(3.26)近似计算。

需要说明的是，式(3.26)是在忽略表面热损失，且材料背热面的支撑体为惰性、材料不透明、本身为热厚型等假定条件下导出。已有试验证明，运用该式对于计算木材、塑料等热厚型材料的引燃时间比较准确，但不包括聚合物复合材料。按照式(3.26)，热厚型材料的引燃时间与热通量之间关系按双对数作图，应该得到一条斜率为 −2 的直线。在图 3.9 中，几种玻纤增强的复合材料其引燃时间与对应热通量的双对数图均为直线，并且斜率近似为 −2，这也证实了式(3.26)的正确性。但是，采用式(3.26)计算引燃时间也是很困难的，这是因为式中的 ρ、c 和 k 随

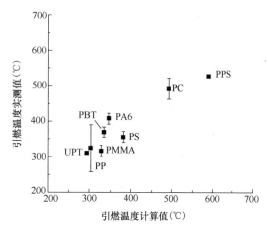

图 3.15　几种聚合物材料易燃温度的
计算值与实测值的比较

温度的升高会发生变化，它们在引燃温度点的值需要采用经验式确定。

另一种模拟复合材料引燃的计算方法是使用材料引燃时的质量通量，也就是质量损失速

率。有研究表明，一种玻纤增强复合材料在引燃点的质量通量为 $0.005kg/(m^2 \cdot s)$。通过热模型可以计算复合材料暴露于火中的质量损失速率，再与引燃时间关联，即可确定材料的引燃时间。当聚酯、乙烯基酯和环氧树脂基复合材料暴露在中高强度的热通量（$>25kW/m^2$）中，在引燃时刻，采用热模型计算的理论质量损失速率接近 $0.0075kg/(m^2 \cdot s)$。这说明存在一个临界质量通量，低于该值，不足以提供引燃所要求达到的可燃气体浓度。

第4章 材料的燃烧速率

引燃过程完成后，材料将发生持续分解和燃烧，材料进入稳定燃烧阶段。

4.1 燃烧速率与质量损失速率

4.1.1 基本关系式

为了描述这一阶段材料的燃烧特性，引入燃烧速率的概念，定义为燃烧反应过程中消耗可燃材料的速率。也就是说，燃烧速率实际上是指固体材料热分解产生的可燃挥发分发生燃烧化学反应的速率。

为此，应分析材料受热后所发生的主要化学变化过程。对于大多数可燃固体材料，尤其是纤维类材料，受热后会部分分解产生易燃挥发分，这些可燃气体扩散进入材料上方的有焰燃烧区，与空气发生气相燃烧反应，反应速率通常由材料热解产生可燃气体的速率决定；一些材料也可能同时产生不燃性气体，而未气化部分则以炭的形式存在，它可直接与扩散到表面的氧气发生固相燃烧反应，即使材料不再产生挥发分，固相燃烧也能持续进行，最终形成残渣。不过，部分固体材料受热分解燃烧时不会形成残渣。

随着燃烧过程的持续进行，材料的质量不断减少，直到恒重或全部消耗。可以看出，燃烧时材料的质量损失速率与燃烧速率之间存在一定的数量关系，但通常情况下二者并不相等。即

$$\dot{m}''_F = \dot{m}''_{F,R} + \dot{m}''_{F,I} + \dot{m}''_{F,U} \tag{4.1}$$

式中，$\dot{m}''_F$ 为单位面积材料的质量损失速率；$\dot{m}''_{F,R}$ 为单位面积材料的燃烧速率；$\dot{m}''_{F,I}$ 为单位面积材料产生惰性气体的速率；$\dot{m}''_{F,U}$ 为单位面积材料产生未燃可燃气体（包括烟尘）的速率。

通常材料燃烧产生的危害大小主要由气相燃烧过程决定，固相燃烧过程可以忽略。因此，为了简化分析过程，在进行火灾风险评价时，假定所有材料全部分解为可燃气体，生成的可燃气体全部发生燃烧（实际上不可能全部参与燃烧过程），不生成惰性气体。这样，材料燃烧时的质量损失速率就等于材料的燃烧速率。显然，这种情况下材料燃烧产生的危害最大，属于最不利的火灾状态。

材料分解生成可燃气体的难易程度是评价火灾中材料危害性大小的一个重要因素，考虑到材料分解过程的复杂性，一般通过实验直接测量一定试验条件下材料的质量损失速率。即将材料放置在外加辐射热源中，改变热流大小，确定材料开始热解的热通量和不同热通量下的质量损失速率。

正如在第1章绪论中所述，材料分解产生可燃气体的速率同时由生成单位质量可燃气体所需的能量 L_v 和材料表面从环境中吸收的热量 $\dot{q}''$ 决定。即

$$\dot{m}''_F = \frac{\dot{q}''}{L_v} \tag{4.2}$$

式中，$\dot{m}''_F$ 为材料燃烧时分解产生可燃气体的速率，这里认为其等于燃烧速率，单位为 g/(m^2·s)；$\dot{q}''$ 为材料表面从环境中吸收的净热量，涉及火焰对材料表面的辐射和对流换热、环境对材料表面的辐射换热以及材料表面的辐射热损等热传递过程，单位为 kJ/(m^2·s)；L_v 为材料的气化热，是将材料的瞬时燃烧简化为液体的准稳态燃烧时给出的类似液体蒸发热的物理量，单位为 kJ/g。对于成炭材料来说，L_v 是一个非常有效的特性参数，包括材料吸热升温和热分解产生挥发分两部分焓变。

4.1.2　影响材料燃烧速率的因素分析

部分影响材料燃烧速率的因素如图 4.1 所示，包括材料热分解动力学，燃烧反应热效应，燃烧系统与环境之间的热量和质量传递过程，材料其他物理、化学和力学性能等。其中，对流换热量由材料的热边界层及火羽流动状态决定。火焰达到一定高度（如≥5cm）时，火焰对材料表面的热辐射将成为影响材料表面吸热量的主要因素。不过，实际火焰的形状由流场控制，所以火焰辐射热通量由火焰区的流动状态和火焰大小共同决定。外部辐射源包括受火焰加热的房间壁面等，辐射热通量会随时间发生变化；试验中的固定热源，其辐射热通量随与材料表面间的距离变化而改变。材料表面辐射热损由材料表面温度与环境温度的差值决定，环境温度不变时仅取决于材料的表面温度。燃烧时不炭化材料表面温度通常近似看作常数；炭化材料燃烧时，炭层厚度增长对材料的隔热作用增强，炭层表面的温度会进一步升高。在不同热通量和炭层结构下，表面温度一般在 500～800℃之间变化。

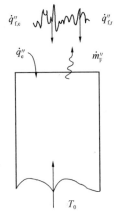

图 4.1　材料燃烧速率影响因素示意图

Long Shi 等给出了恒定辐射热作用下木材、炭化聚合物、不炭化聚合物和膨胀型聚合物的燃烧过程模型，据此可以系统分析影响常见材料燃烧速率的因素，如图 4.2 所示。

影响材料质量损失速率的凝聚相因素同样非常复杂。在不同条件下，相同材料的分解反应产物的种类和数量的差别可能很大，质量损失速率随时间和表面接受的热通量而发生变化。图 4.3 给出了炭化和不炭化厚型材料的理想质量损失速率曲线，从中可以看出炭化程度、热通量和时间对质量损失速率的影响。

方梦祥等人系统分析了木材热解与着火过程的机理及其物理与化学变化，建立了考虑水分蒸发以及表面辐射与对流热损失影响的一维湿木材热解与着火微分模型，模型的预测结果与实验值一致性较好，如图 4.4 所示。

Linteris 等利用 NIST 标准气化装置测量了一定辐射热通量下四种热塑性聚合物的质量损失速率变化规律，同时利用 FDS 模型和 Thermakin 热解模型进行了理论模拟，发现对于尼龙 66、聚丙烯、聚甲醛实验结果与理论预测值相当吻合，但聚对苯二甲酸乙二醇酯只有在质量损失率小于 3％时一致性较好，如图 4.5 所示。

虽然近年来对材料燃烧过程的理论和实验研究已经取得了一定进展，但由于材料热解和燃烧过程的复杂性，目前还没有总结出普适性的经验规律，利用气化热简单分析材料的燃烧过程仍是一种最有效的方法。表 4.1 给出了部分材料的气化热数据，必须强调的是，材料的 L_v 值会受到加工过程、测试条件和环境因素如纯度、湿度、纹理取向、老化等多种因素的

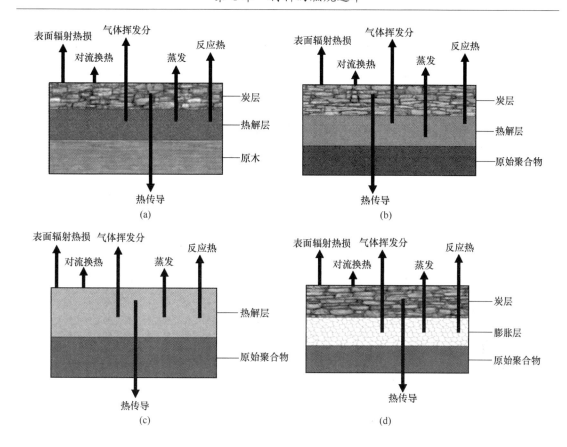

图 4.2　恒定辐射热通量下材料燃烧过程模型

（a）木材；（b）炭化聚合物；（c）不炭化聚合物；（d）膨胀聚合物

影响，可能在较大的范围内发生变化，使用时必须注意其适用条件。

表 4.1　部分材料的气化热数据

材　　料	kJ/g（质量损失）
聚乙烯	3.6
聚乙烯	1.8, 2.3
聚丙烯	3.1
聚丙烯	2.0
尼龙	3.8
尼龙	2.4
聚甲基丙烯酸甲酯	2.8
聚甲基丙烯酸甲酯	1.6
聚苯乙烯	1.3～1.9
聚苯乙烯	4.0, 7.3
聚氨酯泡沫，弹性	1.2～2.7
聚氨酯泡沫，刚性	1.2
聚氨酯泡沫，刚性	5.6
花旗松	12.5, (6.8)[a]
红杉	9.4, (4.6)
红橡木	9.4, (7.9)
枫木	4.7, (6.3)

a　热传递方向平行于纹理。

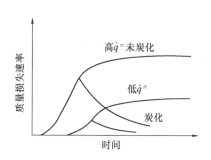

图 4.3　厚型材料的理想
质量损失速率曲线

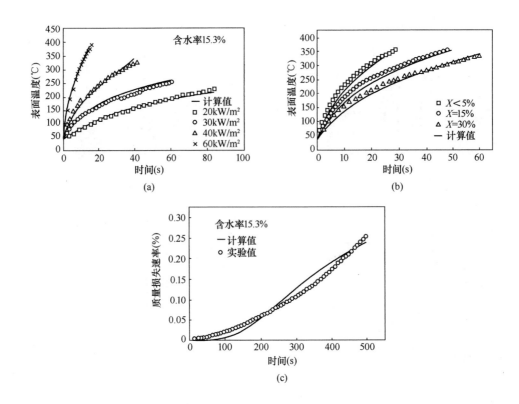

图 4.4 外加辐射热源作用下桦木的分解与着火过程

（a）辐射热流对表面温度的影响；（b）含水率对表面温度的影响（20kW/m²）

（c）质量损失速率随时间变化（20kW/m²）

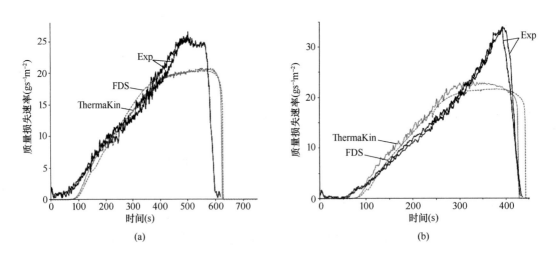

图 4.5 几种热塑性聚合物质量损失速率的理论和实验结果对比（一）

（a）PA66；（b）PP

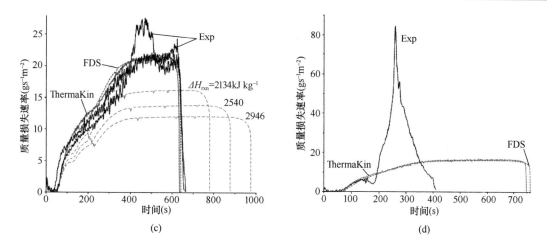

图 4.5　几种热塑性聚合物质量损失速率的理论和实验结果对比（二）

（c）POM；（d）PET

4.2　滞流层模型

4.2.1　对流传热条件下燃烧速率的分析方法

从前面的分析可知，材料的质量燃烧速度由材料表面从环境中吸收的净热量 $\dot{q}''$ 和气化热 L_v 决定，如果忽略材料表面与火焰和环境之间的辐射热传递，则材料表面接受的净热量等于火焰通过对流传递到材料表面的热量，即

$$\dot{q}'' = -k\left(\frac{\partial T}{\partial y}\right)_s = h(T_\infty - T_s) \tag{4.3}$$

式中，k 为气相的导热系数；y 为离开材料表面向上的距离；s 代表材料表面；h 为对流换热系数；T_∞ 为自由流的温度；T_s 为材料表面温度。

将对流换热系数 h 定义为

$$h = \frac{k}{\delta} \tag{4.4}$$

式中，δ 为边界层厚度，定义为材料表面到自由流环境气体之间的距离，如图 4.6 所示。

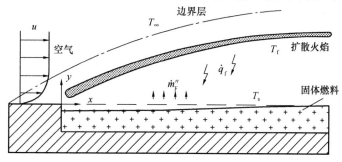

图 4.6　固体材料表面的边界层

则有

63

$$\dot{q}'' = \frac{k(T_\infty - T_s)}{\delta} \tag{4.5}$$

在材料表面的流体力学边界层内，同时发生质量、动量和热量等交换过程。相应地，燃烧反应的速率可表示为

$$\dot{m}'''_F = Ae^{-E/RT} \tag{4.6}$$

式中，$\dot{m}'''_F$ 为单位体积气相可燃物的消耗速率；E 为反应活化能；A 为燃烧反应的指前因子，与可燃挥发分的浓度和燃烧反应的本质特性有关。

为了描述燃烧反应的快慢，引入达姆克勒数 D_a，定义为物理过程（流动、混合或拉伸）特征时间与化学反应过程特征时间之比，用于表征物理过程和化学反应速率的相对大小。通常，完成燃烧反应所需时间远比反应物分子运动穿过边界层所需时间短，D_a 趋于无穷大。即

$$D_a = \frac{t_{流动}}{t_{反应}} = \frac{\delta/u_\infty}{c_p T_\infty / (E/RT_\infty) \Delta H_c Ae^{-E/RT_\infty}} \tag{4.7}$$

式中，u_∞ 为气相主流速度；ρ 为气相密度；c_p 为气相热容；ΔH_c 为反应燃烧热。

由于

$$\delta \propto \frac{\alpha_g}{u_\infty} \tag{4.8}$$

式中，α_g 为气相热扩散系数。

所以

$$D_a = \frac{\alpha_g A \Delta H_c (E/RT_\infty)}{u_\infty^2 \rho c_p T_\infty} e^{-E/RT_\infty} \tag{4.9}$$

故有

$$\begin{aligned}
\frac{t_{chem}}{t_{Diff}} &= \left(\frac{u_\infty x}{\nu}\right)^2 \frac{\nu^2 \rho c_p T}{\alpha x^2 A \Delta H_c (E/RT) e^{-E/RT}} \\
&= Re_x^2 Pr^2 \frac{kT}{A \Delta H_c x^2 (E/RT) e^{-E/RT}}
\end{aligned} \tag{4.10}$$

式中，$Re = u_\infty x/\nu$；$Pr = \nu/\alpha$；x 为系统特征尺寸；ν 为运动黏度。

分析发现，火焰区厚度 δ_{chem} 可表示为

$$\delta_{chem} = \sqrt{\frac{kT}{A\Delta h_c}} \tag{4.11}$$

则有

$$\frac{t_{chem}}{t_{Diff}} = \frac{Re_{chem}^2 Pr^2}{E/RT e^{-E/RT}} \tag{4.12}$$

式中，$Re_{chem} \equiv u_\infty \delta_{chem}/\nu$，为化学反应雷诺数。

火焰区厚度 δ_{chem} 实际上是一个极薄的化学反应区，在此区域内指前因子 A 很大，超出此区域指前因子接近零。因此，大部分燃烧反应在该区域内进行。通常 $t_{chem} \ll t_{Diff}$，加之火焰区内 Re_{chem} 较小，所以扩散和黏滞作用控制了反应区的化学反应速度。如果反应时间足够短，δ_{chem} 将成为一个极薄层，这就是为什么通常将火焰区称作火焰面的原因，如图 4.6 所示。在火焰面上，可燃气体和氧气的浓度均为零。

在火焰区附近，扩散过程将发挥重要作用。如果假定 x 方向的输运过程不发生变化或变化极为缓慢，则不考虑气体沿 x 方向的主流速度变化，只需分析 y 方向的输运过程，那么燃烧时材料的质量损失速率很容易利用一维模型处理，这就是滞流层模型。

将质量、组分和能量守恒定律应用到滞流层的微小区域内，有质量守恒：

$$\frac{d}{dy}(\rho v) = 0 \tag{4.13}$$

结合费克扩散定律，则有组分守恒：

$$\frac{d}{dy}(\rho v Y_i) = \frac{d}{dy}\left(\rho D \frac{dY_i}{dy}\right) + \dot{m}_i''' \tag{4.14}$$

式中，$\dot{m}_i'''$ 是单位体积组分 i 的生成速率。

扩散质量流量

$$\dot{m}_{i,\text{Diff}}'' = -\rho D \frac{dY_i}{dy} \tag{4.15}$$

对于边界层流动，有

$$\frac{\delta}{x} \propto \frac{1}{Re_x^n} \tag{4.16}$$

式中，层流时 $n = \frac{1}{2}$，湍流时 $n \approx \frac{4}{5}$。实际上在自然对流条件下，即使边界层流动 Re_x 足够大时（如 $Re_x > 10^3$ 时），δ 仍较小。

δ 较小时的动量守恒为：

$$\frac{dp}{dy} = 0 \tag{4.17}$$

属于恒压过程。

能量守恒：

$$c_p \frac{d}{dy}(\rho v T) = \frac{d}{dy}\left(k \frac{dT}{dy}\right) + \dot{m}_F''' \Delta H_c \tag{4.18}$$

式中，$\dot{m}_F'''$ 是单位体积气相燃料消耗速率；ΔH_c 是燃烧热。

热交换过程只考虑热传导方式时，有

$$\dot{q}'' = -k \frac{dT}{dy} \tag{4.19}$$

为了简化处理方法，假定系统的基本性质为常数且与温度无关。当然，燃烧反应一般会出现高温过程，这一假设对准确获得定量结果会产生一定影响，必要时必须进行修正。尽管如此，导热作用下的滞流层理论能够揭示扩散火焰的主要特征，有利于深入了解流体输送和燃烧的动力学及其相互作用。

对上述微分控制方程进行积分，则有

$$\int_0^y \frac{d}{dy}(\rho v) = 0 \tag{4.20}$$

考虑到 $y=0$ 时，质量流量 ρv 正是凝聚相的质量损失速率，所以有

$$\dot{m}_F'' = \rho v = 常数 \tag{4.21}$$

则能量方程可改写为

$$c_p \dot{m}_F'' \frac{dT}{dy} - k \frac{d^2 T}{dy^2} = \dot{m}_F''' \Delta H_c \tag{4.22}$$

组分方程可改写为

$$\dot{m}''_F \frac{dY_F}{dy} - \rho D \frac{d^2 Y_F}{dy^2} = -\dot{m}'''_F \tag{4.23}$$

$$\dot{m}''_F \frac{dY_{O_2}}{dy} - \rho D \frac{d^2 Y_{O_2}}{dy^2} = -r\dot{m}'''_F \tag{4.24}$$

$$\dot{m}''_F \frac{dY_P}{dy} - \rho D \frac{d^2 Y_P}{dy^2} = -(r+1)\dot{m}'''_F \tag{4.25}$$

（假定只生成一种产物，r 为氧气与可燃气体的质量比。）

如果稳态情况下 $\dot{m}''_F$ 和系统的基本参数均已知，则目前有 4 个方程和 5 个未知数，即 T、Y_F、Y_{O_2}、Y_P 和 $\dot{m}'''_F$。

而壁面（$y=0$）和边界层靠环境一侧（$y=\delta$）自由流的边界条件分别为：

$y=0$ 处，$T=T_v$（蒸发温度）、$Y_F=Y_{F,0}=1$（单一燃料）、$Y_{O_2}=Y_{O_2,0}=0$ (4.26)

$y=\delta$ 时，$T=T_\infty$、$Y_{O_2}=Y_{O_2,\infty}$（空气为 0.233）、$Y_P=Y_{P,\infty}=0$、$Y_F=0$（燃烧完全） (4.27)

结合边界条件，对上述 4 个方程经过一系列转换和简化处理，可得

$$\dot{m}''_F = \left(\frac{k}{c_p \delta}\right) \ln(1+B) \tag{4.28}$$

式中，B 称为无量纲 Spalding B 数，是以最早证明了它的用途的 Brian D. Spalding 教授的名字命名的。在材料表面处有

$$B \equiv \frac{Y_{O_2,\infty}(\Delta H_c/r) - c_p(T_v - T_\infty)}{L_v} \tag{4.29}$$

因此，B 代表燃烧反应释放的化学能与蒸发单位质量燃料所需能量的比值。持续燃烧过程中 B 总是大于 1，B 同时与环境和燃料的性质因素有关。

表 4.2 给出了一些典型材料的燃烧性能参数。一些情况下空气中燃烧过程的 B 数小于 1（炭化材料尤其如此），表明该过程不属于纯对流燃烧，而是忽略了明显存在的表面辐射热损。

表 4.2 部分材料的 B 数

材料	ΔH_c (kJ/g)[a]	L_v (kJ/g)	T_v (℃)[b]	B 数[c]
非炭化材料				
聚乙烯	38	3.6	360	0.75
聚丙烯	38	3.1	330	0.89
尼龙	27	3.8	500	0.68
聚甲基丙烯酸甲酯	24	2.0	300	1.4
聚苯乙烯	27	3.0	350	0.91
炭化材料				
聚氨酯泡沫，刚性	17	5.0	300	0.56
花旗松	13	12.5	380	0.22
红杉	12	9.4	380	0.29
红橡木	12	9.4	300	0.30
枫木	13	4.7	350	0.58

a 利用有焰燃烧条件和实际燃烧热确定。

b 固体引燃温度的估算值。

c 根据 $Y_{F,0}=1$、$Y_{O_2,\infty}=0.233$、$T_\infty=T_i=25℃$、$c_p=1$ kJ/ (kg·K) 等参数估算的 B 数。

4.2.2　特定条件下的燃烧速率计算

假定对流传热发生在燃烧火焰与材料表面，近似有

$$h_c(T_f - T_s) = \lambda \left(\frac{\partial T}{\partial y} \right)_{y=0} \approx \frac{k(T_f - T_s)}{\delta} \tag{4.30}$$

即

$$h_c \approx \frac{k}{\delta} \tag{4.31}$$

则有

$$\dot{m}''_F \approx \left(\frac{h_c}{c_p} \right) \ln(1 + B) \tag{4.32}$$

而由于

$$\dot{q}'' = \dot{m}''_F L_v = \frac{h_c}{c_p} \left[\frac{\ln(1+B)}{B} \right] B = \frac{h_c}{c_p} \left[\frac{\ln(1+B)}{B} \right] \left[\frac{Y_{O_2,\infty} \Delta H_c / r - c_p(T_v - T_\infty)}{L_v} \right] L_v$$

$$= \frac{h_c}{c_p} \left[\frac{\ln(1+B)}{B} \right] \left[\frac{Y_{O_2,\infty} \Delta H_c}{r} - c_p(T_v - T_\infty) \right] \tag{4.33}$$

即

$$\dot{q}'' = h_c \left[\frac{\ln(1+B)}{B} \right] \left[\frac{Y_{O_2,\infty} \Delta H_c}{c_p r} - (T_v - T_\infty) \right] \tag{4.34}$$

其中的组合因子 $\ln(1+B)/B$ 又可表示为

$$\frac{\ln(1+B)}{B} = \frac{c_p \dot{m}''_F / h_c}{\exp(c_p \dot{m}''_F / h_c) - 1} \tag{4.35}$$

显然，$\dot{m}''_F \to 0$ 时上述组合因子趋于 1，即有质量传递时系统的传热系数小于无质量传递时的传热系数 h_c。同时，受蒸发燃料流动过程的影响，边界层的宽度会增大，增加了穿越边界层传热过程的困难。

为了确定对流传热条件下材料的燃烧速率，必须给出有关 h_c 的理论或经验关系式，这通常以努塞尔数（Nu）的形式表示

$$\frac{h_c x}{k} \equiv Nu_x = f(Re_{x_1}, Gr_{x_2} Pr) \tag{4.36}$$

相应的无量纲燃烧速率的函数关系可表示为

$$\frac{\dot{m}''_F c_p x}{k} = f(Nu_x, B) \tag{4.37}$$

因此，只要给出特定几何形状下纯对流传热和燃烧速率的具体表达式，即可计算出相应的燃烧速率。

对于强迫对流环境中的平板燃烧，Glassman 给出以下理论计算式：

$$\frac{\dot{m}''_F c_p x}{k} = 0.385 \left(\frac{u_\infty x}{\nu} \right)^{1/2} Pr \frac{\ln(1+B)}{B^{0.15}} \tag{4.38}$$

Kim、deRis 和 Kroesser 给出了层流自然对流条件下垂直表面上的燃烧速率解析解，即

$$\frac{\dot{m}''_F c_p x}{k_w} = 3 Pr_w Gr_w^{*1/4} F(B, \tau_0, r_0) \tag{4.39}$$

同时在分析壁面上输运过程的基础上给出部分可燃混合气体的 F 拟合曲线。

Ahmad 和 Faeth 研究了垂直平板的湍流对流燃烧过程，给出了从平板的一端到距离 x

处的平均燃烧速率 $\overline{\dot{m}''}_F$ 计算式：

$$\frac{\overline{\dot{m}''}_F x c_p}{k} = \frac{0.0285 Gr_x^{*0.4} Pr^{0.73}}{\Sigma} \tag{4.40}$$

式中，$Gr^* = \left(\dfrac{L}{4c_p T_\infty}\right)\left(\dfrac{g\cos\phi x^3}{\nu^2}\right)$（$\phi$ 为偏离垂直方向的角度）；$\Sigma = \left[\dfrac{1+B}{B\ln(1+B)}\right]^{1/2}$

$\left[\dfrac{1+0.5Pr/(1+B)}{3(B+\tau_0)\eta_f+\tau_0}\right]^{1/4}$；$\tau_0 = \dfrac{c_p(T_v-T_\infty)}{L_v}$；$\eta_f = 1-\theta_{FO_f}^{1/3}$；$\theta_{FO_f} = \dfrac{r_0(B+1)}{B(r_0+1)}$；$r_0 = \dfrac{Y_{O_2,\infty}}{rY_{F,0}}$；

$\overline{\dot{m}''}_F = \dfrac{1}{x}\displaystyle\int_0^x \dot{m}''_F \mathrm{d}x$。

该方法的解非常完整，且与用液体燃料浸透的惰性平板上燃烧的实验结果相符。举例说明如下。

环境温度为 20℃时，用甲醇浸透一块宽度 20cm 的厚型多孔陶瓷纤维板，引燃使其稳定燃烧。如果空气流动方向板的长度为 10cm，稳态空气的流速为 3m/s，空气流动方向与板平面和地板平行。空气的基本性质为 $\nu = 15\times10^{-6}\ \mathrm{m^2/s}$、$k = 25\times10-3\mathrm{W/(m\cdot K)}$、$Pr = 0.7$、$\rho = 1.1\mathrm{kg/m^3}$、$c_p = 1.05\mathrm{kJ/(kg\cdot K)}$，甲醇的沸点为 337K、燃烧热 ΔH_c 为 20.0kJ/g、蒸发热 h_{fg} 为 1.1kJ/g、液体比热容为 2.5kJ/(kg·K)。下面通过计算来分析这一燃烧过程。

系统的雷诺数为：

$$Re_x = \frac{u_\infty x}{\nu} = \frac{3\times0.1}{15\times10^{-6}} = 2\times10^4,\ Re < 5\times10^5,\ 属于层流燃烧过程。$$

完全燃烧反应的化学方程式为：

$$CH_4O + 1.5O_2 \longrightarrow CO_2 + 2H_2O$$

$$r = \frac{1.5\times32}{32} = 1.5\ \mathrm{gO_2/g\ 燃料}$$

$$B = \frac{Y_{O_2,\infty}\Delta H_c/r - c_p(T_v-T_\infty)}{L_v} = \frac{Y_{O_2,\infty}\Delta H_c/r - c_p(T_v-T_\infty)}{h_{fg} + c_L(T_v-T_\infty)}$$

$$= \frac{0.233\times20.0/1.5 - 1.05\times10^{-3}\times(337-293)}{1.1 + 2.5\times10^{-3}\times(337-293)} = 2.53$$

平板上不同位置的质量燃烧速率为：

$$\dot{m}''_F(x) = 0.385\frac{k}{c_p x}\left(\frac{u_\infty x}{v}\right)^{1/2}Pr\frac{\ln(1+B)}{B^{0.15}}$$

$$= 0.385\times\left(\frac{25\times10^{-3}}{1.05x}\right)\times\left(\frac{3x}{15\times10^{-6}}\right)^{1/2}\times0.7\frac{\ln(1+2.53)}{(2.53)^{0.15}} = 3.15x^{-1/2}\mathrm{g/(m^2\cdot s)}$$

在宽度 x 为 0.1m 的平板上燃烧速率为：

$$\dot{m} = (0.20)\int_0^{0.1}\frac{3.15}{x^{1/2}}\mathrm{d}x = 0.398(\mathrm{g/s})$$

相应的对流传热量为：

$$\overline{\dot{q}''} = \overline{\dot{m}''}_F L_v = \left(\frac{0.398}{0.20\times0.10}\right)\times1.21 = 24.08(\mathrm{kW/m^2})$$

若假定平板为黑体，材料表面的净辐射热通量为：

$$\dot{q}''_r = \sigma(T_v^4 - T_\infty^4) = 5.67\times10^{-11}\times(337^4 - 293^4) = 0.313(\mathrm{kW/m^2})$$

显然，可以忽略辐射传热量。

4.3　热辐射对燃烧速率的影响

分析材料燃烧速率的影响因素时，曾经提到火焰的热辐射作用，但为了简化分析过程，在建立滞流层模型时忽略了火焰的热辐射作用，仅考虑了热对流传热过程。

实际上，建立包括火焰热辐射传热量在内的滞流层模型是可行的，但必然使分析计算过程复杂化。火焰辐射热通量的大小受多种因素的影响，包括火焰的温度和厚度、高温辐射物质的浓度以及火焰与材料表面之间的几何关系等，目前已经在建立火焰辐射强度的计算方法方面取得明显进展。

考虑材料表面与火焰和环境之间辐射传热过程时，材料表面接受的净热量为

$$\dot{q}'' = -k \left(\frac{\partial T}{\partial y} \right)_{y=0} + \dot{q}''_{f,r} + \dot{q}''_e - \sigma(T_s^4 - T_\infty^4) \tag{4.41}$$

式中，$\dot{q}''_{f,r}$ 为火焰对材料表面的辐射热通量；$\dot{q}''_e$ 为环境中外加辐射热源的热通量，一般看作常数，通常用温度为 T_∞ 时的实测值表示；$\sigma(T_s^4 - T_\infty^4)$ 项代表材料表面对环境的辐射热损，由于燃烧过程中材料表面温度 T_s 和环境温度均为常数，所以辐射热损通常作为常数处理。

这样，考虑材料表面与火焰和环境之间辐射作用时，材料表面接受的净热量计算过程转化为表面的对流传热量和火焰对材料表面的辐射热通量计算，其中的对流传热量可根据 4.2 节介绍的方法计算。下面重点介绍火焰对材料表面的辐射热通量计算方法。

4.3.1　火焰高度计算

通常池火的几何特征用火焰高度 H_f 和有效池火直径 D 表示，图 4.7 给出了圆柱形池火模型示意图。

火焰的辐射热通量与火焰高度密切相关，常用的火焰高度计算关系式包括：

（1）Heskestad 无风火焰高度模型

$$H_f = 0.23\dot{Q}_C^{2/5} - 1.02D \tag{4.42}$$

式中，H_f 为火焰高度（m），假定火焰为圆锥形；$\dot{Q}_C$ 为燃烧时的总热释放速率（kW）；D 为火焰直径（m）。

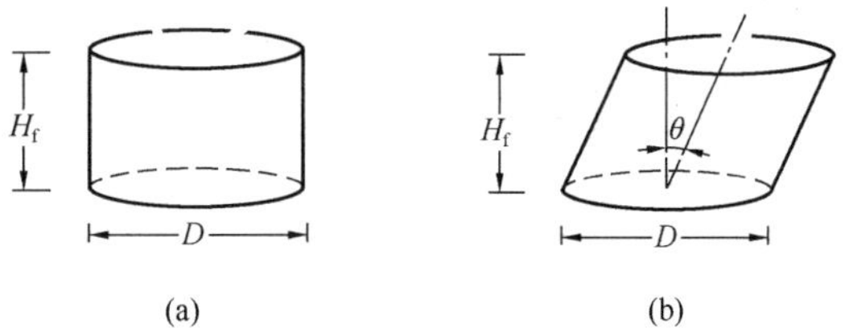

（2）Thomas 火焰高度模型

图 4.7　圆柱形池火模型示意图
（a）静止空气；（b）流动空气

$$\frac{H_f}{D} = 42Fr^{0.61}（静止空气） \tag{4.43}$$

$$\frac{H_f}{D} = 55Fr^{0.67}u^{*-0.21}（流动空气） \tag{4.44}$$

式中，$Fr = \dfrac{\dot{m}''_F}{\rho_a\sqrt{gD}}$，为无量纲燃烧弗鲁德数，其中 ρ_a 为空气密度、g 为重力加速度；$u^* = \left[\dfrac{u_w^3\rho_a}{gD\dot{m}''_F}\right]^{1/3}$，为无量纲风速，$u_w$ 为风速。

（3）Moorhouse 根据流动空气的数次大型液化天然气池火试验建立了以下关系式：

$$\frac{H_f}{D} = 6.2Fr^{0.254}u_{10}^{-0.044} \tag{4.45}$$

式中，Fr 与上式相同，称作无量纲燃烧弗鲁德数；u_{10} 是利用地面以上 10m 处测得的风速计算出来的无量纲风速。

4.3.2 火焰的辐射热通量计算

有机聚合物火焰的辐射热主要来自火焰区的炽热炭粒，不过高温气体分子（如 CO_2 和气态 H_2O）也能够产生热辐射作用。对于易产生炭粒的大型池火，大量未燃炭粒趋于向火焰区外部扩散，在火焰表面聚集并形成薄膜，反而减弱对材料表面的热辐射作用。在建立火焰辐射模型时，一般会考察表面辐射热功率、燃烧总放热量的辐射率以及气体的透射率和吸收率等因素。

（1）点源法

属于最简单的辐射源几何模型，其实质是假定由位于火焰中心的单一点源均匀地向周围辐射热能。为了便于分析，将火焰辐射热看作材料表面以上火焰轴上高 $0.5H_f$ 处的点源，则点源 P 到材料表面距离为 R 的 M 点处的辐射热通量 $\ddot{q}''_{f,r}$ 可表示为

$$\ddot{q}''_{f,r} = \chi_r \dot{Q}_C \cos\theta / (4\pi R^2) \tag{4.46}$$

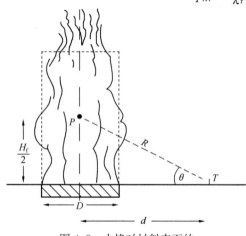

式中，χ_r 为辐射热所占燃烧热的分数（只有一部分燃烧热通过辐射传回材料表面），有时假定其大小为 0.3，但研究发现 χ 会随材料的种类、火焰的大小和形状发生变化；$\dot{Q}_C$ 为燃烧时的总热释放速率；θ 为材料表面与视线之间的夹角，如图 4.8 所示；R 为点源到目标位置的距离。

燃烧时的总热释放速率与材料的燃烧速率、摩尔燃烧热和材料表面积有关，可表示为

$$\dot{Q}_C = \dot{m}''_F \Delta H_C A_f \tag{4.47}$$

图 4.8　火焰对材料表面的
辐射传热原理示意图

式中，$\dot{m}''_F$ 为质量燃烧速率（g/m^2）；ΔH_C 为材料的燃烧热（kJ/g）；A_f 为材料的表面积（m^2）。

例如，对于一直径 12m 的汽油池火，已测得质量燃烧速度为 $0.08kg/m^2$，汽油的燃烧热为 $45kJ/g$，可根据上述方程计算火焰高度和材料表面距火焰轴 50m 处的辐射热通量。

$$H_f = 0.23\dot{Q}_C^{2/5} - 1.02D = 0.23(\dot{m}''_F \Delta H_C A_f)^{2/5} - 1.02D$$
$$= 0.23 \times (80 \times 45 \times 3.14 \times 6^2)^{2/5} - 1.02 \times 12 = 28.2(m)$$
$$R = \sqrt{14.1^2 + 50^2} = 52.0(m)$$
$$\cos\theta = 50/52.0 = 0.9615$$

$$\ddot{q}''_{f,r} = \chi \dot{m}''_F \Delta H_C A_f \cos\theta / (4\pi R^2)$$
$$= 0.3 \times 80 \times 45 \times 3.14 \times 6^2 \times 0.9615 / (4 \times 3.14 \times 52.0^2) = 3.46(kW/m^2)$$

使用点源法模型时，同样要求液池为圆形或接近圆形，同时要考虑点源的角系数。该模

型的局限性在于作为最简单的液池火焰模型，计算结果受辐射分数的影响较大，必须慎重选择其数值；目标位置越靠近火焰时，计算结果偏低，这主要是由于近场辐射受火焰大小的影响较大；火焰与目标之间的距离越远，越符合点源假定，如＞2.5 时计算误差在 5％ 以内；目标位置的辐射热通量大于 $5kW/m^2$ 时不适合使用此模型，因此在分析可燃材料的引燃过程时不推荐点源法。

（2）Shokri 和 Beyler 简易关系式

Shokri 和 Beyler 借助大型圆形池火实验数据建立了一个简单关系式，用于计算地面上竖立目标的辐射热通量，即

$$\ddot{q}''_r = 15.4 \left(\frac{d}{D}\right)^{-1.59} \tag{4.48}$$

式中，d 为火焰中心线到目标的距离（m）；D 为火焰直径（m）。

对于长宽比接近 1 的非圆形池火，可利用相同面积的圆形火焰进行计算，等效直径为

$$D = \sqrt{\frac{4A}{\pi}} \tag{4.49}$$

式中，A 为火焰或液池的横截面积。

此方法要求液池为圆形或接近圆形，同时目标竖直放置在地平面上。上述经验关系是在发光火焰条件下建立的，不适合非发光火焰；实验用液池的直径在 1～50m 之间，直径大于 50m 时预测值高于实测值，直径小于 1m 时预测值的偏差较大；$d/D=0.7\sim15$ 之间时计算误差较小。

（3）Shokri 和 Beyler 精确关系式

为了获得精确计算结果，已经开发了许多复杂的火焰辐射热计算方法，其中 1989 年由 Shokri 和 Beyler 建立的方法具有典型意义。为了便于分析，假定火焰为圆柱形黑体和均匀辐射体，热量通过圆柱体表面辐射出来，不考虑无色气体的辐射作用。

对于位于地平面上的目标，Shokri 和 Beyler 给出的计算辐射热通量时火焰与目标物体之间的几何关系如图 4.9 所示。

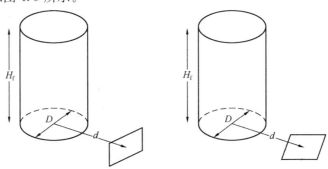

图 4.9　圆柱形火焰与地平面上目标物体之间的几何关系

对于高于地平面的目标物体，计算圆柱形火焰的辐射热时，首先按是否低于目标物体的高度将圆柱形火焰分割为两部分，如图 4.10 所示。

火焰对目标物体的入射辐射热通量可表示为

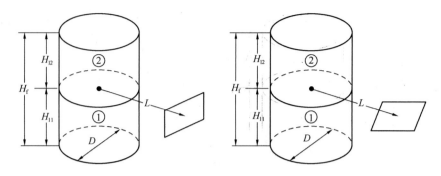

图 4.10　圆柱形火焰与高于地平面目标物体之间的几何关系

$$\dot{q}''_{\text{f,r}} = \dot{Q}_r F_{12} \tag{4.50}$$

式中，$\dot{Q}_r = \chi \dot{m}''_F \Delta H_C A_f$，为材料燃烧时的热辐射速率；$F_{12}$ 为热辐射角系数，取值在 $0 \sim 1$ 之间。

角系数的大小由目标点的位置、火焰高度和直径决定。

水平目标物体的角系数为

$$F_{12,\text{H}} = \frac{\left(B - \dfrac{1}{S}\right)}{\pi\sqrt{B^2 - 1}} \tan^{-1}\sqrt{\frac{(B+1)(S-1)}{(B-1)(S+1)}} - \frac{\left(A - \dfrac{1}{S}\right)}{\pi\sqrt{A^2 - 1}} \tan^{-1}\sqrt{\frac{(A+1)(S-1)}{(A-1)(S+1)}}$$

$$\tag{4.51}$$

式中
$$A = \frac{h^2 + S^2 + 1}{2S} \text{，} B = \frac{1 + S^2}{2S} \text{，} S = \frac{2L}{D} \tag{4.52}$$

垂直目标物体的角系数为

$$F_{12,\text{v}} = \frac{1}{\pi S} \tan^{-1}\left(\frac{h}{\sqrt{S^2 - 1}}\right) - \frac{h}{\pi S} \tan^{-1}\sqrt{\frac{(S-1)}{(S+1)}} + \frac{Ah}{\pi S\sqrt{A^2 - 1}} \tan^{-1}\sqrt{\frac{(A+1)(S-1)}{(A-1)(S+1)}}$$

$$\tag{4.53}$$

式中，$h = \dfrac{2H_f}{D}$，A、B、S 的计算公式与 （4.52） 相同。

对于高于地面的垂直放置目标物，必须利用方程 （4.53） 同时计算出两部分圆柱体的角系数 F_{12,v_1} 和 F_{12,v_2}，火焰的角系数为二者之和，即

$$F_{12,\text{v}} = F_{12,\text{v}_1} + F_{12,\text{v}_2}$$

对于高于地面的水平放置目标物，只需利用方程 （4.51） 计算出两部分圆柱体之一的角系数，因为水平放置的目标只能接受来自两部分圆柱体之一的表面热辐射，最终选择哪部分圆柱体完成计算由实际受热面的取向决定。

这样，某点的最大角系数 $F_{12,\text{max}}$ 可通过水平和垂直角系数的矢量和获得，即

$$F_{12,\text{max}} = \sqrt{F_{12,\text{H}}^2 + F_{12,\text{V}}^2} \tag{4.54}$$

该模型的不确定性主要来自辐射率，同时要求火焰为圆形或接近圆形。这一模型更适合用于入射辐射热通量大于 5kW/m^2 的目标物体。

（4）Mudan 模型

对于圆柱形火焰，目标点的辐射热通量可表示为

$$\dot{q}''_{\text{f,r}} = \dot{Q}_r F_{12} \tau \tag{4.55}$$

式中，$\dot{Q}_r$ 为火焰的有效辐射强度；τ 为大气的热透射率；角系数 F_{12} 可利用上面的方法确定。

结合无风和有风时火焰高度的经验关系式，该模型可用于估算这两种环境条件下火焰的辐射热通量。对于非圆柱形火焰，可通过方程（4.49）计算其有效直径。最大角系数可利用前面介绍的方程确定。

火焰的有效辐射强度可通过下式计算，即

$$\dot{Q}_r = \dot{Q}_{max,r}e^{-sD} + Q_s(1 - e^{-sD}) \tag{4.56}$$

式中，$\dot{Q}_{max,r}$ 为等效黑体的辐射强度（kW/m²）；s 为消光系数（m⁻¹）；D 为烟气辐射强度（kW/m²）。

计算大气的热透射率 τ 时，必须考虑大气的热吸收和辐射作用。大气各主要成分中，吸收辐射热的组分是水蒸气和二氧化碳，因此大气透射率与这两种组分的含量密切相关。

大气中水蒸气的分压（Pa）可表示为

$$p'_w = 1013\exp\left(14.4114 - \frac{5328}{T_a}\right)RH \tag{4.57}$$

式中，RH 为相对湿度（％）；T_a 为环境温度。

局部压力路径长度参数 $p_w l$ 定义为

$$p_w l = p'_w l \left(\frac{T_f}{T_a}\right) \tag{4.58}$$

式中，l 为火焰表面到接受目标的路径长度（m）。

火焰温度和压力路径长度参数 $p_w l$ 一定时，可利用图 4.11 由辐射率曲线确定水蒸气的

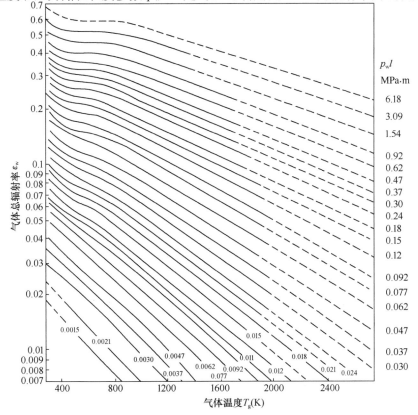

图 4.11 101.325kPa 下气体混合物中水蒸气的总辐射率

热辐射率 ε_w。

水蒸气的吸热率可由下式计算：

$$\alpha_w = \varepsilon_w \left(\frac{T_a}{T_f}\right)^{0.45} \tag{4.59}$$

可用类似方法计算二氧化碳的吸热程度。假定 CO_2 的分压保持相对稳定，等于 30Pa，可利用图 4.12 确定二氧化碳的吸热率，即

$$\alpha_C = \varepsilon_C \left(\frac{T_a}{T_f}\right)^{0.65} \tag{4.60}$$

式中，ε_C 为二氧化碳的热辐射率。

因此，透射率可由下式计算，即

$$\tau = 1 - \alpha_w - \alpha_C \tag{4.61}$$

为了简化计算过程，有时假定 τ 为 1，则无需查阅辐射曲线，直接计算火焰的辐射热通量。尽管利用 Mudan 模型计算的辐射热通量结果较为保守，但将该计算结果用于建筑设计时，通常还需要再乘以安全系数。

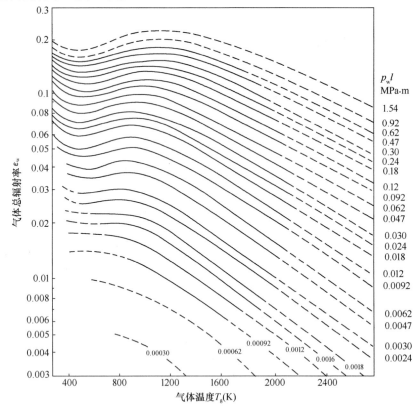

图 4.12　101.325kPa 下气体混合物中二氧化碳的总辐射率

4.3.3　火焰热辐射作用下材料的燃烧速率计算方法

稳态燃烧时，材料的质量损失速率与表面接受的净热量之间存在以下关系：

$$\dot{m}''_F L_v = -\lambda \left(\frac{\partial T}{\partial y} \right)_{y=0} + \dot{q}''_{f,r} + \dot{q}''_e - \sigma(T_s^4 - T_\infty^4) \tag{4.62}$$

$\dot{q}''_{f,r}$ 为一恒定值时，与仅存在对流传热时的热质关系式相比，等式右边只是增加了一些常数，则

$$y=0 \text{ 处} \qquad\qquad \dot{m}''_F L_r = k \frac{\mathrm{d}T}{\mathrm{d}y} \tag{4.63}$$

其中，
$$L_r \equiv L_v - \frac{\dot{q}''_{f,r} + \dot{q}''_e - \sigma(T_v^4 - T_\infty^4)}{\dot{m}''_F} \tag{4.64}$$

L_r 为考虑火焰辐射作用下材料的表观气化热。

实际上，增加净辐射热不仅能加快材料的燃烧速率，同时能使在初始对流条件下无法燃烧的材料发生着火，这点对火灾发展过程非常关键，因为特定的空间几何结构会有助于热量传回材料表面而加速火势的增长。同样，通过多次试验用小火焰能够引燃一定种类材料的现象，在实际火灾环境中可能由于特殊的几何结构增强了系统的散热速率，无法维持燃烧过程或使火焰传播，这可能会因材料常规燃烧性能与实际火灾情况之间存在的巨大差异而产生错误的火灾危险性分析结论或火灾事故调查结果，必须引起足够重视。

依据方程 (4.63) 和 (4.64)，利用纯对流传热模型中相同的方法，可得到考虑热辐射作用时材料的质量燃烧速率表达式，即

$$\dot{m}''_F = \frac{h_c}{c_p} \frac{\ln(1+B)}{B} \frac{Y_{O_2,\infty} \Delta h_c / r - c_p(T_v - T_\infty)}{L_v - [\dot{q}''_{f,r} + \dot{q}''_e - \sigma(T_v^4 - T_\infty^4)]/\dot{m}''_F} \tag{4.65}$$

式 (4.65) 可通过迭代法求解 $\dot{m}''_F$，能明确显示出热通量对材料蒸发过程的贡献。通常，湍流浮力流动的对流热通量大小为 $5\sim10\text{kW/m}^2$，层状自然对流条件下可能达到 $50\sim70\text{kW/m}^2$，与小型射灯火焰类似的强迫对流层流火焰的热通量能达到 $100\sim300\text{kW/m}^2$。因此，在湍流自然火焰中，虽然对流传热较小但不可忽略。

Modak、Iqbal 等分别研究了直径为 $0.15\sim1.2\text{m}$ 的 PMMA 液池燃烧火焰的平均辐射和对流热通量，发现直径增大时辐射热通量增加，而对流热通量减少，如图 4.13 所示。图 4.14 为 Orloff 等计算的高 4m 的垂直 PMMA 壁面燃烧时火焰热通量随垂直距离变化时的分布，可以看出火焰辐射作用比对流换热作用更重要。

Corlett、Kung 等研究了液池直径对甲醇燃烧速率的影响，如图 4.15 所示，从中可以看出液池火燃烧速率的一般变化规律。$D<25\text{cm}$ 时，属于 $\propto D^{-1/4}$ 的层流燃烧；随着液池直径的增加，通常情况下为 $\Delta h_c \propto D^0$ 或 $D^{1/5}$ 的湍流燃烧；液池直径进一步增加时，火焰辐

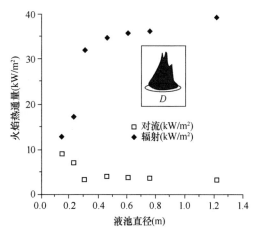

图 4.13　PMMA 池火的平均火焰热通量

射系数接近 1，辐射传热成为燃烧速率增加的主要因素。

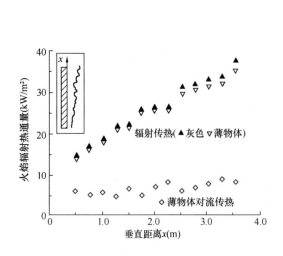

图 4.14　PMMA 垂直表面燃烧时的火焰热通量

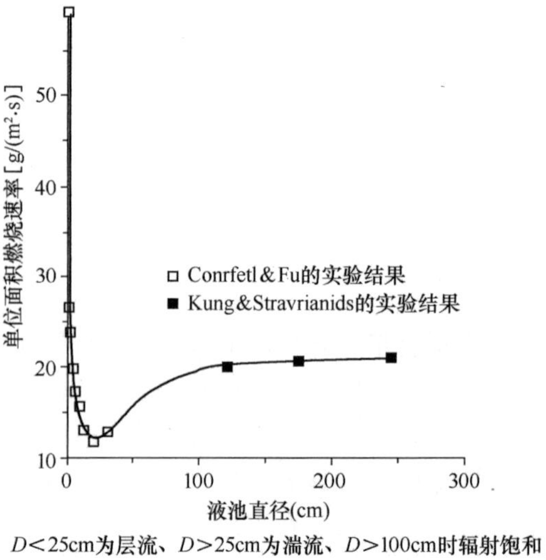

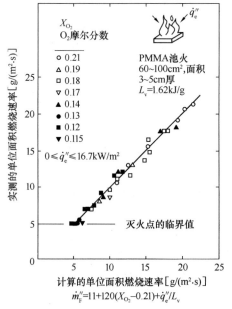

$D<25cm$ 为层流、$D>25cm$ 为湍流、$D>100cm$ 时辐射饱和

图 4.15　甲醇的稳态燃烧速率

火焰最大辐射条件下的极限燃烧速率能够给出常见燃料的直径 1～2m 池状燃烧热通量上限，这类实验数据可用于消防工程设计和火灾风险分析中。部分物质的极值极限燃烧速率见表 4.3。

表 4.3　部分物质的极限燃烧速率

材料名称	极限燃烧速率［g/（m^2·s）］
聚氯乙烯（颗粒状）	16
甲醇	21
软质聚氨酯（泡沫）	21～27
聚甲基丙烯酸甲酯	28
聚苯乙烯（颗粒状）	38
丙酮	40
汽油	48～62
JP-4	52～70
庚烷	66
己烷	70～80
丁烷	80
苯	98
液化天然气	80～100
液体丙烷	100～130

方程（4.65）不仅可解释火焰辐射和对流作用下材料的燃烧特征，也可用于分析氧和外加辐射热通量的影响。Tewarson 和 Pion 根据不同氧气摩尔分数下受辐射 PMMA 水平小方片的燃烧实验数据证实了上述观点，如图 4.16 所示。

这一现象与由方程（4.65）推导的池火燃烧速率与氧浓度和外加辐射热通量之间的关系相一

图 4.16　PMMA 池火燃烧速率的理论计算与实测结果间的关系

致，即

$$\dot{m}_F'' - \dot{m}_{F,\infty}'' = \frac{h_c\left(\dfrac{\lambda}{e^\lambda - 1}\right)\left(\dfrac{\Delta H_c}{c_p r}\right)(1 - X_r)(Y_{O_2} - Y_{O_2,\infty}) + \dot{q}_e''}{L_v} \tag{4.66}$$

式中，$\dot{m}_{F,\infty}''$ 是 $Y_{O_2,\infty} = 0.233$、$\dot{q}_e'' = 0$ 时空气气氛下的燃烧速率；$\lambda = c_p \dot{m}_F''/h_c$，添加（$1 - X_r$）是为了扣除从火焰中损失的辐射能（$X_r \dot{Q}$）。

使用上述方程（4.66）时，假定 $\dot{m}_F''$ 变化时质量传递系数保持相对稳定，同时要求在任意氧浓度和辐射条件下 $\dot{q}_f''$ 为常数。

4.4　材料燃烧的临界质量流量

加热固体材料的表面时，可以观察到闪燃和持续燃烧现象，相应的固体表面最低温度分别称为闪点和燃点。产生上述现象的原因是固体材料热解时生成了可燃挥发分，其中闪点下固体表面附近可燃挥发分的浓度等于易燃下限，燃点时固体表面附近可燃挥发分的浓度接近化学计量浓度但偏燃料一侧。通常将在适当条件下引燃固体材料产生有焰燃烧的最低可燃挥发分浓度称为临界质量流量（critical mass flux，$\dot{m}_{F,cr}''$），是易燃材料能否产生持续有焰燃烧的基本条件。考虑到质量流量测量较为困难，人们试图用固体燃点即临界条件下的表面温度来描述引燃条件，而且这一方法已经用于恒定外加热源下的工程计算中。但必须特别注意的是，引燃温度可能随对流条件而发生变化。例如，在一定辐射热通量下，强制对流时垂直放置的 PMMA 样条引燃温度高于自然对流时的测量值，这种现象通常用强制对流作用使易燃热解挥发分的浓度下降来解释。不过，Cordova 等人的试验发现，外部热源的辐射热通量高于 20kW/m² 和自然对流条件下，垂直放置 PMMA 样条的引燃温度几乎为一个常数（310），而辐射热通量为 11kW/m² 时，引燃温度降至 290℃ 以下。其他学者也发现了类似现象，但都无法给出满意的解释，主要原因是目前还未能提出使材料表面扩散火焰稳定存在的明确条件。尽管如此，在恒定外加热源作用下，临界表面温度通常仍是固体燃点的有效表征手段。图 4.17 给出了外加热源作用下热厚型易燃材料表面温度变化曲线，t_1、t_2、t_3、t_4 分别为热

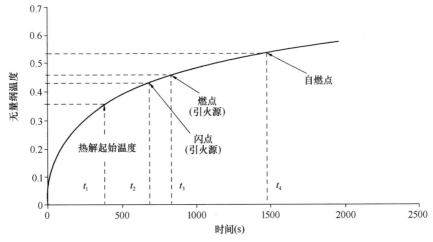

图 4.17　外部热源作用下热厚型易燃材料表面温度变化曲线

解起初温度、闪点、燃点和自燃点。

不过，如果引燃完成后移去外加热源或使其强度降低，情况会变得更加复杂。Bamford 等人研究了用特制燃烧器引燃经加工处理的木条时，移去燃烧器后仍能维持有焰燃烧所需预热时间，然后与瞬时热传导的数值分析结果进行对比，发现相应的表面挥发分临界质量流量为 2.5g/（$m^2 \cdot s$），不过这并不是充分条件。许多学者认为，除临界质量流量外，还必须同时考虑加热过程和引燃时固体内部的温度梯度变化。

根据材料燃烧过程中的热平衡原理，燃点时存在下述关系式，即

$$(\phi \Delta H_c - L_v)\dot{m}''_{F,cr} = \dot{q}''_E - \left[k \left(\frac{dT}{dx} \right)_{y=0} + h (T_{ig} - T_\infty) + \sigma (T_{ig}^4 - T_\infty^4) \right] \quad (4.67)$$

式中，ϕ 为通过辐射方式传回材料表面的燃烧热分数，通常取 0.3，但需根据实际材料确定；h 为对流换热系数；T_{ig} 为引燃温度。

如果式（4.67）左侧大于右侧，则引燃成功；否则，火焰熄灭。表 4.4 给出了部分材料的 $\dot{m}''_{F,cr}$ 和 ϕ 值。注意方程（4.67）只能用于 $\dot{m}''_F = \dot{m}''_{F,cr}$ 的燃点温度下。实际上，$\dot{m}''_F > \dot{m}''_{F,cr}$ 时，可挥发分的燃烧热传回到材料表面热量的比例将下降，但由于火焰能量增强，材料表面实际接受的热量增加。

表 4.4　燃点下部分聚合物材料的 $\dot{m}''_{F,cr}$ 和 ϕ 值

样品	强制对流*		自然对流**	
	$\dot{m}''_{F,cr}$ [g/（$m^2 \cdot s$）]	ϕ	$\dot{m}''_{F,cr}$ [g/（$m^2 \cdot s$）]	ϕ
聚甲醛	4.4	0.43	3.9	0.45
聚甲基丙烯酸甲酯	4.4	0.28	3.2	0.27
聚乙烯	2.5	0.27	1.9	0.27
聚丙烯	2.7	0.24	2.2	0.26
聚苯乙烯	4.0	0.21	3.0	0.21

*　利用 FM 易燃性装置测量 $\dot{m}''_{F,cr}$，ϕ 通过理论计算获得 ［假定强制对流条件下 $h/c_p = 13$g/（$m^2 \cdot s$）］。

**　装置和方法同上，但假定自然对流条件下 $h/c_p = 10$g/（$m^2 \cdot s$）。

材料引燃后，热导作用使材料表面附近升温，加热层厚度约为 $\sqrt{\alpha t}$，可以计算不同材料受热层的有效热容量随时间的变化，即 $\rho c \sqrt{\alpha t} = \sqrt{k\rho c t}$，见表 4.5。

表 4.5　部分材料表面的有效热容量

	受热时间（s）	热扩散率（m^2/s）	加热层厚度（m）	有效热容量 [J/（$m^2 \cdot K$）]
PMMA	10	1.1×10^{-7}	1×10^{-3}	1690
聚丙烯	10	1.3×10^{-7}	1.1×10^{-3}	1965
聚苯乙烯	10	8.3×10^{-8}	0.9×10^{-3}	1188
聚氨酯泡沫	10	1.2×10^{-6}	3.5×10^{-3}	98

从表 4.5 中可以看出，聚氨酯泡沫的有效热容量比其他材料低 10 倍以上，即使火焰对聚氨酯泡沫和其他任一种材料表面的传热特性相同，聚氨酯泡沫进入充分燃烧状态所需时间

会明显短于其他三种材料。因此，低密度材料的火势发展通常远快于高密度材料。也就是说，材料的热惯性是决定火焰发展速率和引燃难易程度的重要因素。

尽管方程（4.67）只涉及一些简单计算，但能够从文献中获得的数据极少。例如，燃点较难通过实验获得，而且由于受多种因素影响，已有燃点数据的参考价值有限。虽然燃烧热可通过氧弹量热仪得到，但它是少量样品完全燃烧取得的结果，与实际火灾下的燃烧放热量存在明显差别。对于成炭材料，应该使用挥发分的燃烧热。在恒定辐射热通量和一定时间间隔的点火源作用下，可以通过测量燃点时样品的质量损失速率确定其临界质量流量 $\dot{m}''_{F,cr}$，但由于此时的质量损失速率很小，需要利用高灵敏度的质量传感器。

ϕ 的大小可利用 Spalding 质量传递数 B 由 $\dot{m}''_{F,cr}$ 推导出来。Rasbash 给出了如下关系式：

$$\dot{m}''_{F,cr} = \frac{h}{c_p} \ln(1 + B_{cr}) \tag{4.68}$$

式中，h 为火焰与材料表面之间的对流换热系数 $[kW/(m^2 \cdot K)]$；c_p 为空气的热容（kJ/g）；B_{cr} 为燃点时 Spalding 质量传递数 B。

根据经验公式

$$B_{cr} \approx \frac{3000}{\phi \Delta H_c} \tag{4.69}$$

可估算 ϕ 值。

由于未能建立统一的测量仪器和方法，在尝试测量临界质量流量的大小时遇到了一些困难，不同机构报道的数据之间存在明显差别。尽管如此，对比不同机构提供的系列数据，发现有一致的变化趋势。例如，含氧聚合物（如 POM 和 PMMA）的临界质量流量约为烃类聚合物（如 PE、PP 和 PS）的 2 倍，与含氧聚合物具有较低燃烧热的结果一致。此外，还发现 PMMA 临界质量流量的测量结果集中在 $1.3 \sim 2.3 g/(m^2 \cdot s)$ 之间，木材的临界质量流量受湿度影响明显。Rich 等人在改变外加热源强度、氧浓度和空气流速等因素的基础上，系统研究了临界质量流量的变化，并将建立的一种理论模型与实验结果做对比。如果引燃初期的燃烧直接在化学计量比下进行，则根据火焰熄灭温度约为 1600K 可预测 $\phi = 0.45$。不过，Tewarson 发现许多材料的 ϕ 值约为 0.3，这可能与环境因素使得有焰燃烧无法在化学计量比下进行和火焰的辐射热损有关。当然，可燃挥发分的化学反应活性也会影响 ϕ 值的大小。例如，阻燃剂能够抑制燃烧反应，相应地会降低 ϕ 值。

通过上述分析，可以看出影响材料引燃难易程度的几种因素，即如果材料的 L_v 或对环境的热损较大，ϕ 或 ΔH_c 较小，材料将不易引燃。可根据材料的这些性质选择建筑材料，对材料进行阻燃处理，或通过其他适当方法改变这些性质。例如，含溴或氯的阻燃剂随可燃挥发分进入气相后，将使可燃挥发分的反应活性下降，相应地会使 ϕ 下降。在可燃高分子材料中大量添加三水合氧化铝时，能使其热惯性增大，又因分解产生的水蒸气与可燃挥发分同时进入气相使 ΔH_c 明显下降，这与含水率高时木材具有较高的 $\dot{m}''_{F,cr}$ 相一致。纤维材料中加入磷酸盐和硼酸盐时，将促使其降解产生更多的炭化物，起到良好的隔热和阻止物质传递作用，为了维持燃烧过程必须提高材料的温度；与此同时，增加挥发分中 CO_2 和 H_2O 的比例也会使 ΔH_c 下降。高热稳定性材料的热分解温度较高，必然使其在燃点下的辐射热损增大。还应该注意到，热厚型材料的热响应特性主要由其热惯性（$k\rho c$）决定。

4.5 典型材料的燃烧速率

4.5.1 人工合成聚合物材料的燃烧速率

Lyon 等列举了利用量热仪或类似装置测量的 20 种聚合物引燃或燃烧初期、灭火时的质量损失速率，见表 4.6、表 4.7。从表中可以看出，由于不同聚合物材料的易燃下限不同，燃点处的质量损失速率存在差别；其次，着火与灭火时同种材料的相关参数大小存在一定差异，可能与着火和灭火时材料的热环境不同有关。

表 4.6 部分聚合物材料的质量损失速率（MLR）、有效燃烧热（$EHOC$）和热释放速率（HRR）

聚合物名称	$EHOC$（kJ/g）	闪 点		燃 点	
		MLR［g/（m²·s）］	HRR（kW/m²）	MLR［g/（m²·s）］	HRR（kW/m²）
POM	14.4	0.88	13	1.7～4.5	40
PMMA	24.8	0.97～1.01	25	1.9～3.2	61
PE	40.3	0.88	35	1.3～2.5	73
PP	41.9	0.60	25	1.1～2.7	72
PS	27.9	0.57	16	0.8～4.0	50
PSFR	9.6	2.0	19	6～8	67
PUR	23.7	0.83	20	2.0	47
PA6	29.8	0.88	26	3.0	89
PBT	21.7	0.77	17	3.4	74
PC	21.2	0.78	17	3.4	72
PPS	23.5	0.81	19	3.6	85
PPZ	15.4	1.23	19	3.0	46
PEN	22.9	0.71	16	2.7	62
PEEK	21.3	0.72	15	3.3	70
PESU	22.4	0.9	20	3.7	83
EP	21.3	1.0	21	3.4	72
CE	22.8	1.3	30	4.4	100
PBI	16.2	1.5	24	—	—
PI	12.0	1.30	16	4.0	48
PEI	16.7	0.82	14	—	—
PAI	19.3	1.63	31	2.5	48

表 4.7 火焰熄灭时部分聚合物的质量损失速率（MLR）、有效燃烧热（$EHOC$）和热释放速率（HRR）

材料名称	POM	PMMA	PE	CPE	PP	PS	PUR	PU
$EHOC$（kJ/g）	14.4	24.0	38.4	13.6	38.5	27.0	17.4	13.2
MLR［g/（m²·s）］	4.5	3.2	2.5	7.0	2.7	4.0	5.9	7.7
HRR（kW/m²）	65	77	96	95	104	108	101	102

Tewarson 等人用 0.1m 的小试样研究了材料的易燃性参数，结果见表 4.8。该表中 $\dot{Q}''_F$ 为火焰传回到固体表面的热通量，$\dot{Q}''_E$ 为施加的外部热源强度，$\dot{Q}''_L$ 为固体表面的热损失速率，$\dot{m}''_F$ 代表理想燃烧速率。

表 4.8　部分材料的易燃性参数

材料名称	L_v（kJ/g）	$\dot{Q}''_F$（kW/m²）	$\dot{Q}''_L$（kW/m²）	$\dot{m}''_F$［g/（m²·s）］
纤维增强硬质酚醛泡沫	3.74	25.1	98.7	11
玻纤增强聚异氰酸酯硬质泡沫	3.67	33.1	28.4	9
聚甲醛（POM）	2.43	38.5	13.8	16
聚乙烯	2.32	32.6	26.3	14
聚碳酸酯	2.07	51.9	74.1	25
聚丙烯	2.03	28.0	18.8	14
聚苯乙烯	1.76	61.5	50.2	35
玻纤增强聚酯	1.75/1.39	29.3/24.7	21.3/16.3	17/18
酚醛塑料	1.64	21.8	16.3	13
聚甲基丙烯酸甲酯	1.62	38.5	21.3	24
硬质聚氨酯泡沫	1.52	68.1	57.7	45
软质聚氨酯泡沫	1.22	51.2	24.3	32
纤维增强聚苯乙烯硬质泡沫	1.36	34.3	23.4	25
纤维增强硬质聚氨酯泡沫	1.19	31.4	21.3	26
纤维增强胶木	0.95	9.6	18.4	10
木材	1.82	23.8	23.8	13

对于绝热燃料床的稳态燃烧过程，火焰辐射率和气化热属于材料本身的性质，与燃烧过程和环境无关，据此可确定不同材料的燃烧速率。Markstein 研究了面积约为 0.31m² 的几种热塑性材料的燃烧过程，获得相应的质量燃烧速率，见表 4.9。

表 4.9　几种热塑性塑料的燃烧速率

材料名称	火焰辐射率	质量燃烧速率［g/（m²·s）］
聚苯乙烯	0.83	14.1±0.8
聚丙烯	0.4	8.4±0.6
聚甲基丙烯酸甲酯	0.25	10.0±0.7
聚氨酯泡沫塑料	0.17	8.2±1.8
聚甲醛	0.05	6.4±0.5

Magee 等人研究了水喷淋对垂直 PMMA 厚板燃烧速率的影响，发现燃烧速率与外加辐

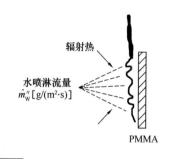

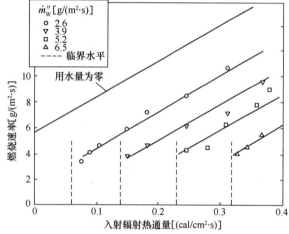

图 4.18 不同喷水速率下辐射热通量对垂直
PMMA 厚板的燃烧速率的影响

射热通量和单位表面 PMMA 上的用水量间存在线性关系，如图 4.18 所示。

4.5.2 木材的燃烧速率

杨立中等人的研究发现，在给定外加辐射热源的作用下，燃料的质量损失速率总是先随时间发生缓慢变化，在某一时刻后质量损失突然加快。水平辐射作用下质量损失速率较垂直辐射时小，可能是由于垂直辐射时大部分气体容易快速沿木块表面层逸出，使木块表面附近的气体浓度较小，内部的挥发分容易扩散出来而使质量损失速率较快。随着辐射强度的增大，在相同时间内木材的质量损失速率增大。岑可法等人利用自制的固体可燃物热解与着火早期特性试验台，在 40kW/m² 辐射热通量下，对含水率分别为 5%、15%、30% 的尺寸为 100mm×100mm×15mm 的白松进行了燃烧特性试验，发现其最大质量损失速率分别为 18.1、17.5、16.7 [g/ (m² · s)]。

Mc Allister 等利用小型风洞装置和精密天平考察了温度和外加辐射热通量对木材引燃过程中临界质量流量的影响，实验结果见表 4.10。

表 4.10 木材闪点和燃点时的临界质量流量 ($\dot{m}''_{F,cr}$)

湿度（wt. %）	热通量（kW/m²）	平均引燃时间（s）	闪 点		燃 点	
			$\dot{m}''_{F,cr}$ [g/ (m² · s)]	$\dot{m}''_{F,cr}$ 的标准偏差（%）	$\dot{m}''_{F,cr}$ [g/ (m² · s)]	$\dot{m}''_{F,cr}$ 的标准偏差（%）
0.2	20	75.3	1.189	10.8	1.305	6.4
	30	28.0	1.220	8.3	1.430	5.9
	40	16.7	1.551	10.1	1.749	5.0
	50	9.7	1.682	4.7	1.875	9.9
8	20	90.7	1.434	5.3	1.735	3.7
	30	38.7	1.670	5.4	1.953	4.8
	40	20.7	1.840	4.2	2.160	11.6
	50	12.7	2.477	7.9	2.716	4.7
18.5	20	106.3	1.712	4.4	1.985	11.6
	30	48.3	2.311	3.8	2.465	1.2
	40	22.7	2.079	7.6	2.464	7.6
	50	13.3	2.706	5.6	2.978	6.2

Quintiere 认为，木材和炭化材料的燃烧速率都是不稳定的。随着炭化作用的增强，燃烧特性可表示为 $\dot{m}''_F \sim \dfrac{1}{\sqrt{t}}$（$t$ 为时间）。有焰燃烧条件下木材的平均或峰值燃烧速率可简单表示为：

$$\overline{\dot{m}''_{wood}} = C_w D^{-n} \tag{4.70}$$

式中，n 约为 $\dfrac{1}{2}$；D 为木棒的直径或等效厚度；C_w 为常数，其中糖松为 $0.88\text{mg/cm}^{1.5}\text{s}$、美国黄松为 $1.03\text{mg/cm}^{1.5}\text{s}$，高密度硬质聚氨酯泡沫为 1.3。

在通风受限的情况下，由相同尺寸的木条等间距规则排列形成的木垛燃烧时，有焰燃烧的平均最大质量损失速率正比于木垛高度，即

$$\dot{m}''_F \sim \rho_{air} A_0 \sqrt{H}$$

式中，H 为木垛的高度；A_0 为垂直木垛轴的横截面积；ρ_{air} 为空气的密度。

则平均燃烧速率可表示为

$$\frac{\overline{\dot{m}''_F}}{C_W D^{-\frac{1}{2}} A} = f\left(\frac{\rho_{air} A_0 \sqrt{H}}{C_W D^{-\frac{1}{2}} A}\right) = f\left(\frac{A_0 \sqrt{sD}}{A}\right) \tag{4.71}$$

其中，s 是木条间的距离。

4.5.3　复合材料制品和建筑物的燃烧速率

建议用专用仪器测量火灾中常见材料和制品的燃烧速率。表 4.11 中汇总了文献报道的不同制品和建筑单元的燃烧速率的估算结果，一般是在综合引燃、传播和稳定燃烧等过程的基础上获得的。

表 4.11　多种制品和建筑单元的燃烧速率

燃烧系统	燃烧速率（g/s）
废容器（房间大小）	2～6
废容器（大型工业品）	4～12
装套座椅（单个）	10～50
全包沙发	30～80
床/床垫	40～120
壁橱	约为 40
卧室	约为 130
厨房	约为 180
房子	约为 4×10^4

朱五八等人利用锥形量热仪研究了棉麻面料、化纤面料、人造革面料和阻燃化纤面料分别与密度为 33kg/m^3 的聚氨酯泡沫填料的组合件燃烧时的质量损失速率。发现在 35kW/m^2 辐射强度下，组合件样品被加热到一定温度时出现热解和挥发现象，在随后的 10～20s 内组合件被点燃，在这段时间质量损失速率迅速增长；点燃后的样品存在近似稳定燃烧的时间，从点燃至热释放速率达到峰值期间质量损失速率几乎维持在某个数值附近，火焰增长阶段的软垫家具组合件平均质量损失速率见表 4.12。

表 4.12　软垫家具组合件平均质量损失速率

面料种类	棉麻	化纤	人造革	阻燃化纤
质量损失速率（g/s）	0.133	0.097	0.129	0.107

第5章 材料的热释放速率

热释放是材料对火反应最重要的特性之一。火灾中材料热释放速率的大小和总热释放量的多少，对火灾的发展蔓延和危害程度具有决定性的影响。

5.1 燃烧热

工程上把单位质量的可燃材料（或燃料）完全燃烧，生成稳定的最终产物后所放出的总热量定义为燃烧热，又称材料的热值，以 MJ/kg（或 J/g）表示。完全燃烧是指对于碳氢化合物材料燃烧生成的产物全部转换成 H_2O 和 CO_2。在实际工作中，通常使用氧弹量热计（GB/T 14402）测定材料的燃烧热。需要说明的是，由于燃烧方式的不同，以氧弹量热计测得的热值与材料在大气中的燃烧放出的热量存在一定的差异。这是因为前者是在恒容条件下测得的热量，而后者则是在恒压条件下测得的。

尽管氧弹量热计只能测定材料在完全燃烧后所释放的热量，不能反映材料燃烧过程中释放热量的动态变化，也就是说不能反映材料在燃烧时的热释放速率，但是，材料的燃烧热是研究材料对火反应的热效应的前提，是分析和表征材料热释放速率的基本点和出发点。

5.2 热释放速率的测量

热释放速率（HRR）是指材料在发生燃烧反应时，单位时间内释放热量的多少，单位为 kW。HRR 是定量描述"火有多大？"的基本参数，也是衡量火灾对生命财产威胁程度的重要参数之一。

同时，高温气体和辐射能促进聚合物的分解，为火灾发展提供燃料，造成更大的火灾，因此，材料的热释放速率是表示材料火灾危害程度的最重要参数；通过热释放速率可以定义火场的尺度（大小），而火场的其他参数（如烟气和毒性物质的生成量）又可以通过热释放速率来描述；基于火灾热释放率，可制定及评价扑灭火灾可采取的最有效的方法，以及核定火灾危害的其他因素，等等；热释放速率是比较火灾行为、预测火灾行为以及评价火灾对附近其他燃料影响的最有用的数据，也是进行消防安全设计的主要依据之一。因此，一直以来，热释放速率都被视为反映火灾场景、表征火灾过程最重要的参数。

起初，人们采用燃烧物体周围空气的温升来测量材料的热释放，即所谓的温度测量法。但是由于辐射热是随着燃料不同而变化的，并且不是所有的辐射热都直接导致了温升，因此，这种测量方法存在很大的误差。后来，人们采用质量损失法和耗氧原理来测量计算材料的热释放速率。

5.2.1 质量损失法

质量损失法以材料的燃烧热值为基础。由于在真实的火灾中，材料往往不是完全燃烧的，因此，人们通过实时测量材料燃烧过程中的质量损失，并结合材料的燃烧热值，计算确定材料的热释放速率。计算公式如下：

$$HRR = \chi \cdot \dot{m} \cdot \Delta H_c \tag{5.1}$$

式中，HRR 为热释放速率（kW）；χ 为燃烧效率因子，反映不完全燃烧的程度；$\dot{m}$ 为材料的质量损失速率（kg/s）；ΔH_c 为材料的燃烧热（MJ/kg）。

实质上，式（5.1）中等式右侧 χ 与 ΔH_c 的乘积就是材料的有效燃烧热（$EHOC$）。若以其代替前两者的乘积，则式（5.1）变为：

$$HRR = EHOC \cdot \dot{m} \tag{5.2}$$

显然，如果有效燃烧热为常数，则热释放速率与质量损失速率成正比。事实上，材料的有效燃烧热通常并非是常数，例如木材是典型的成炭材料，其燃烧过程中的有效燃烧热存在明显的变化，如图 5.1 所示。

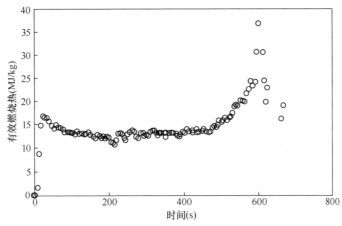

图 5.1　一种厚度为 17mm 的红松燃烧时的有效燃烧热（热通量，65kW/m²）

一般来说，有效燃烧热既可通过理论计算获得，也可直接通过试验测得。如果材料的有效燃烧热并非常数，那么就不能直接使用式（5.1）进行计算，只能通过试验直接测量材料的热释放速率。

5.2.2　耗氧量热法

耗氧量热法是基于这样一个基本的物理-化学事实，即可燃物在空气中燃烧放热，必须消耗一定量的氧气。对于有确定组成的材料，其燃烧释放的热以及所消耗的氧气均可通过相关的热力学数据计算得到。但是，在实际火灾中，所遇到的材料多种多样，大部分材料的化学组成复杂，其组分很难确定，这样也就无法按前述方法计算获得。在 20 世纪 70 年代，美国国家标准局（NBS）的科学家帕克，首先尝试了通过测量材料燃烧生成的烟气中氧气的损耗来确定热释放量的可能性。在测试不同聚合物材料完全燃烧的数据时，帕克发现，不同的聚合物材料，即使差异很大，但在消耗相同体积的氧气时所产生的热释放量基本恒定。因此，帕克认为，对于用于建筑或家具中的大部分材料，燃烧时消耗单位体积的氧气，所产生的热释放量大致相同。几年后，帕克的同事克莱顿在他的研究基础上做进一步研究。克莱顿没有以消耗氧气的体积作为测试基础，而是以更加方便的准确的消耗氧气的单位质量作为出发点。对于产物为 H_2O、HF、HCl、Br_2、SO_2 和 N_2 的有机液体和气体燃料，克莱顿认为，由于燃烧过程中能量的产生主要是断裂 C—C 键或 C—H 造成的，这些键具有相似的键能，因此，尽管这类燃料的燃烧热不尽相同，但它们消耗每克氧气的燃烧热的平均值为 12.72kJ/g，误差在±3%以内。对于天然的可燃材料，如建筑中常用的木材、纸张、棉花等材料，这类材料消耗单位质量的氧气产生的热释放平均值为 13.21kJ/g，误差在±5.3%以内。另外，克莱顿还对不完全燃烧做了研究，得出了相同的结论，即消耗单位质量的氧气产生恒定的热释放量。对大多数固体可燃物而言，每消耗 1kg 的氧气，所放出的热量约为 13.1×10^3 kJ，误差在±5%以内。这就是所谓的可燃物燃烧中的耗氧原理。因此，通过精确测量可燃物燃烧产生的烟气流量及组分浓度，便可求出其热释放速率，这种方法即为耗氧量热法。

在建筑材料燃烧性能试验中，现行的墙角火试验（ISO 9705）、单体燃烧试验（SBI，EN 13823）和锥形量热计试验（ISO 5660）是典型的利用耗氧量热法测量建筑材料及制品热释放速率的试验方法，分别代表了大、中、小三种尺寸的火灾燃烧试验。前两者主要针对材料或制品的最终用途进行设计并采用了相同的火灾场景。

上述三种试验方法都遵循以下简化和假设：

①完全燃烧时每消耗单位质量的氧气释放的热量为常数：$E = 13.1$ MJ/kg；

②认为所有的气体均为理想气体；

③流入系统的空气包括 O_2、CO_2、H_2O 和 N_2，流出系统的气体包括 O_2、CO_2、CO、H_2O 和 N_2，N_2 在此试验条件下不参与燃烧反应，其他所有不参加燃烧反应的惰性气体都视为 N_2；

④O_2、CO_2、CO 都在干燥的基础上测量。

三种试验方法中，热释放速率的计算方法分别简述如下。

（1）墙角火试验（ISO 9705）

在墙角火试验中，材料的热释放速率 HRR（kW）按下式计算：

$$HRR = E^1 V_{298} X_{O_2}^0 \left\{ \phi / \left[\phi(\alpha - 1) + 1 \right] \right\} - Q_b E^1 / E_{C_3 H_8} \tag{5.3}$$

式中，ϕ 为耗氧系数，其计算公式如下。

$$\phi = \left[X_{O_2}^0 (1 - X_{CO_2}) - X_{O_2} (1 - X_{CO_2}^0) \right] / X_{O_2}^0 (1 - X_{CO_2} - X_{O_2}) \tag{5.4}$$

其中，E^1 为消耗单位体积的氧气的热释放量（kJ/m³）；$E_{C_3 H_8}$ 为消耗单位体积的丙烷气体的热释放量（kJ/m³）；V_{298} 为换算成标准状态的燃烧烟气的流量（m³/s）；Q_b 为燃气的热值（kJ/g）；$X_{O_2}^0$、X_{O_2} 分别为试验前室内和试验过程中的氧气的体积分数；$X_{CO_2}^0$、X_{CO_2} 分别为试验前室内和试验过程中的二氧化碳的体积分数。

（2）单体燃烧试验（SBI）

在 EN 13823 SBI 试验中，材料的热释放速率 HRR（kW）的计算公式如下：

$$HRR_{总}(t) = E V_{298}(t) x_{a-O_2} \left[\frac{\phi(t)}{1 + 0.105\phi(t)} \right] \tag{5.5}$$

式中，$HRR_{总}(t)$ 为试样和燃烧器总热释放速率（kW）；E 为温度为 298K 时单位体积耗氧的热释放量，约为 1.72×10^4 kJ/m³；$V_{298}(t)$ 为排烟系统的体积流速（m³/s），标准温度设为 298K；x_{a-O_2} 为氧气（含水蒸气）在环境温度的摩尔分数；$\phi(t)$ 为耗氧系数。

耗氧系数 $\phi(t)$ 的计算公式如下：

$$\phi(t) = \frac{\overline{x}_{O_2}\left[1 - x_{CO_2}(t)\right] - x_{O_2}(t)\left(1 - \overline{x}_{CO_2}\right)}{\overline{x}_{O_2}\left[1 - x_{CO_2}(t) - x_{O_2}(t)\right]} \tag{5.6}$$

式中，x_{O_2}（t）为氧气的摩尔分数；$\overline{x}_{O_2}$ 为 30s 到 90s 氧气摩尔分数的平均值；x_{CO_2}（t）为二氧化碳的摩尔分数；$\overline{x}_{CO_2}$ 为 30s 到 90s 二氧化碳摩尔分数的平均值。

$x_{a\text{-}O_2}$ 的计算公式如下：

$$x_{a\text{-}O_2} = \overline{x}_{O_2}\left[1 - \frac{H}{100p}\exp\left(23.2 - \frac{3816}{\overline{T} - 46}\right)\right] \tag{5.7}$$

式中，H 为相对湿度（%）；p 为环境大气压（Pa）；$\overline{T}$ 为综合测量区的温度（K）；其他符号与前同。

（3）锥形量热计试验

在锥形量热计试验中，材料的热释放速率 HRR（kW/m²）的计算方法如下。

按照耗氧原理，材料在一定条件下燃烧时，其热释放速率与耗氧量成正比，即有：

$$HRR = \Delta h_c / r_O (W_{O_2}^0 - W_{O_2}) \tag{5.8}$$

式中，Δh_c 为净燃烧热（kJ/kg）；r_O 为氧与燃料化学反应计量比（g/g）；$W_{O_2}^0$ 为氧的初始质量流量（kg/s）；W_{O_2} 为氧的瞬时质量流量（kg/s）。

由于氧的质量流量不易测得，而氧的体积分数较易测量，用氧的体积分数代替上述质量流量，经变换可得：

$$HRR = \frac{\Delta h_c M_{O_2}}{r_O M_{air}} \cdot W_e \cdot \frac{x_{O_2}^0 - x_{O_2}}{[1 + (\sigma - 1)x_{O_2}^0] - \sigma x_{O_2}} \tag{5.9}$$

$$W_e = C\left(\frac{\Delta P}{T_e}\right)^{1/2} \tag{5.10}$$

式中，σ 为燃烧产物总的物质的量与所需耗氧的物质的量之比；M_{O_2} 为氧的摩尔质量（g/mol）；M_{air} 为空气的摩尔质量（g/mol）；$x_{O_2}^0$ 为氧的初始体积分数；x_{O_2} 为氧的瞬时体积分数；C 为孔板系数；ΔP 为气体流经孔板流量计产生的压力差（Pa）；T_e 为孔板流量计处的温度（K）。

取 $\sigma = 1.5$，$x_{O_2}^0 = 0.21$，则有：

$$HRR = 1.44 \times 10^4 \times W_e \cdot \frac{0.21 - x_{O_2}}{1.105 - 1.5 x_{O_2}} \tag{5.11}$$

5.2.3　影响因素

从定义上看，热释放速率反映的是材料燃烧过程中放出热量的快慢。尽管存在耗氧原理，但是，不同材料燃烧释放热量的速率则各不相同，即便是同种材料，燃烧环境不同，其热释放速率也不尽相同。通过锥形量热计试验发现，影响材料热释放速率的主要因素是材料表面接受的热通量。此外，材料的几何尺寸（如厚度）、材料的放置方式也对热释放速率有明显的影响。

现有研究表明，材料的热释放速率与材料燃烧时表面接受的热通量成正比，燃烧面接受的热通量越大，材料的热释放速率越大，如图 5.2 所示。在图 5.2 中，直线并未

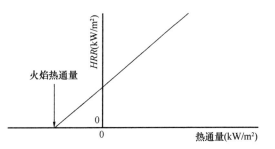

图 5.2　材料的热释放速率
随燃烧表面热通量的变化

87

通过原点，这是因为材料着火后火焰本身提供了热通量。如果火焰的热通量为零，则直线通过原点。否则，在横轴上的截距即为火焰的热通量。需要说明的是，由于火焰很容易污染热通量计探头的表面，使得测定燃烧表面来自火焰的热通量比较困难。有研究表明，有机玻璃（PMMA）在锥形量热计试验中，当水平燃烧时，其表面来自火焰的热通量约为 $35kW/m^2$。类似的研究表明，尼龙、聚乙烯（PE）和聚丙烯（PP）三种塑料燃烧时其表面来自火焰的热通量分别约为 $30kW/m^2$、$25kW/m^2$ 和 $14kW/m^2$，部分纤维和泡沫复合材料的火焰热通量约在 $20\sim25kW/m^2$ 之间。需要指出的是，由于实验的限制（包括产品数量和热通量范围的选择），材料的热释放速率与热通量之间的线性关系的普适性，还需要进一步研究。有学者对一些先进复合材料的研究结果表明，在较低和较高外加热通量下，材料的热释放速率与热通量之间明显偏离线性关系。此外，少数阻燃材料的试验结果也不符合线性关系。

　　同样的材料在实际使用中具有不同的厚度，而厚度对材料燃烧时的热释放速率有明显的影响。一般来说，当燃烧面的热通量一定时，材料越薄，其热释放速率越大，曲线越陡；当厚度达到一定值时，材料趋于准稳态燃烧，热释放速率趋于稳定值。图5.3给出了不同厚度的有机玻璃（PMMA）在相同热辐射条件下，其热释放速率随时间的变化。从图5.3中可以看到，当厚度达到20mm时，PMMA趋于稳定燃烧。一般而言，大部分固体材料能够达到稳定燃烧的厚度范围均在20mm左右。比较而言，泡沫材料则没有明显的达到稳定燃烧的厚度范围。例如，对于密度仅为 $16kg/m^3$ 的聚苯乙烯（PS）泡沫材料，当其受热时，先于点燃之前，泡沫蜂窝结构垮塌，熔融成液体；点燃后，实际上是液体覆盖在载体上形成的燃烧。因此，PS泡沫材料的热释放速率更多地取决于试验时试样固定装置的形状和结构，而与试样本身的厚度关系不大。

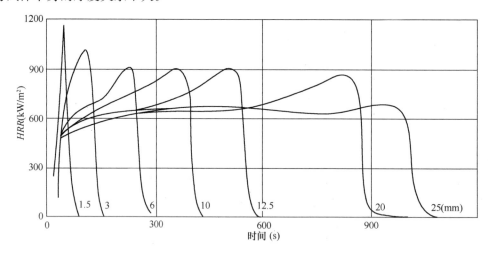

图5.3　厚度对有机玻璃（PMMA）热释放速率的影响（热通量 $50kW/m^2$）

　　试样的放置方向对材料热释放速率也有明显的影响。在使用小尺度锥形量热计试验中，试样更多是采取了水平放置的方式，而竖直放置很少。之所以如此，主要原因：一是有很多材料受热时发生熔融，竖直放置就会形成滴落；二是小尺度试样竖直燃烧火焰的热通量与真实火灾中材料竖直燃烧火焰的热通量之间缺少直接关联，后者受多种因素的影响。尽管如此，ASTM 和 ISO 分别组织不同的实验室，采用锥形量热计对相同试样，在其他条件相同的情况下，采取水平和竖直两种放置方式进行循环试验，获得了相近的试验结果。图 5.4 和图 5.5 分别给出了不同的放置方式对同一试样热释放速率峰值（$pkHRR$）和 180s 平均值的影响。

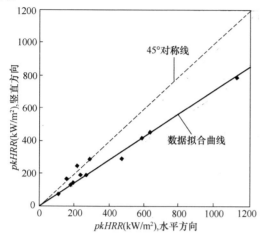

图 5.4　放置方向对同一试样热
释放速率峰值的影响

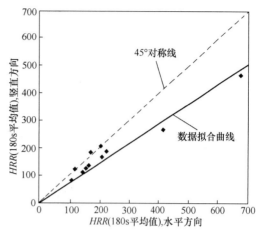

图 5.5　放置方向对相同试样
热释放速率平均值（180s）的影响

在图 5.4 中，对材料热释放速率峰值试验数据进行线性拟合，可得到竖直方向的热释放速率峰值与水平方向之间的函数关系为：

$$pkHRR(V) = 0.71pkHRR(H) \tag{5.12}$$

在图 5.5 中，对 180s 热释放速率平均值的试验数据进行线性拟合，所得函数关系为：

$$HRR_{180}(V) = 0.72HRR_{180}(H) \tag{5.13}$$

根据以上结果，可得到材料的热释放速率在竖直和水平放置时相互之间的一般关系，可表示为：

$$HRR(V) = 0.7HRR(H) \tag{5.14}$$

这清楚地说明，竖直燃烧形成的薄边层火焰提供的热通量比水平燃烧形成的池状火焰提供的热通量要小得多。

5.3　材料在火灾中的热释放速率

火灾中，材料很少能达到完全燃烧，不完全燃烧的产物如 CO 和烟尘是非常常见的，燃烧的完全程度通常以燃烧效率因子（χ_{ch}）表征。材料的燃烧效率也可以看成是材料的化学热释放速率（即实际燃烧过程中的热释放速率）与材料完全燃烧时热释放速率的比值，也是材料燃烧释放的化学热与完全燃烧的净热之比。表 5.1 给出了聚甲基丙烯酸甲酯（PMMA）燃烧化学热（ΔH_{ch}）和与之对应的燃烧效率。从表 5.1 中可以看出，在通风控制的燃烧中，随着 CO、碳和乙烯等不完全产物的生成，材料的化学热和燃烧效率随之降低。

表 5.1 PMMA 的化学燃烧热与对应的燃烧效率

化学反应计量比	ΔH_{ch} (kJ/g)	χ_{ch}
$C_5H_8O_2$ (g) $+6O_2$ (g) $=5CO_2$ (g) $+4H_2O$ (g)	24.9	1.00
$C_5H_8O_2$ (g) $+5.5O_2$ (g) $=4CO_2$ (g) $+4H_2O$ (g) $+CO$ (g)	22.1	0.89
$C_5H_8O_2$ (g) $+4.5O_2$ (g) $=3CO_2$ (g) $+4H_2O$ (g) $+CO$ (g) $+C$ (s)	18.2	0.73
$C_5H_8O_2$ (g) $+3O_2$ (g) $=2CO_2$ (g) $+3H_2O$ (g) $+CO$ (g) $+C$ (s) $+0.5C_2H_4$	11.5	0.46

5.3.1 化学热释放速率

化学热释放速率（HRR_{ch}）通常从二氧化碳生成量热计（CDG 量热计）或耗氧量热计（OC 量热计）试验导出。

在 CDG 量热计中，材料的化学热释放速率可从以下关系中导出：

$$HRR_{ch} = \Delta H_{CO_2}^* \dot{G}''_{CO_2} + \Delta H_{CO}^* \dot{G}''_{CO} \tag{5.15a}$$

$$\Delta H_{CO_2}^* = \frac{\Delta H_T}{y_{CO_2}} \tag{5.15b}$$

$$\Delta H_{CO}^* = \frac{\Delta H_T - \Delta H_{CO} y_{CO}}{y_{CO}} \tag{5.15c}$$

这里，HRR_{ch} 为材料的化学热释放速率（kW/m²）；$\Delta H_{CO_2}^*$ 为生成单位质量的 CO_2 所放出的净热（kJ/g）；ΔH_{CO}^* 为生成单位质量的 CO 所放出的净热（kJ/g）；ΔH_T 为燃烧消耗单位质量材料所放出的净热（kJ/g）；y_{CO_2} 为按化学计量比反应的 CO_2 产率（g/g）；y_{CO} 为按化学计量比反应的 CO 产率（g/g）；$\dot{G}''_{CO_2}$ 为 CO_2 的生成速率（g/m² · s）；$\dot{G}''_{CO}$ 为 CO 的生成速率（g/m² · s）。

材料燃烧时的 $\Delta H_{CO_2}^*$ 和 ΔH_{CO}^* 主要取决于材料的化学结构。不同材料 $\Delta H_{CO_2}^*$ 的平均值为 13.3kJ/g，偏差为 ±11%；ΔH_{CO}^* 的平均值为 11.1kJ/g，偏差为 ±18%。通过 CDG 量热计试验，获得 CO_2 和 CO 的生成速率，即可通过上述关系式计算材料的化学热释放速率。

在 OC 量热计中，材料燃烧的化学热释放速率按以下关系式计算：

$$HRR_{ch} = \Delta H_O^* \dot{C}''_O \tag{5.16a}$$

$$\Delta H_O^* = \frac{\Delta H_T}{r_O} \tag{5.16b}$$

这里，ΔH_O^* 为消耗单位质量氧气的净热（kJ/g）；$\dot{C}''_O$ 为耗氧速率（g/m² · s）；r_O 为氧与燃料的化学反应计量比（g/g）。

材料耗氧释放的净热取决于材料的化学结构。对大部分燃料而言，ΔH_O^* 的平均值约为 12.8kJ/g，偏差为 ±7%，与耗氧原理中的 13.1kJ/g、偏差 ±5% 非常接近。当燃料的分子量越小，分子中所含 O、N 和卤素等杂原子越少时，偏差越小。在耗氧量热计试验中，通过测量耗氧速率，便可计算材料的化学热释放速率。

5.3.2 对流与辐射热释放速率

（1）对流热释放速率

对流热释放速率（HRR_{con}）可从气体升温量热计试验中，按以下关系式确定：

$$HRR_{con} = \frac{\dot{w} c_p (T_g - T_a)}{A} \tag{5.17}$$

式中，c_p 为燃烧产物与空气混合物在燃烧温度时的比热容 $[kJ/(g \cdot K)]$；T_g 为气体温度 (K)；T_a 为环境温度 (K)；$\dot{w}$ 为燃烧产物与空气混合气体的流速 (g/s)；A 为材料的暴露表面积 (m^2)。

(2) 辐射热释放速率

化学热释放速率由对流热释放速率和辐射热释放速率 (HRR_{rad}) 两部分组成。在化学热释放速率中，有一部分热也会以热传导的形式损失掉，对于常见的火灾系统，热传导导致的热损失相对很小，可以忽略，这样，辐射热释放速率即为化学热释放速率与对流热释放速率之差。

$$HRR_{rad} = HRR_{ch} - HRR_{con} \tag{5.18}$$

对应于化学热释放速率的组成，这里将材料在火灾燃烧中以化学反应释放的全部热量的总和定义为材料燃烧释放的化学能 (E_{ch})，则其由对流能量 (E_{con}) 和辐射能量 (E_{rad}) 两部分组成。

$$E_{ch} = E_{con} + E_{rad} \tag{5.19}$$

这样，材料的化学能及其对流和辐射能，均可由其各自对应的热释放速率求和得到。即

$$E_i = A \sum_{n=t_{ig}}^{n=t_{ex}} HRR_i(t_n)\Delta t_n \tag{5.20}$$

式中，E_i 为材料的化学、对流或辐射能 (kJ)；A 为材料燃烧的总面积 (m^2)；t_{ig} 为材料的引燃时间 (s)；t_{ex} 为火焰熄灭时间 (s)。

材料燃烧总的质量损失 (M_{loss})，可由材料的质量损失速率 $[\dot{m}(t)]$ 按下式计算得到：

$$M_{loss} = A \sum_{n=t_{ig}}^{n=t_{ex}} \dot{m}''(t_n)\Delta t_n \tag{5.21}$$

材料的热释放速率也可由燃烧的质量损失速率和化学热、对流热或辐射热进行表达，即

$$HRR_i = \Delta H_i \dot{m}'' \tag{5.22}$$

式中，ΔH_i 分别代表化学热、对流热或辐射热 (kJ)。

材料的平均化学热、对流热和辐射热可由下式计算得到：

$$\Delta \overline{H}_i = \frac{E_i}{M_{loss}} \tag{5.23}$$

材料的平均化学热就是锥形量热计试验中的有效燃烧热。

5.3.3 热释放速率参数 (HRP)

在火焰及外部热流作用下，材料稳定燃烧时的质量损失速率可用下式表示：

$$\dot{m}'' = \frac{(\dot{q}''_e + \dot{q}''_{fr} + \dot{q}''_{fc} - \dot{q}''_{rr})}{\Delta H_g} \tag{5.24}$$

式中，$\dot{m}''$ 为材料的质量损失速率 $[g/(m^2 \cdot s)]$；$\dot{q}''_e$ 为外加热通量 (kW/m^2)；$\dot{q}''_{fr}$ 为火焰的辐射热通量 (kW/m^2)；$\dot{q}''_{fc}$ 为火焰的对流热通量 (kW/m^2)；$\dot{q}''_{rr}$ 为材料表面反射热通量 (kW/m^2)；ΔH_g 为材料的气化热 (kJ/g)。对于熔融性材料的气化热，ΔH_g 可按下式进行计算：

$$\Delta H_{\mathrm{g}} = \int_{T_{\mathrm{a}}}^{T_{\mathrm{m}}} c_{\mathrm{p,s}} \mathrm{d}T + \Delta H_{\mathrm{m}} + \int_{T_{\mathrm{m}}}^{T_{\mathrm{v}}} c_{\mathrm{p,l}} \mathrm{d}T + \Delta H_{\mathrm{v}} \qquad (5.25)$$

式中，$c_{\mathrm{p,s}}$ 为材料在固体状态的比热容 [kJ/（g·K）]；$c_{\mathrm{p,l}}$ 为材料在熔化状态的比热容 [kJ/（g·K）]；ΔH_{m} 为材料的熔化相变热（kJ/g）；ΔH_{v} 为材料从液态变成气态的相变热（kJ/g）；T_{a} 为环境温度（K）；T_{m} 为熔化温度（熔点）（K）；T_{v} 为汽化温度（沸点）（K）。

材料在燃烧过程中通过吸收环境和火焰提供的能量，发生分解气化，产生可燃气体进行燃烧放热。有文献把材料吸收单位数量的能量后通过燃烧所放出的能量多少，定义为材料的热释放参数（HRP）。根据上述两个方程可得：

$$HRR_i = \left(\frac{\Delta H_i}{\Delta H_{\mathrm{g}}}\right) \left(\ddot{q}''_{\mathrm{e}} + \ddot{q}''_{\mathrm{f}} - \ddot{q}''_{\mathrm{rr}}\right) \qquad (5.26)$$

式中，$\dfrac{\Delta H_i}{\Delta H_{\mathrm{g}}}$ 定义为材料燃烧的热释放参数，可以为化学热释放参数 HRP_{ch}、辐射热释放参数 HRP_{rad} 和对流热释放参数 HRP_{con}。

热释放参数 HRP 值可以看成材料的火灾燃烧特性参数，与火灾燃烧规模无关，但是受通风条件的控制。在式（5.26）中右边的（$\ddot{q}''_{\mathrm{e}} + \ddot{q}''_{\mathrm{f}} - \ddot{q}''_{\mathrm{rr}}$）项即为材料燃烧时接受的净热通量，显然，材料的热释放速率与材料接受的净热通量具有线性关系。当火焰的热通量（$\ddot{q}''_{\mathrm{f}}$）和表面的反射热通量（$\ddot{q}''_{\mathrm{rr}}$）一定时，材料的热释放速率与外加热通量之间也具有线性函数关系。图 5.6 和图 5.7 分别给出了几种聚合物材料的峰值化学热释放速率或平均稳态燃烧的化学热释放速率随净热通量或外加热通量的变化曲线。图中给出的试验结果验证了式（5.26）的正确性。

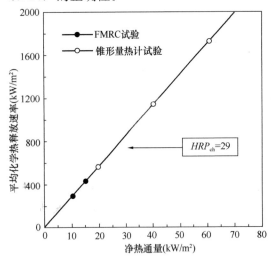

图 5.6　聚丙烯板的稳态燃烧平均化学热释放速率随材料表面净热通量的变化曲线

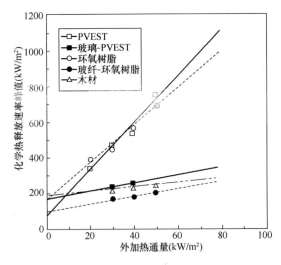

图 5.7　几种聚合物材料的峰值热释放速率随外加热通量的变化曲线

5.4　热释放的影响因素

5.4.1　燃烧效率的影响

在实际火灾中，材料很少会发生完全燃烧。因此，材料的化学热释放速率总会小于材料完全燃烧的化学热释放速率，它们之间的比值即为材料的燃烧效率，定义式如下：

$$\chi_{ch} = \frac{HRR_{ch}}{HRR_T} = \frac{\dot{m}''\Delta H_{ch}}{\dot{m}''\Delta H_T} = \frac{\Delta H_{ch}}{\Delta H_T} \tag{5.27}$$

同样，对流和辐射部分的燃烧效率分别可用下述式子表示：

$$\chi_{con} = \frac{HRR_{con}}{HRR_T} = \frac{\dot{m}''\Delta H_{con}}{\dot{m}''\Delta H_T} = \frac{\Delta H_{con}}{\Delta H_T} \tag{5.28}$$

$$\chi_{rad} = \frac{HRR_{rad}}{HRR_T} = \frac{\dot{m}''\Delta H_{rad}}{\dot{m}''\Delta H_T} = \frac{\Delta H_{rad}}{\Delta H_T} \tag{5.29}$$

显然有：

$$\chi_{ch} = \chi_{con} + \chi_{rad} \tag{5.30}$$

材料的化学热释放速率、对流热释放速率、辐射热释放速率、燃烧热和燃烧效率取决于材料的组成、结构和通风条件。在化学热释放中，对流热和辐射热所占比例随火灾燃烧强度而变，燃烧强度越大，辐射热所占比重越大。

5.4.2 通风条件的影响

在建筑火灾的初期阶段，燃烧属燃料控制，火灾很容易控制和扑灭，但当火灾继续发展，特别是在房间通风受限和具有大面积的可燃材料表面时，将出现通风控制的燃烧，此时很容易出现轰燃的最危险状态。在通风控制的火灾中，来自空气中的氧气与来自材料热分解生成的或不完全燃烧的可燃气体之间的化学反应和热释放速率都会减慢。在通风控制的火灾中，材料的热释放速率取决于空气的供给速率、材料的质量损失速率和其他一些因素。在通风控制的燃烧中，通常将空气供给速率和材料的质量损失速率的作用，采用通风当量比（Φ）表征：

$$\Phi = \frac{r\dot{m}''A}{\dot{m}_{air}} \tag{5.31}$$

式中，r 为空气与燃料的化学反应计量比（g/g）；A 为材料暴露燃烧的表面积（m^2）；$\dot{m}''$ 为材料的质量损失速率 [g/（$m^2 \cdot s$）]；$\dot{m}_{air}$ 为空气的质量流速（g/s）。

当量比变大时，燃烧反应中燃料富余，材料的燃烧效率和对流燃烧效率降低，热释放速率也随之降低。材料的化学和对流燃烧效率在通风控制和燃料控制两种燃烧状态下的比值可表示如下：

$$\zeta_{ch} = \frac{(\chi_{ch})_{vc}}{(\chi_{ch})_{wv}} = \frac{(\Delta H_{ch}/\Delta H_T)_{vc}}{(\Delta H_{ch}/\Delta H_T)_{wv}} = \frac{(\Delta H_{ch})_{vc}}{(\Delta H_{ch})_{wv}} \tag{5.32}$$

$$\zeta_{con} = \frac{(\chi_{con})_{vc}}{(\chi_{con})_{wv}} = \frac{(\Delta H_{con}/\Delta H_T)_{vc}}{(\Delta H_{con}/\Delta H_T)_{wv}} = \frac{(\Delta H_{con})_{vc}}{(\Delta H_{con})_{wv}} \tag{5.33}$$

在式（5.32）和式（5.33）中，下标 vc 和 wv 分别代表通风控制和燃料控制的燃烧状态。

图 5.8 和图 5.9 给出了几种聚合物材料两种燃烧状态下化学燃烧热和对流燃烧热的比值随当量比 Φ 的变化。

图 5.8 和图 5.9 中的实验结果表明，对聚合物材料而言，不管其结构如何，材料在通风控制和燃料控制两种燃烧状态下化学燃烧热和对流燃烧的比值与当量比 Φ 之间存在如下的一般关系：

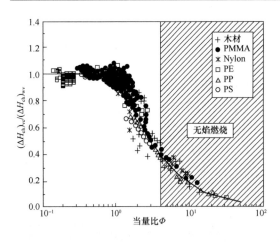

图 5.8　几种聚合物材料在两种燃烧状态下
化学燃烧效率的比值随当量比 Φ 的变化
（数据按 ASTM E 2058 规定的火焰传播试验仪测定）

图 5.9　几种聚合物材料在两种燃烧状态
下对流燃烧效率的比值随当量比 Φ 的变化
（数据按 ASTM E 2058 规定的火焰传播试验仪测定）

$$\frac{(\Delta H_{ch})_{vc}}{(\Delta H_{ch})_{wv}} = 1 - \frac{0.97}{\exp{(\Phi/2.15)^{-1.2}}} \tag{5.34}$$

$$\frac{(\Delta H_{con})_{vc}}{(\Delta H_{con})_{wv}} = 1 - \frac{1.0}{\exp{(\Phi/1.38)^{-2.8}}} \tag{5.35}$$

　　通风状态对材料化学燃烧热和对流燃烧热的影响反映在上述两等式［式（5.34）和式（5.35）］右边的分母上。

　　对于燃料控制的燃烧，$\Phi \ll 1$，此时有：$(\Delta H_{ch})_{vc} = (\Delta H_{ch})_{wv}$ 和 $(\Delta H_{con})_{vc} = (\Delta H_{con})_{wv}$。

　　随着火灾初期阶段燃料控制逐步转变到通风控制，当量比增大，方程（5.34）和（5.35）中右边分式的分母也增大，材料的化学燃烧热和对流燃烧热减小。显然，由于指数和系数不同，材料的对流燃烧热下降的幅度要显著大于化学燃烧热的下降幅度。上述关系式还表明，当材料的燃烧由燃料控制转变为通风控制时，其化学燃烧热更多地转变为辐射燃烧热。

　　以材料在燃料控制燃烧状态下的化学燃烧热和对流燃烧热为基础（可从有关手册查得），将方程（5.34）和（5.35）用于有关模型就可评估材料在通风控制条件下的火灾燃烧特性。

5.5　聚合物材料的热释放

　　人们对包括聚酯、乙烯基酯和环氧树脂在内的很多在航空、舰船和建设工程领域广泛使用的聚合物复合材料的热释放特性做了深入研究。图 5.10 给出了典型易燃复合材料（玻璃纤维/乙烯基酯）在恒定热通量（50kW/m²）中的热释放速率随时间的变化。图中的热释放速率采用锥形量热计测量，定义为单位时间内、试样单位面积上释放的热，单位为 kW/m²。当聚合物复合材料暴露于火，发生燃烧时，由于发生一系列物理、化学变化，其热释放速率随时间呈现波动变化，如图 5.10 所示，变化过程可分 A、B、C 和 D 四个阶段。A 阶段为初始引燃阶段，尚无热放出。在此阶段，复合材料在外加热流中受热时间不长，复合材料的温度还没有达到树脂的热分解温度。随后，热释放速率曲线突然急剧上升（B 阶段），此阶段材料表面热分解产生的可燃气体被点燃，表面发生持续燃烧。热释放速率持续升高达到峰值后，由于炭层的形成和增厚，热释放速率逐渐降低（C 阶段）。一方面，炭层作为隔热体阻碍热量向内部原始材料的传导，从而减慢了树脂热分解反应速率；另一方面，炭层作为阻隔层，限制了内部热解气体流向表面火焰区，减缓了燃烧速率。对于部分成炭量较大的材料，在此阶段热释放速率可能会再次上升，形成第二个峰值。这是因为在此阶段，试样背热面还有少量未热解的树脂在燃烧后期转变成了热薄型，最后的快速燃烧导致热释放速率再次上升。最后，树脂完全降解、燃尽，热释放速率降到最低可忽略的程度（D 阶段）。

乙烯基树脂复合材料燃烧中成炭量较少，其在图 5.10 中的热释放速率随时间的变化曲线具有代表性，聚酯和环氧树脂复合材料的热释放特性与此相似。

对于像酚醛树脂复合材料这类阻燃性较好的复合材料，其热释放速率随时间的变化与上述成炭量较低的树脂相比，有一定程度的差异。图 5.11 给出了玻璃/酚醛复合材料的热释放速率随时间的变化，显然，与乙烯基酯复合材料相比，其引燃时间更长、热释放速率水平更低，这主要是酚醛树脂热稳定性高、热分解时可燃蒸气释放速率较低的缘故。对于先进热固性和

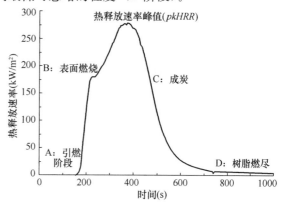

图 5.10　玻璃纤维/乙烯基酯复合材料的热释放速率随时间的变化（热通量 50kW/m²）

高温热塑性复合材料而言，由于含有热稳定树脂，燃烧时成炭量高、生成可燃蒸气的速率低，因此，此类复合材料的热释特性与酚醛树脂复合材料相同。

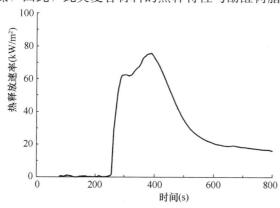

图 5.11　玻璃/酚醛复合材料热释放速率随时间的变化（热通量 50kW/m²）

入射热通量对复合材料的热释放速率也有显著影响。图 5.12 给出了几种玻纤增强热固性复合材料热释放速率峰值随热通量的变化。从图中给出的结果可以看出，随着热通量的增大，复合材料的热释放速率的峰值增大。但是，对于具有易燃性的复合材料（如图 5.12 中的环氧树脂复合材料）而言，随着热通量的增加，它们的热释放速率峰值快速上升，幅度较大；比较而言，高性能热固性复合材料（如图 5.12 中的酚醛、氰酸和邻苯二氰树脂复合材料）的热释放速率峰值的增大幅度明显小得多，并且，这些高性能复合材料的热释放速率峰值和平均值比易燃材料的小很多。

无机增强纤维对复合材料热释放特性也能产生影响。图 5.13 给出了玻纤增强聚酯复合材料热释放速率峰值随玻纤含量的变化。从图 5.13 中可以看出，随着增强纤维含量的增大，复合材料热释放速率的峰值随之快速降低。这主要因为树脂含量降低，热分解生成可燃蒸气的速率降低的缘故。无机增强纤维的类型对复合材料的热释放也会产生不同的影响。

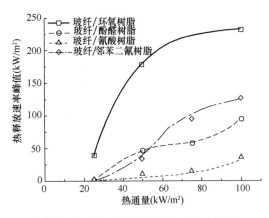

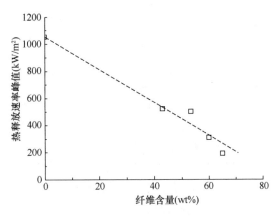

图 5.12　热通量对几种玻纤增强热固性
复合材料热释放速率峰值的影响

图 5.13　玻纤含量对聚酯复合材料热释
放速率峰值的影响（热通量 50kW/m²）

前面已经讨论过，复合材料的厚度对其引燃时间有显著影响，随着厚度增加（材料从热薄型到热厚型的转变），引燃时间延长。与此类似，厚度对复合材料热释放速率也有明显的影响。图 5.14 给出了四种玻纤复合材料的热释放随厚度的变化情况。在图 5.14 中，材料的总热释放以单位体积释放的热量表示，试验时的入射热通量恒定为 60kW/m²。从图中可以看到，随着厚度增加到 8mm 左右时，材料单位体积的热释放快速下降，此后，厚度对热释放的影响明显降低。当复合材料厚度非常薄时，热流快速穿透材料，引起树脂在短时间内完全分解，从而增大热释放速率。当厚度降低到 8mm 以内时，复合材料表现出与热薄型材料相同的特性，此时厚度对热释放的具体影响比较复杂。现有绝大部分试验都是将材料进行单面燃烧而测得的数据，很少有双面燃烧的。事实上，双面燃烧时材料的热释放特性与单面燃烧时有很大不同。在相同热环境下（热通量相同），热厚型材料双面燃烧时的热释放速率大致是单面燃烧的两倍，因为燃烧面积增加了一倍。热薄型复合材料双面燃烧时的情况比前述情况复杂，其热释放速率一般比单面燃烧要多于两倍。图 5.15 是玻纤/环氧树脂复合材料（热薄型）单面、双面燃烧时热释放速率峰值的比较情况。从图中可以看出，双面燃烧时的热释放速率峰值超过了单面燃烧的两倍。双面燃烧时，热流从两面向内传播，在内部形成热流的叠加，从而增大了热分解速率，继而增大了热释放速率。

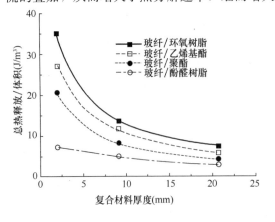

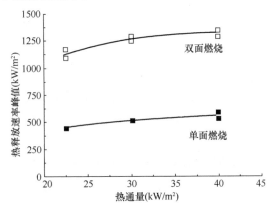

图 5.14　四种玻纤增强复合材料
厚度对热释放的影响

图 5.15　玻纤/环氧树脂复合材料单面
与双面燃烧时热释放速率峰值的比较

第6章 材料表面的火焰传播

6.1 引言

固体可燃材料表面的火蔓延现象是建筑火灾、工业火灾和森林火灾中普遍存在的燃烧现象，正确认识固体材料表面的燃烧过程和火焰传播机理是火灾科学的基本研究内容，也是科学设计建筑结构、合理选择建筑材料、快速有效地扑灭火灾的重要前提和基础。不同燃烧现象代表不同的火灾传播特性，火灾发展的快慢取决于火焰从可燃材料的着火点向附近表面蔓延时速率的大小，在通常情况下后者常常决定火灾的严重程度。如果引燃区以外未出现火焰传播现象，则没有火灾传播特性；如果在引燃区以外火焰传播速率随时间不断下降，且火焰在完全覆盖材料或制品的表面之前停止传播，则反映了衰减火灾传播特性；如果在引燃区以外火焰完全覆盖材料或制品的表面，则存在火灾传播特性；如果在引燃区以外火焰传播速率随时间快速增大，火焰完全覆盖了材料或制品的表面，且在较短时间内蔓延到该材料或制品表面的远端，则体现了加速火灾传播特性。在封闭空间中，若要出现充分发展的火灾现象，要求火灾增长超过某一临界值，即能够在顶棚表面产生高温（通常＞600℃）。虽然提高辐射热通量能够加快局部燃烧速率，但火势增长面积对火焰大小和燃烧速率的影响更大。因此，可燃材料表面的火焰传播速率是火灾增长的基本参数。

火焰传播可看作运动中的引燃锋面，它同时发挥了热源（使火焰锋面附近的燃料升温到燃点）和引火源的作用。火焰锋面是材料表面未燃和正在燃烧部分之间的分界面，火焰在材料表面的移动可作为引燃锋面的传播过程，速率大小由非稳态传热过程、材料的物理和化学性质决定。影响固体表面火焰传播的主要因素见表6.1。

表 6.1 影响可燃固体表面火焰传播的因素

材料因素		环境因素
化学因素	物理因素	
材料基本组成 添加阻燃剂	初始温度 表面取向 传播方向 厚度 热容 热导率 密度 几何形状 连续性	大气组成 大气压力 温度 接收的热通量 空气流速

固体材料热解产生的可燃挥发分向周围空气中扩散时，会形成可燃混合气体，当可燃气体的浓度达到其易燃下限且温度达到燃点或受到引火源作用时，便会出现扩散燃烧火焰。一旦形成稳定燃烧火焰，燃烧释放的热量又会反馈给未分解的固体材料，促使其继续热解产生

可燃挥发分，并不断被火焰引燃，从而产生沿材料表面持续蔓延的火焰。

固体材料表面火焰传播过程是固相热解和气相燃烧反应相互耦合的结果，控制火焰传播过程的传热、传质现象非常复杂，目前还无法正确分析许多影响因素；尤其是在多因素耦合条件下，火焰传播过程会变得更加复杂。在不同的火灾环境中，影响火焰传播的材料和环境因素所发挥的作用可能差别很大。根据火焰传播方向与周围环境流场方向的不同，可分为顺风火焰传播、逆风火焰传播和微重力火焰传播；根据流场特征（即雷诺数 Re 大小），可分为层流火焰传播和湍流火焰传播；根据火焰传播的稳定性特征，可分为稳态火焰传播和非稳态火焰传播。

自然风、机械送风、燃烧产生的热羽流均可作为环境气流影响火焰传播。火焰传播方向与周围环境中的气流方向相反时，属于逆风火焰传播。此时，火焰向材料表面预热区的能量传递主要通过气相和固相热传导以及火焰热辐射完成，由于材料表面接受的热量相对较少，火焰传播速率一般较小，火焰前沿易于辨识，火焰尺寸也容易控制，如图 6.1 所示。火焰传播方向与周围环境气流方向相同时，属于顺风火焰传播。在这种情况下，热气体会接近固体表面，不仅能增强热量向预热区的传递，同时促进可燃气体与空气的混合，因此火焰蔓延速率很快，火灾危害更大。在微重力条件下，固体材料表面的火焰传播机理与正常重力条件下完全不同。由于没有强迫对流作用，气相可燃物与空气的混合只能通过相界面处固相热解气化时产生的动能和气体分子的扩散作用实现，这种对微重力火焰传播起主导作用的相界面物理化学过程被称为"表面燃料喷射效应"。而在正常重力作用下，即使强制对流作用较弱，通常自然对流也能完全控制可燃气体与空气的混合过程，并对火焰传播产生重要影响。

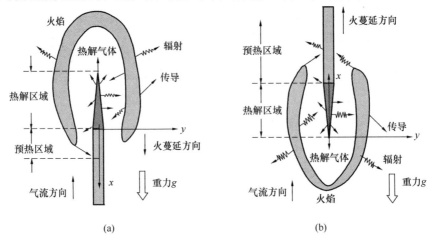

图 6.1　薄型材料的火焰传播现象
（a）逆风火焰传播；（b）顺风火焰传播

6.2　固体表面火焰传播过程的理论分析

6.2.1　表面取向与火焰传播方向

与液体不同，可燃固体可以在任何方向上发生燃烧，火焰传播可通过检测燃烧区或热解区的前沿位置确定。1971 年 Magee 和 McAlevy 通过不同倾角下滤纸条的火焰传播试验证实，火焰沿材料表面垂直向上传播时的速率最快，见表 6.2。从实验结果可以看出，材料取向从水平转变到垂直向上时火焰传播速率提高 10 倍以上。火焰向下传播的速率则非常缓慢，且材料取向改变对火焰传播速率的影响相对较小。Hirano 等研究了热薄型计算机打孔纸的火焰传播过程，发现纸片取向从垂直向下 −90° 到 −30° 变化的过程中，火焰向下传播速率几乎等于常数，约为 1.3mm/s；而打孔纸取向从 −30° 改变为 0°（水平）时，火焰传播速率提高 3 倍以上，如图 6.2（a）所示。大量试验结果表明，薄型材料的取向从 −90° 改变到 90° 时，火焰传播速率至少提高 50 倍。

表 6.2　滤纸条的火焰传播速率

方向	火焰传播速率（mm/s）
0°（水平）	3.6
+22.5°	6.3
+45°	11.2
+75°	29.2
+90°	46~74（不稳定）

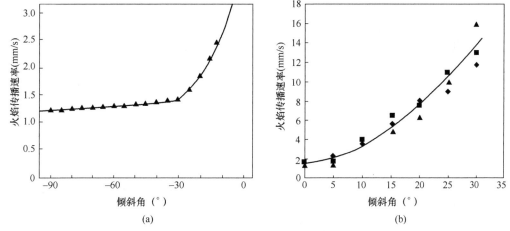

图 6.2　计算机打孔纸的火焰传播速率随倾斜角的变化

产生上述现象的原因在于材料的方位改变时，火焰与未燃固体之间的物理相互作用随之发生变化，如图 6.3 所示。其中，图 6.3(a)～图 6.3(c) 属于逆风传播火焰，图 6.3(d)～图 6.3 (f) 属于顺风传播火焰。对于向下或水平传播火焰，空气卷吸作用会产生相向传播火焰，即火焰传播方向与其卷吸空气引发的诱导流动方向相反；但对于垂直表面的向上火焰传播，火焰的自然浮升力产生同向传播火焰。当火焰传播和热气流上升方向相同时，火焰和热气体能同时作用于边界层，并在燃烧区前沿发生强烈的热传递作用，显著提高火焰传播速率。此时，火焰长度将决定预热区的大小。

对于热薄型材料，必须考虑材料两侧表面同时发生燃烧的现象。例如，图 6.2 中倾斜角从 −30° 改变到 0° 的过程中，火焰传播速率加快，就是由于计算机打孔纸下方火焰热传递增强的缘故。有人将这一现象归为小倾斜角时下方火焰不稳定的起因。倾斜角大于 0° 时，向上火焰传播速率随倾斜角增大而加快，正是薄型材料下方的火焰和热气流共同作用的结果。Markstein 等人研究棉纤维织物时还发现，倾斜角在 45°～ 90° 之间时，织物两侧的火焰长度

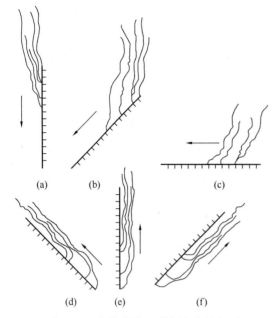

图 6.3 不同倾斜角下传播中火焰与厚
型可燃材料之间的相互作用

(a) $-90°$；(b) $-45°$；(c) $0°$；

(d) $+45°$；(e) $+90°$；(f) $+135°$

相同；而倾斜角在 $20°\sim 45°$ 之间时，下表面火焰长度大于上表面火焰长度，这是在热气流的浮力作用下上方火焰趋于上升而离开表面，使得下方的热气流可能对火焰传播过程起决定性影响的缘故。Drysdale 等人的研究发现，抑制薄型材料下侧的气体流动时，计算机打孔纸在倾斜角小于 $30°$ 时不会发生向上火焰传播现象。这可通过将计算机打孔纸固定到金属基板材的展幅机上进行验证实验，如果纸片与基板之间的间隙不超过 4mm，将出现自熄现象而不会发生火焰传播。

厚型材料的火焰传播现象与薄型材料完全不同。Fernandez-Pello 等人的研究发现，倾斜角从 $-90°$（垂直向下）改变至 $0°$（水平）时，厚度大于 10mm 的 PMMA 火焰传播速率只有小幅增长，倾斜角继续改变且火焰向上传播时，火焰传播速率持续加快。不过，Drysdale 等人认为，只有倾斜角大于 $15°$ 时，向上火焰传播速率才会明显加快。火焰沿平坦斜面向上传播时上述现象极为明显，而通过侧墙阻止两侧的空气卷吸作用时这一效应会更加显著，如图 6.4 所示。在调查伦敦国王十字地铁站木质自动扶梯的火灾蔓延过程时也观察到这一现象，因为该自动扶梯两侧不存在空气卷吸作用。

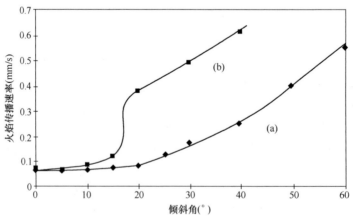

图 6.4 60mm 厚的 PMMA 在斜平面上的火焰传播速率

(a) —无侧护板；(b) —有侧护板

通常，倾斜角低于 $15°$ 时仍以逆风传播为主，随着倾斜角增大（$\geqslant 25°$），将转变为顺风传播。Kennedy 和 Oliphant 研究了无侧护板的 150mm×60mm×6mm PMMA 平板上火焰传播随倾斜角的变化现象，发现虽然能观察到火焰传播模式随倾斜角变化的现象，但无法确定火焰传播模式发生改变时的倾斜角大小。Woodburn 和 Drysdale 还发现，有侧护板存在时可以估算发生上述转变的临界角，其大小取决于夹角部分的几何形状和火焰特征等多种因素。可以推测薄型材料也存在类似的火焰传播模式转变现象，但只要出现轻微向上的倾斜角，这种现象可能会被下侧热气流所掩盖。

Orloff 等人对 0.41m 宽、1.57m 高的厚型 PMMA 板火焰传播过程的研究发现，在最初 0.1～0.15m 的燃烧为层流火焰，火焰传播速率近似为常数（0.5～0.6mm/s），但经过指数式快速增长后燃烧转变为湍流火焰，如图 6.5 所示。进一步研究发现，辐射热通量占热解前沿区接收总热量的 75% 以上。依照火焰向上传播速率取决于燃烧区长度的观点，沿半无限大平板状固体材料向上蔓延的火焰无法出现稳态传播，Alpert 和 Ward 已经证实这种条件下火焰传播速率几乎以指数形式增长。

Quintiere 研究了 0.2mm 厚的聚对苯二甲酸乙二醇酯（PET）薄膜和玻璃纤维上纸片的火焰向上和向下传播速率，结果如图 6.6 所示。从中可以看出，当材料接近垂直取向时火焰传播速度加

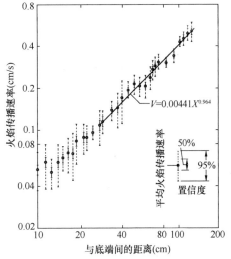

图 6.5　火焰传播速率随与
下部端点间距离的变化

快；对于向下或逆风传播过程，在水平倾角接近底部取向（$-90° \leqslant \phi \leqslant -60°$）之前，传播速度受 ϕ 的影响不大，此时底部滞流层的运动使向下火焰传播转变为顺风过程。

图 6.7 给出了不同取向时部分传播火焰的轮廓示意图。可以看出，下表面传播火焰通常有较大长度；而在 $\phi = 30° \sim 60°$ 之间，上表面的火焰传播中会出现火焰离开表面的现象。

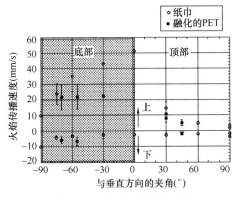

图 6.6　取向和倾斜角大小对
火焰传播速度的影响

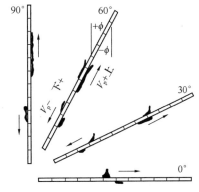

图 6.7　不同取向时薄型材料的
火焰形状

Thomas 和 Webster 等人研究自由悬浮布条的火焰传播现象时发现，薄型材料火焰向下蔓延时几乎很快产生一个稳态缓慢传播火焰，而向上（＋90°）火焰传播速率则快速增大至出现准稳态，后者在引燃布条底部后首先形成层流燃烧火焰，随着火焰的增大将迅速转变为湍流燃烧火焰。Markstein 等人研究长 1.5m、最大宽度为 0.6m 织物的火焰传播时发现，瞬时火焰传播速率取决于热解区长度，如图 6.8 所示。热解区面积扩大时挥发分的流量增大，

相应的燃烧速率和热释放速率加快，预热区的面积扩大，且预热区材料由室温升高到燃点的速率也会加快，存在

$$V_p \propto l_p^n \tag{6.1}$$

式中，V_p 为垂直火焰传播速率；l_p 为热解区长度；n 为常数，约等于 0.5。

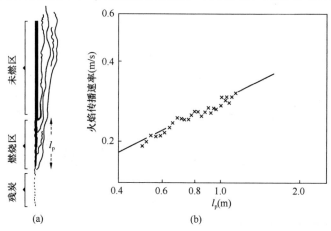

图 6.8　垂直织物的向上火焰传播

（密度为 103g/cm^3 的 1.524m×0.457m 棉布）

（a）热解区示意图；（b）火焰传播速率随热解区长度的变化曲线

研究还发现，这种薄型材料的火焰增长速率取决于向未燃部分的热传递，后者与湍流的出现和烧光所需时间有关。例如，织物越重烧光时间越长，火焰向上传播速率越快。

对长 1.5m 的织物燃烧研究还发现，火焰向上传播时的外推极限速率为 0.45m/s，比垂直向下的火焰传播速率快 1～2 个数量级，充分反映了顺风和逆风传播火焰之间的差别。垂直向下的火焰传播过程中，因火焰区热气体离开未燃材料削弱了热传递作用，相应的形状因子非常小，辐射强度也变小，气相对薄型材料表面的热传导成为主要传热方式，对于厚型材料向内部的热传导会发挥同样重要的作用。而对于垂直向上传播火焰，与对流和辐射热通量相比，传导的热通量相对较小。

Ito 和 Kashiwagi 研究了自然对流条件下的热传递现象，在逆风火焰传播过程中，测定了不同角度下 0.47cm 厚的 PMMA 距热解前沿一定位置 x 处接收的火焰对流和辐射热通量 $\dot{q}''_f(x)$，如图 6.9 所示。即接收的火焰热通量为

$$\dot{q}''_f \approx 70\text{kW/m}^2$$

预热区长度为

$$\delta_f \approx 2\text{mm}$$

与相应的实验数据（如 $\phi=90°$）接近。而随着材料取向的变化，火焰传播方向从向下（$\phi=-90°$）到水平（$\phi=0°$）、再到轻微向上（$\phi=10°$）转变时，自然对流的逆风火焰传播下 δ_f 会增大。

为便于研究逆风火焰传播过程，定义参数

$$\Phi = \frac{4}{\pi}(\dot{q}''_f)^2 \delta_f \tag{6.2}$$

可将其看作一定流动条件下的材料性质。在自然对流引起的流动状态下，Φ 可能是常数。图 6.10 给出了厚型 PMMA 稳态火焰传播速度随火焰辐射热通量的变化曲线。

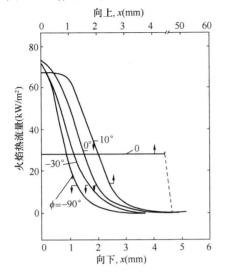

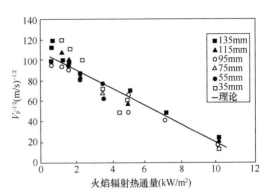

图 6.9　厚型 PMMA 沿热解前方表面　　　　图 6.10　水平火焰传播速率随
　　　　　的热通量分布　　　　　　　　　　　　　火焰辐射热通量的变化

$T_s > T_{min}$ 的稳态条件下

$$V_p = \frac{\Phi}{k\rho c_p (T_{ig} - T_s)^2} \tag{6.3}$$

若经长时间辐射加热，则

$$\dot{q}''_e = h_t (T_s - T_\infty) \tag{6.4}$$

h_t 近似为常数时，方程（6.3）还可写成

$$V_p^{-1/2} = \left(\frac{k\rho c_p}{h_t^2 \Phi} \right)^{1/2} (\dot{q}''_{ig,crit} - \dot{q}''_e) \tag{6.5}$$

式中，$\dot{q}''_{ig,crit}$ 是材料引燃临界热通量。其中，$k\rho c_p$ 可用材料的着火数据估计，Φ 可由图 6.10 中曲线的斜率确定，$\dot{q}''_{ig,crit}$ 为横坐标上的截距，根据低热通量极限可得 $\dot{q}''_{is,crit}$ 或 $T_{s,min}$，则可估算 $\dot{q}''_{ig,crit}$ 处的 h_t。部分垂直放置材料的水平火焰传播数据见表 6.3，其中 PMMA 的 Φ 值为 $14.0 \mathrm{kW^2/m^3}$，与 Ito 和 Kashiwagi 给出的 $12.5\ \mathrm{kW^2/m^3}$ 数值接近，证实了预测方法的合理性。

表 6.3　在垂直表面上部分材料的逆风水平火焰传播特性

材料	T_{ig}（℃）	$k\rho c_p$ $\{ [\mathrm{kW}/(\mathrm{m^2 \cdot K})]^2 \cdot s \}$	Φ（$\mathrm{kW^2/m^3}$）	$T_{s,crit}$（℃）
PMMA	380	1.0	14.0	～20
纤维板	330	0.46	2.3	210
胶合板	390	0.54	13.0	120
羊毛地毯	435	0.25	7.3	335
聚氨酯泡沫	435	0.03	4.1	215
石膏板上的贴纸	565	0.45	14.0	425

可将非稳态水平火焰传播过程按准稳态处理，并利用方程（6.3）计算火焰传播速率。利用快速引燃的近似方法计算表面温度：

$$T_s - T_\infty \approx \left(\frac{\dot{q}''_e}{h_t}\right) F(t) \tag{6.6}$$

式中

$$F(t) = \frac{2h_t}{\sqrt{\pi}} \sqrt{\frac{k\rho c_p}{t}} \leqslant 1$$

则有

$$V_p^{1/2} \approx \left(\frac{k\rho c_p}{h_t^2 \Phi}\right)^{1/2} \left[\dot{q}''_{ig,crit} - \dot{q}_e F(t)\right] \tag{6.7}$$

例如，研究自然对流条件下垂直刨花板样品表面的水平火焰传播时，实验发现引燃临界热通量为

$$\dot{q}''_{ig,crit} \approx 16 kW/m^2$$

火焰传播时，有

$$\dot{q}''_{s,crit} \approx 5 kW/m^2$$

$$\left(\frac{k\rho c_p}{h_t^2 \Phi}\right)^{1/2} = 240\ (mm \cdot s)^{3/2}/J$$

如果平均 $h_t = 42 W/(m^2 \cdot K)$、$T_\infty = 25℃$，则有

$$T_{ig} = 25 + \frac{16}{0.042} = 406℃$$

和

$$T_{s,min} = 25 + \frac{5}{0.042} = 144℃$$

而 $k\rho c_p = 0.93\ [kW/(m^2 \cdot K)]^2 \cdot s$，则 Φ 为

$$\Phi = \frac{k\rho c_p}{h_t^2 240^2}$$

$$= \frac{0.93\ [kW/(m^2 \cdot K)]^2 \cdot s}{\{0.042[kW/(m^2 \cdot K)]\}^2 \times [240\ (mm \cdot s)^{3/2}/J \times (10^{-3} m/mm)^{3/2} \times (10^3 J/kJ)]^2}$$

$$= 9.15 kW^2/m^3$$

表观性质 Φ 是同时包含材料的热和化学性质在内的描述流动现象的参数，同样可用于热薄型固体的火焰传播过程。但在顺风条件下，$\dot{q}''_f$ 和 δ_f 属于独立变量，因此无法建立 $\dot{q}''_f$ 和 δ_f 与函数 Φ 间的关系。

对于固体材料的顺风火焰传播过程，Ahmad 和 Faeth 分析了垂直壁面上的湍流火焰传播现象，认为火焰热通量与热解区长度 x_p、环境中的氧含量 $Y_{O_2,\infty}$、格拉晓夫数 Gr（grashof number，$g\cos\phi x_p^3/v_\infty^2$）、普朗特数 Pr（Prandtl number，v_∞/α_∞）、火焰辐射率 X_r 和偏离垂直方向的墙面取向角 ϕ 等因素有关。

火焰长度可表示为

$$x_f = x_p + \delta_f = \frac{1.02 l_c}{Y_{O_2,\infty}(1-X_r)^{1/3}} \tag{6.8}$$

式中，对流羽流的大小为

$$l_c = \left(\frac{\dot{m}''_F \Delta H_c x_p}{\rho_\infty c_p T_\infty \sqrt{g \cos \phi}} \right)^{2/3} \tag{6.9}$$

方程（6.9）中涉及的 $\cos\phi$ 取向作用是通过边界层理论获得的，不适合大角度时的上表面火焰传播过程（存在边界层分离现象），更适合计算下表面上的火焰长度。类似的结果可用于层流壁面火焰传播中，但仅适合 $Gr < 0.5 \times 10^8$ 或约 $x_p < 100$mm 时的过程。不过，x_p 低至 50mm 时，不规则边缘或粗糙壁面可能使火焰由层流转变为湍流。因此，任何严重失火现象将迅速转变为湍流，影响单位面积燃烧速率 $\dot{m}''_F$ 的因素与 $\dot{q}''_f$ 相同。

Ahmad 和 Faeth 围绕酒精浸透的惰性壁面进行了研究，相应的 x_p 和 x_f 分别达到 150mm 和 450mm。典型现象为 $\dot{q}''_f$ 在火焰扩展区（δ_f）近似为常数，大小在 $20 \sim 30$kW/m^2 之间。同样现象可以在辐射增强的固体材料燃烧中观察到，再次表明 x_f 高达 1.5m 时 $\dot{q}''_f$ 的值在 $20 \sim 30$kW/m^2 之间，如图 6.11 所示。为了得到沿壁面向上传播火焰速率的实际估算值，必须利用火焰热通量的经验值。

孙金华等人研究了木材表面沿木纹方向的火焰传播现象，试样为 28cm×3mm 白木、樟木和杉木，试验前在 100℃下干燥 48h，试验的环境温度为 25～28℃，在距点火端 12cm 的上、下表面中线上固定微细热电偶测量表面温度，将热解前沿通过热电偶处的位置定义为 $x = 0$mm，利用表面温度分布计算试样上、下表面火焰传递到材料表面的热通量分布，试验结果如图 6.12 所示。

从图 6.12（a）中可以看出，试样水平放置（即 $\alpha = 0°$）时，-3mm$ < x < -2$mm 区间内由于试样上表面向环境散热，所以上、下表面接收的净热通量差别较大；随着 x 的增大，下侧火焰向试样表面传递的热量缓慢增加，上侧火焰对表面的传热量迅速增加并最终超过下表面接收的热量。随着倾斜角向下增大，上、下表面接收的热通量差别逐渐减小，$\alpha = 80°$ 时，上、下表面接收的热通量几乎相同。

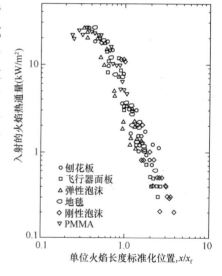

图 6.11　壁面上的热通量分布

6.2.2　可燃材料的厚度

为了分析厚度对材料表面火焰传播速率的影响，将可燃材料分为热厚型和热薄型两大类。简单地说，如果材料在高辐射热通量下的引燃过程不受背火面环境条件的影响，则称之为热厚型材料；如果材料可看作没有体积和内部温差的物体，则称之为热薄型材料。通常将厚度小于 1mm 的物体按热薄型材料处理。

如果材料很薄且可按"集总热容法"处理，则理论上火焰传播速率与材料厚度 τ 成反比，这已经被大量实验结果证实。例如，Royal 的研究发现，对于厚度小于 1.5mm 的纤维类材料，火焰向下传播时其速率与材料厚度成反比，如图 6.13 所示。Suzuki 等人通过滤纸燃烧试验获得了类似的结果，如图6.14所示。其中，区域Ⅰ和Ⅱ属于稳态火焰传播，区域Ⅲ

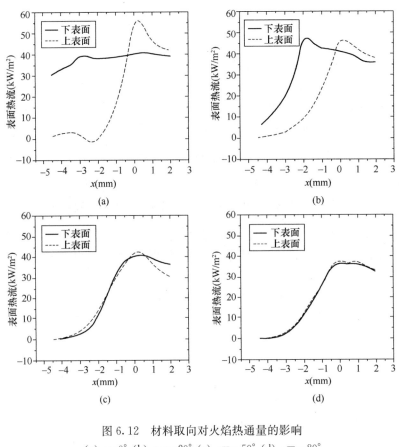

图 6.12　材料取向对火焰热通量的影响

（a）$\alpha=0°$　（b）$\alpha=-20°$　（c）$\alpha=-50°$　（d）$\alpha=-80°$

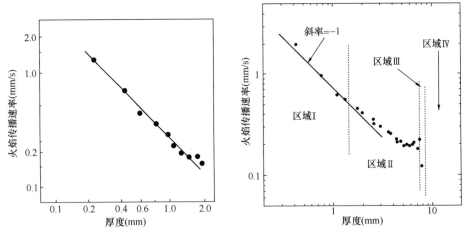

图 6.13　薄型纤维材料向下
火焰传播速率与厚度的关系

图 6.14　滤纸向下火焰传播
速率与厚度的关系

为非稳态火焰传播，区域Ⅳ（厚度大于 8.4mm）不发生火传播。研究中发现，当材料厚度超过 1.5mm 时厚度对火焰传播速率的影响不明显，厚度为 5.0~7.5mm 时火焰传播速率几乎为常数，厚度大于 8.4mm 时火焰传播速度变得不稳定，厚度进一步增大时不再发生火焰传播现象。显然，随着材料厚度的增加，火焰传播速率最终将不再与材料厚度有关。Hirschler 等人对织物燃烧过程的研究发现，火焰传播速率反比于织物的质量。此外，研究还发现，火焰传播速率与材料的透气性无关。Fernandez-Pello 等人对 PMMA 燃烧现象的研究发现，热厚型样品的向下火焰传播速率为常数。

实际上，厚度对材料表面火焰传播速率的影响主要反映在热传递方式的变化上。通常火焰向未燃区传递热量有 3 种形式，包括火焰向材料表面的热辐射、通过气相的热传导与对流传热，以及材料内部的热传导。当材料厚度足够小时，通过固相的热传导很少，火焰主要通过气相中的传导和辐射向未燃材料传递热量。随着材料厚度的增大，上述 3 种方式对未燃材料的热传递贡献不同。Hirano 等给出了逆流条件下 PMMA 表面火焰传播过程中 3 种热传递方式的相对大小变化情况，如图 6.15 所示。其中，q_t 为火焰向未燃材料传递的总热量；q_{su} 为通过气相传导的热量；q_c 为通过固相传导的热量；q_{sb} 为火焰对热解区的辐射热。显然，热薄与热厚材料的主要区别在于材料内部的传热量大小。材料厚度较小时，材料内部向未燃区的传热可以忽略，此时材料表面的逆风火焰传播速率与材料厚度成反比；材料厚度较大时，通过材料内部向未燃区的热传导变得重要。从图 6.15 可以看出，PMMA 的厚度大于 1.8mm 时可认为材料属于热厚材料。

应该强调的是，上述结论仅适用于燃烧过程中不发生形变的材料。但部分材料在燃烧过程中会出现熔化、熔滴、分层、伸长、收缩、卷曲等现象，必然会影响材料的火焰传播速率。分层现象可能使热厚型材料的表层作为热薄型材料参与燃烧过程，因而更易引燃和传播火焰。火焰向上传播时这种影响更大，这方面不燃材料表面涂覆的多层发光涂料的表现极为突出。

在假定火焰前沿的预热区接收的火焰热通量为常数 $\dot{q}''_f$，忽略表面的辐射热损失且火焰传播为稳态过程时，Quintiere 分析了热厚型材料表面的顺风火焰传播过程，认为火焰

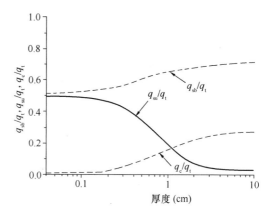

图 6.15　PMMA 表面逆风火焰传播
过程中的热传递方式

通过预热区的时间应等于热量传递到材料内部深度 δ_{T_∞} 处所需时间，即从本质上讲，火焰传播速率等于火焰预热长度 δ_f 除以引燃时间。因此，有

$$V_p \approx \frac{4\,(\dot{q}''_f)^2 \delta_f}{\pi (k\rho c_p)\,(T_{ig} - T_s)^2} \tag{6.10}$$

此方程也可用于烟气和火灾条件下 T_s 发生变化的火灾现象，即火焰增长和火灾环境恶化时 $\dot{q}''_f$、δ_f 和 T_s 都会随时间发生变化的准稳态火焰传播过程。

6.2.3　密度、热容和热导率

由于加热深度可表示为 $\sqrt{\alpha t}$，其中 α 为热扩散系数，t 为材料表面在特定热通量下的暴露时间（单位为 s）。对于行进中的火焰前沿，未燃部分的热暴露时间为 l/V，其中 l 为"加热长度"，V 为火焰传播速率，则热厚型材料的临界厚度可表示为

$$\tau_{cr} = \sqrt{\frac{\alpha l}{V}} \tag{6.11}$$

换言之，$\tau < \tau_{cr}$ 的材料可看作热薄型材料。

对于热薄型材料，给定热容下达到燃点所需时间 t_{ig} 正比于 $\rho c \tau$，而火焰传播速率与引燃时间成反比，所以有

$$V \propto (\rho c \tau)^{-1} \tag{6.12}$$

对于热厚型材料，τ 应该用材料表面的加热层厚 δ 代替，则有

$$\delta = \sqrt{\frac{\alpha l}{V}} \tag{6.13}$$

相应地，考虑到 l 为常数，有

$$V \propto (k \rho c)^{-1} \tag{6.14}$$

这与易引燃性主要取决于热惯性的结论一致。

深入分析发现，由于固体的热导率 k 近似与它的密度 ρ 成正比，则火焰传播速率近似与 ρ^{-2} 成正比，或者说火焰传播速率对材料的密度变化非常敏感，参见表6.4。这正是泡沫塑料等低密度材料火灾发展非常快的原因。

表6.4 密度对材料火焰传播速率的影响

材料种类	密度（kg/m³）	火焰传播速率（mm/s）
厚型 PMMA	1190	约为 0.07
聚氨酯 1	15	3.7
聚氨酯 2	22	2.5
聚氨酯 3	32	1.6

6.2.4 试件几何结构

（1）可燃材料的宽度

试件的宽度对垂直向下的火焰传播影响不大或没有影响，说明边界效应无法控制燃烧行为。不过，火焰垂直向上传播时情况有所不同。Thomas 等人发现对于自由悬浮的棉布条，有

$$V \propto \sqrt{d_{宽度}} \tag{6.15}$$

对于宽度为 6~100mm 的样条，这种现象与燃烧面积扩大引起的火焰高度增大有关，它能够解释设计小型试验评价织物燃烧行为时所遇到的某些困难。此外，部分合成材料燃烧时的熔融和滴落特性也是造成燃烧现象无法解释的困难之一。最初在 BS 3119 和 DOC FF-3-17 中规定的纯新织物易燃性试验已被实际宽度和仪表式人体模特身上的全尺寸服装代替。

虽然人们仍未对试件宽度影响厚型材料火焰传播速率的现象给予应有的重视，但相信能够很快引起普遍认可，因为当热解区明显增大时其后方的火焰区会显著扩大。如果材料足够宽大，必然影响其水平火焰传播速率。足够宽的材料燃烧时，可能因火焰扩大使热辐射直接控制了火焰传播过程。Wotton 等人的研究发现，只有在宽度增加到 0.5~2m 时火焰在水平材料上的传播速率才会加快，但当宽度超过 10m 时燃烧区前沿的火焰高度不再随宽度增大发生明显提高。对于野外火灾，燃料宽度对火焰传播速率的影响同样非常明显。

除非发生炭化现象，否则将检测热解区前沿作为检测火焰传播的手段有一定的困难。对

于 PMMA 而言，热解前沿与首先出现鼓泡的位置一致，这一原理已经广泛应用到这类材料的火焰传播检测中，同时制造了能精确检测火焰传播速率的装置。

通过对 0.025～0.05m 宽、0.4m 高的 PMMA 的燃烧试验研究，Pizzo 等人发现火焰向上传播速率为常数，如图 6.16 所示。其中，稍宽试件在最初 0.15～0.2m 区间火焰传播速率在 0.7～0.75mm/s 之间，之后很快开始加速。

孙金华等研究了不同取向下宽度分别为 5mm、10mm、20mm、25mm 的木材火焰传播速率，如图 6.17 所示。从中可以看出，木条取向角为 -90°～0°时，木条宽度对火

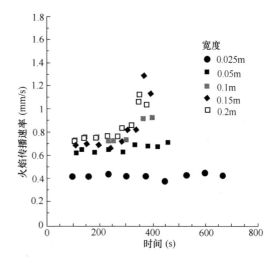

图 6.16　试件宽度对垂直向上火焰传播速率的影响

焰传播速率几乎没有影响；木条取向角大于 0°时，木条宽度对火焰传播速率的影响逐渐增大；木条取向角为 90°时，木条宽度对火焰传播速率的影响最大。

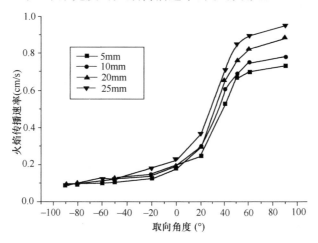

图 6.17　木条宽度对火焰传播速率的影响

（2）可燃材料的边棱形状

边棱或夹角处的火焰传播速率比平板式表面上的火焰传播速率要快。Markstein 等人系统研究了楔形 PMMA 的这类火焰传播现象，如图 6.18 所示。发现在边棱处向下火焰传播速率为夹角 θ 的函数，即

$$V \propto \theta^{4/3} \tag{6.16}$$

式中，$20° < \theta < 180°$。

从图 6.18 可以看出，夹角 θ 越小，楔形材料边棱的燃烧行为越接近薄型材料，火焰将同时在材料两侧传播。因此，火焰传播速率加快是由于热容量较小和能够通过两侧同时传递热量的缘故。θ 为 180°时向下火焰传播的速率最小；θ 大于 180°时，受墙体夹角处交叉辐射作用的影响，火焰传播速率加快。

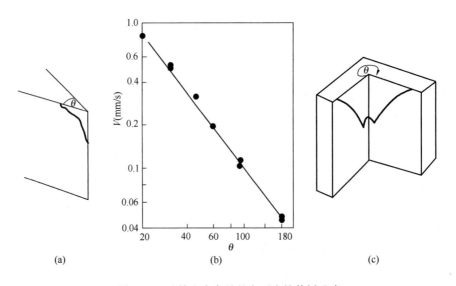

图 6.18　边棱和夹角处的向下火焰传播速率
（a）边棱处的 θ 值；（b）夹角对火焰传播速率的影响；（c）夹角处的 θ 值

6.2.5　环境因素

（1）施加的辐射热通量

施加辐射热可以预热火焰前方的材料，缩短未燃区温度上升至热解温度所需的时间；同时，外部辐射使燃烧区的质量损失速率加快，燃烧更加剧烈，火焰高度增大，火焰反馈回材料表面的热量增加，二者均有利于加快火焰传播速率。随着燃烧速率的加快，火焰辐射强度会进一步增大，将不断提高火焰向未燃区的热传递强度，使火焰传播速率持续加快。不过，辐射热源的作用大小还取决于材料的取向，其中以对垂直向上的火焰传播过程的影响最明显。

外加辐射热通量较小时，可定量测定上述效应。Alvares 指出，当辐射热通量为太阳光强度的 3～4 倍时，沿倾斜软包板上的火焰传播速率将提高约 70%，纸张等薄型材料也存在类似现象。在室内火灾初期，这种影响可能非常重要，例如开口处传入的辐射热或顶棚下方不断积聚的热烟气层的热辐射作用等。因此，在外加辐射热通量的作用下，许多在常规条件下属于防火安全的材料，在实际火灾中可能变得不再安全。

未达到热平衡已经开始火焰传播时，材料表面接收的热量会随时间发生变化，此时必须考虑不同时刻的实际加热情况，如图 6.19 所示。其中，图 6.19（a）中实心方块代表有衬底地毯，其余符号代表无衬底地毯；图 6.19（b）中数字代表外部热源的辐射强度，单位为 kW/m^2。可以看出，暴露在恒定热源中时，热厚型材料的火焰传播速率随暴露时间的长短发生变化。初始阶段材料吸收辐射热的程度取决于其热惯性（ $k\rho c$ ），而达到热平衡时材料的稳定火焰传播速率取决于材料表面的温度，达到热平衡状态所需时间与材料表面的热损失大小有关。研究中还发现，带衬底地毯对地板的热损失较小，所以稳态火焰传播速率较快。如果材料表面平衡温度高于燃点，火焰通过预混可燃挥发分/空气混合物传播时速率会非常快。但对于热薄型材料，不一定能够观察到这一现象。例如，虽然热辐射能促使火焰在纸张等薄型材料表面传播，但高度炭化和快速降解可能使大部分挥发分在火焰前沿到达之前已经耗散掉，最终只会出现有限的最大火焰传播速率。对于热塑性材料，在同一条件下会出现软化和熔融现象。

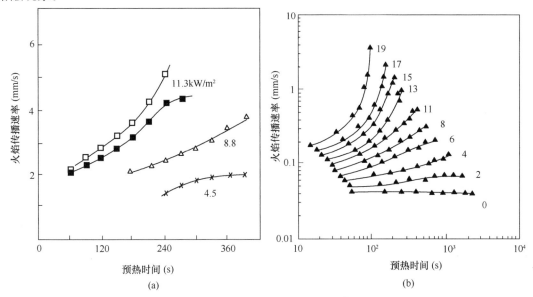

(a) (b)

图 6.19　外热源作用下预热时间对火焰传播速率的影响

(a) 水平放置的丙烯酸酯地毯；(b) PMMA 板上的垂直向下传播火焰

为了在材料表面火焰传播速率与火势发展速度之间建立联系，以便获得更多的材料基础数据用于消防安全管理和消防安全工程设计，国际标准组织和欧盟等已经制定了多个对火反应试验标准来推动消防安全技术的发展。

Quintiere 分析了 ISO 制定的材料表面火焰传播试验装置，发现可沿垂直放置的高 155mm、长 800mm 的薄型材料发生水平火焰传播。如图 6.20 所示，该薄板与辐射板间的夹角为 15°，从材料距辐射板的近端到远端接收的辐射热通量从 $50kW/m^2$ 逐渐下降到 $2kW/m^2$，挥发分在近端被点火源引燃后火焰开始水平传播。

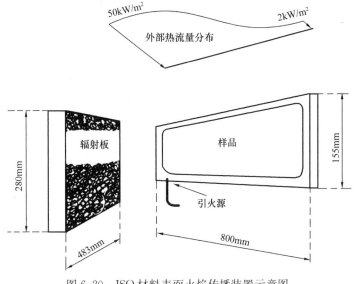

图 6.20　ISO 材料表面火焰传播装置示意图

为了分析火焰前沿处的热传递过程，提出以下几个假定来简化处理过程，即材料为热厚型，火焰释放的热量通过气相向前传播，材料表面温度达到燃点 T_{ig} 时火焰开始向前传播，材料下部为热惰性。据此，可得以下方程：

$$V^{-1/2} = \left[\frac{(\pi k\rho c)^{1/2}}{2hl^{\frac{1}{2}}\dot{q}''_f}\right]\left[h(T_{ig} - T_0) - \dot{q}''_E\right]$$

$$(6.17)$$

式中，V 为火焰传播速率；$\dot{q}''_f$ 为距离为 l 时火焰传递到表面的热通量；$\dot{q}''_E$ 为外部辐射热通量；T_0 为初始温度；h 为有效表面传热系数。

方程（6.17）也可改写为

$$V^{1/2} = C(\dot{q}''_{0,i} - \dot{q}''_E) \quad (6.18)$$

式中，C 简称为速率系数；$\dot{q}''_{0,i}$ 为最小引燃热通量。

在一定的火焰传播环境下，这些数值包含材料的多种基本性质，可以将其作为常数处理。这样，可以绘制 $V^{-1/2}$ 随 $\dot{q}''_E$ 变化的直线，它的斜率为 C、截矩为 $C\dot{q}''_{0,i}$。不过，Quintiere 在实验中发现，只有在充分预热和

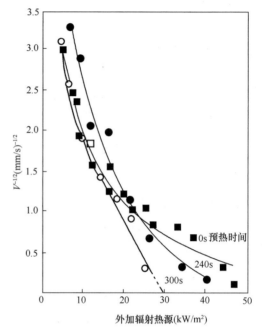

图 6.21 外加辐射热对硬纸板火焰传播速率的影响

快速火焰传播的条件下，且系统已经达到热平衡状态时，$V^{-1/2}$ 与 $\dot{q}''_E$ 之间才能满足线性关系，如图 6.21 所示。

上述方法可用于计算 C 和 $\dot{q}''_{0,i}$，还有必要确定允许火焰传播的最低外部辐射热通量 $\dot{q}''_{0,s}$。在低 $\dot{q}''_E$ 下，$\dot{q}''_E$ 降低时 $V^{-1/2}$ 会出现渐进式增大现象（与 $V\rightarrow 0$ 类似），$\dot{q}''_{0,s}$ 正是渐近线上对应的 $\dot{q}''_E$。Quintiere 已经利用表面火焰传播装置给出了部分材料的 C、$\dot{q}''_{0,s}$ 和 $\dot{q}''_{0,i}$ 值，见表 6.5。注意这些数据的利用必须审慎，因为材料取向不同时火焰传播速率可能差别很大。

表 6.5 部分材料的 C、$\dot{q}''_{0,s}$ 和 $\dot{q}''_{0,i}$ 值

材料名称	$\dot{q}''_{0,s}$ （kW/m²）	$\dot{q}''_{0,i}$ （kW/m²）	C (s/mm)$^{1/2}$ （m²/kW）
涂层纤维板	12	19	0.30
无涂层纤维板	≤2	19	0.057
纸板	7	28	0.12
硬纸板	4	27	0.13
PMMA	≤2	21	0.16
胶合镶板（侧面为聚乙烯）	15	29	0.17
胶合镶板（背面）	8	29	0.08
聚酯	≤2	28	0.11

火焰传播的极限热通量也已经引入评价地毯和地板表层材料火灾性能的 NFPA 标准试验中。试验中将地板表层材料水平放置并与辐射板成 15°夹角，试板的近端边缘处热通量设为 $10kW/m^2$，$1070mm$ 处的远端为 $1kW/m^2$。试验结果发现，底衬材料的隔热作用将对极限热通量产生明显影响。

（2）气相组成

提高气相中的氧含量，在使可燃材料易于引燃的同时，可使火焰传播速率更快，燃烧更猛烈。主要原因在于环境气流中氧浓度的增大加快了气相反应速率，提高了火焰温度，增强了火焰对材料表面传递的热通量，使火焰传播速率加快。许多研究表明，在较低氧浓度下，火焰传播速率与氧浓度之间存在线性关系；氧浓度较高时二者之间呈指数关系。图 6.22 给出了木材表面火焰传播速率随相对氧浓度的变化曲线，其中的相对氧浓度为实际氧浓度与正常大气氧浓度的比值。上述研究成果的实际意义在于富氧环境更易发生火灾事故。例如，医院的高压氧舱、氧-乙炔焊出现的氧钢瓶泄漏事故更易引发火灾。此外，提高空气压力也可能增加火灾危险性。

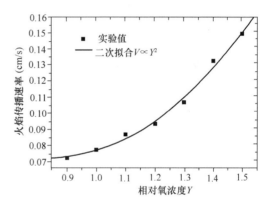

图 6.22　不同氧浓度对木材表面火焰传播速率的影响

从图 6.23 和图 6.24 可以看出，高氧浓度下的燃烧会提高火焰传播速率，可能还与火焰区释放的燃烧热传递给材料的比例 ϕ 更大有关，原因可能是火焰更接近材料表面而增大了热传递速率。Magee 等人研究了氧浓度对火焰传播速率的影响，发现火焰垂直向下传播时氧浓度的变化对热厚型材料的火焰传播速率影响更大。也有研究发现，在 O_2/N_2 和 O_2/He 组成的混合气体中，木质材料表面的火焰传播速率取决于氧浓度和 $1mol$ 氧气对应的气相热容。因此，在 O_2/He 气氛下的火焰传播速率大于同等条件下 O_2/N_2 气氛中的火焰传播速率，因为前者的热容较小，使火焰更接近表面而不会发生猝灭现象。

显然，建立一种适宜生存但不支持燃烧的大气环境是可能的。如果使单位摩尔氧气对应的大气热容高于 $275J/K$（组成为 $12\%O_2+88N_2$），在正常环境条件下不会发生燃烧。虽然氧浓度降至 12% 时不再支持人类的正常活动，但如果将大气压提高到 1.7×10^5Pa，氧的分压将提高到 2.13×10^4Pa，与正常空气中的分压相等，人类不会产生任何不适感，但将不再支持燃烧。

（3）风速

通常火焰附近空气的运动会加快可燃材料表面的火焰传播速率（与顺风火焰传播类似），就像灌木和森林火灾一样。Zhou 和 Fernandez-Pello 研究 $300mm\times76mm\times12.7mm$ 的 PMMA 条时发现，自由气流速率加快时火焰传播速率线性增大，空气湍流运动时尤其如此。这可能与火焰偏离其传播方向时增强了燃烧区前方燃料的辐射加热程度有关。气流的湍流度增大时，气流速率的影响将明显减小，主要原因在于湍流混合使卷吸作用增大，导致发生倾斜的火焰变短，预热区的长度也相应缩短。空气流速大于 $4m/s$ 时上游主要边缘处会出现火焰熄灭现象。

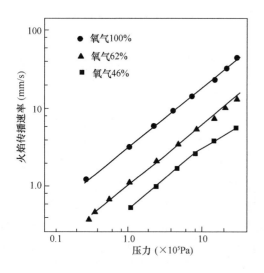

图 6.23 氧氮混合气体中 PMMA
的水平火焰传播速率

如果气流方向与火焰传播方向相反，影响程度主要取决于空气流速。流速较小时（如小于 0.4m/s），对火焰传播速率没有影响；气流速率加快时，火焰传播速率下降并最终在气流速率约为 1m/s 时熄灭。如果氧气的浓度明显增大（＞40vol.％），氧化剂流速加快时，火焰传播速率增大，火焰只能在更大的气流速率下熄灭（如在纯氧中应大于 10m/s）。

对于薄型材料的逆风火焰传播，提高氧浓度时火焰传播速率不会加快，而是保持稳定或稍有下降直到高速气流下最终熄灭。研究发现，厚型和薄型材料的火焰传播速率不同，薄型材料的火焰向前部的热传递通过气相完成，所以对逆向流动非常敏感；而厚型材料固体内部的热传导是主要热传递形式，所以逆向空气流动对其火焰传播影响不大。

强迫逆向气流能促进火焰前沿处的气体混合和燃烧过程，加快火焰传播速率；与此同时，使火焰前方的燃料降温而降低火焰传播速率。空气流速加快时后者将逐渐成为主要影响因素。

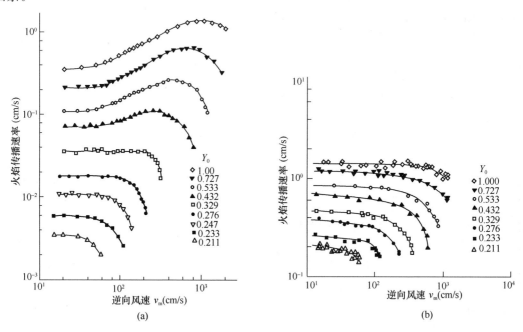

图 6.24 不同氧氮混合气中的逆风火焰传播速率
(a) 23cm×4cm×1.27cm 的水平 PMMA 板（用隔热材料包边）；
(b) 23cm×4cm×0.02cm 的水平滤纸

（4）环境温度

提高可燃材料的初始温度会使火焰传播速率加快。因为可燃材料的温度越高，将火焰前部正常温度下的材料加热到燃点所需的热量越少。

对于薄型材料，有

$$V \propto \frac{1}{(T_p - T_0)} \qquad (6.19)$$

对于厚型材料，有

$$V \propto \frac{1}{(T_p - T_0)^2} \qquad (6.20)$$

式中，T_p 为材料的最低分解温度，T_0 为材料的初始温度。

也有研究表明，对于水平放置的试样，火焰传播速率受环境温度的影响最大。

（5）环境压力

提高环境压力时火焰传播速率加快，一方面是由于氧气的有效富集作用增强了表面的火焰稳定性，另一方面是加压时强迫对流条件下的雷诺数或自然对流条件下的格拉晓夫数增大均能使对流传热系数提高，增强了热传递效果。应该强调的是，环境压力对厚型材料火焰传播速率的影响比薄型材料大。

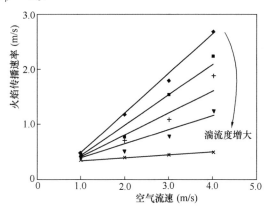

图 6.25　PMMA 板表面的火焰传播速率

图 6.25 给出了环境压力对 300mm×76mm 的 PMMA 板表面火焰传播速率的影响。

6.3　固体表面的火焰传播模型

早期人们对火焰传播的研究仅局限于数值分析，即建立热传递方程并确定适用的微分方程的解。虽然这样也能给出有用的分析结果，但由于问题本身的复杂性，求解过程通常需要做一些粗略的假定。不过，这些研究已经为数值模拟奠定了基础，随着计算机技术的快速发展，人们已经可以利用数值模拟技术分析越来越复杂的火焰传播过程。另外，大量实验结果也能为火焰传播过程的数值模拟技术提供基础数据。

材料表面的热传递速率决定火灾蔓延速率，因此火灾蔓延的基本方程实际上是一个简单的能量守恒方程。据此，Williams 提出以下关系：

$$\rho V \Delta H = \dot{q} \qquad (6.21)$$

式中，$\dot{q}$ 为通过表面的热传递速率；ρ 为材料密度；V 为火焰传播速率；ΔH 为单位质量材料从初始温度加热到燃点时的焓变。

如果在给定火焰传播条件下能够确定 $\dot{q}$，即可找出某些影响火焰传播速率的因素。Parker 首先记录了纤维质卡片发生火焰传播时中心某点的温度随时间的变化曲线，如图 6.26 所示。发现未着火前该点温度仅为 110℃，随后迅速上升到 300℃，在此温度以上材料开始分解产生可燃挥发分。依据从 100℃ 到 300℃ 的升温速率，计算出火焰前沿的热传递速率为 20kW/m²。借助从火焰前沿通过气相导热传递给保持原始状态的材料表面的热通量，最终建立了热薄型垂直卡片的向下火焰传播速率计算模型，验证了这一假定。

忽略热辐射，假定火焰前沿通过气相热传导将热量传递给燃烧区前方材料时，Parker 推导出以下方程：

$$V = \frac{l}{t_p} = l \cdot \frac{k_g(T_f - T_0)}{d} \cdot \frac{2}{\rho c\tau(T_p - T_0)} \tag{6.22}$$

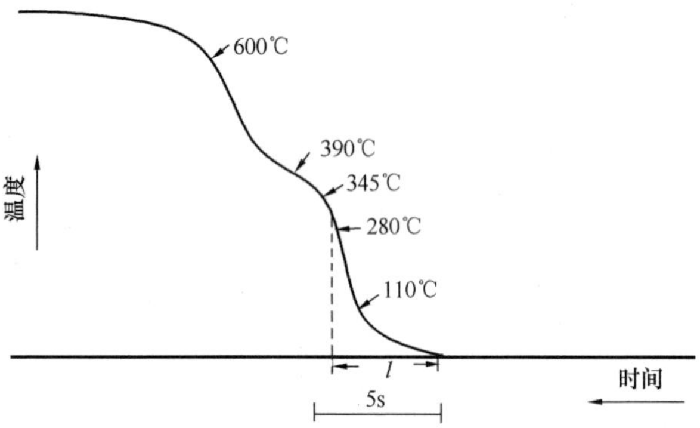

式中，t_p 为将表面加热至热解温度 T_p 所需时间；l 为预热区长度；τ 为材料厚度；T_f 为火焰前沿温度；T_0 为初始温度；k_g 为空气的热导率，20℃时为 $2.5 \times 10^{-2} \, \text{W}/(\text{m} \cdot \text{K})$；$d$ 为火焰离开表面的距离。

方程（6.22）与方程（6.21）的本质相同，差别仅在于系数 2，即方程（6.22）同时考虑了薄型材料两侧的火焰传播现象。利用上述方程预测的数值与常见热薄型材料火焰传播实验结果一致，从侧面证实上述关于热传递方式假设的正确性。

图 6.26　火焰沿卡片向下传播时中心某点的温度变化曲线

de Ris 建立了水平表面上火焰传播的复杂数学模型。他发现由于许多影响火焰传播的因素相互依存、无法区分，为了便于数学处理并获得有实际价值的方程解，虽然研究证实材料火焰传播时通过固体内部向火焰前方材料的热传导是主要热传递方式，但具体数学处理中必须忽略这一过程。如果气相燃烧反应动力学速率比表面加热速率快，则火焰传播过程主要由火焰向燃烧区前方表面的热传递速率控制。但如果在低氧浓度等情况下，气相燃烧反应动力学速率较慢，则必须考虑燃烧反应动力学对火焰传播的影响，这已经在逆风火焰传播中得到证实。利用控制方程的数值解法无法获得火焰传播速率的预测结果，但在做出重要假设的前提下，利用数值模拟方法已经取得显著成功。

在理论分析的基础上，de Ris 给出固体表面逆风火焰传播速率的精确解。即对于热薄型系统，若 $\delta_f = \sqrt{2}\delta_g$（$\delta_g$ 为温度边界层厚度），有

$$V_p = \frac{\sqrt{2}k_g(T_f - T_{ig})}{\alpha_p d(T_{ig} - T_s)} \tag{6.23}$$

对于热厚型材料，有

$$V_p = \frac{(k\rho c_p)_g u_\infty (T_f - T_{ig})^2}{(k\rho c_p)(T_{ig} - T_s)^2} \tag{6.24}$$

可燃墙衬材料参与火灾时产生的危害非常大。由于垂直表面向上火焰传播过程非常迅速，为此人们迫切希望能够建立预测这类火灾发展速率的数学模型。虽然已经有许多研究者探索了相应的理论处理方法，但除了能帮助理解火灾发展过程外，目前还无法将这些理论方法直接应用于实际火灾场景中。由于存在太多的未知因素，只能结合与火灾性能相关的参数建立半经验模型。一种适合分析火焰传播的数值模型由多步分段计算组成，即用将燃烧区前

沿材料加热到维持有焰燃烧的温度（如燃点）时的速率表示火焰传播速率，相应的示意图如图 6.27 所示，假定材料未烧透时预热区接收的火焰热通量为一常数。

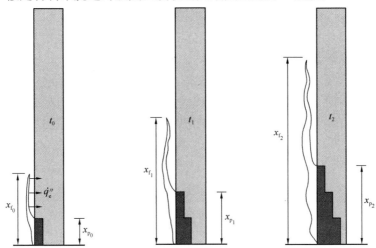

图 6.27　无烧透区出现时简化的向上火焰传播模型

从图 6.27 可以看出，对于垂直火焰传播过程，在火焰相对弱小的火灾发展初期阶段，燃烧区以上的预热区材料直接暴露在约 25kW/m^2 的热流中。火焰高度（$x_{f_0} - x_{p_0}$）是热解区高度 x_{p_0} 上单位宽度热释放速率 $\dot{Q}'_c$ 的函数，即

$$x_{f_0}(t) - x_{p_0}(t) = K[\dot{Q}'_c(t)]^n \tag{6.25}$$

式中，K 和 n 为经验常数。例如，x、$\dot{Q}'_c$ 分别以 m 和 kW/m^2 为单位时，$K = 0.067$、$n = 2/3$。

据此，结合由锥形量热计测量的引燃时间和热释放速率数据，可以计算垂直壁面上的火焰传播速率。虽然有烧穿区存在时处理会更加困难（图 6.28），但已经有直接利用锥形量热仪数据模化早期火焰传播的报道。

这种利用小型试验结果给出的模化结果可用于评估全尺寸火灾现象，因此成为一种有效

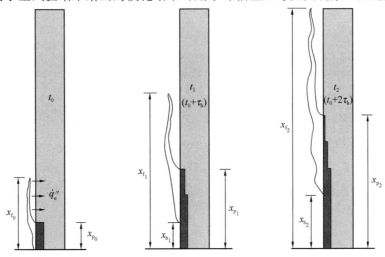

图 6.28　有烧透区出现时简化的向上火焰传播模型

117

的方法。尽管如此，虽然大型试验的费用很高，目前普遍认为对墙衬材料进行大型标准试验（如 ISO 9705）是必要的。因此，开发适合大型试验的预测模型就显得极为迫切，关于热释放速率的预测模型尤其如此。

6.4 特殊火焰传播现象分析

6.4.1 固体表面火焰传播的瞬时特征

上述火焰传播理论通常建立在准稳态的基础上，但实际上许多火焰传播过程与瞬时热传递现象密切相关。因此，必须分析火焰传播的瞬时特征。

以 d 为特征尺度时，典型固体与气体的特征时间比为

$$\frac{t_{气体}}{t_{固体}} = \frac{d^2/\alpha_{气体}}{d^2/\alpha_{固体}} = \frac{\alpha_{固体}}{\alpha_{气体}} \approx \frac{10^{-7}\,\mathrm{m^2/s}}{10^{-5}\,\mathrm{m^2/s}} = 10^{-2} \tag{6.26}$$

显然气相响应很快，可以快速适应固体的任何动态变化。因此，关于 $\dot{q}''_f$ 或火焰扩展相互关系（如向上、天花板或顺风火焰）的任何稳态传热数据都能够直接用于瞬时固体火焰传播问题中。

为了准确分析固体表面的火焰传播过程，有必要在稳态模型中增加瞬态项，则研究系统中单位面积的焓变为

$$\frac{\mathrm{d}H''}{\mathrm{d}t} \equiv \rho d c_p \frac{\mathrm{d}}{\mathrm{d}t} \int_{x=x_p(t)}^{x=x_f(t)} T\mathrm{d}x \tag{6.27}$$

式中，x_f 是焰舌的位置即 $x_p + \delta_f$。T_∞ 为环境温度，如 25℃。对于逆风火焰传播，无法依据热解前沿 x_p 预测 δ_f，可以认为正在 $0 \leqslant x \leqslant x_p$ 之间发生热解，虽然无法排除在此范围内已经发生烧毁现象的可能性，但可忽略这一影响。逆风火焰传播中，δ_f 取决于缓慢逆向传播火焰（V_p）与诱导流（u_∞）的共同作用。顺风火焰传播中，δ_f 将取决于热解区的大小。即在 $0 \leqslant x \leqslant x_p$ 之间产生的可燃气体越多，火焰会越长。

假定 $c_p \approx c_v$，则有

$$\frac{\mathrm{d}H''}{\mathrm{d}t} \approx \rho d c_p \frac{\mathrm{d}}{\mathrm{d}t}\left[\left(\frac{T_{ig}+T_s}{2}\right)\delta_f\right] = \rho d c_p\left[\frac{\mathrm{d}T_s}{\mathrm{d}t}\frac{\delta_f}{2} + \left(\frac{T_{ig}+T_s}{2}\right)\frac{\mathrm{d}\delta_f}{\mathrm{d}t}\right] \tag{6.28}$$

若同时考虑 T_s 随时间发生缓慢变化，则有

$$\frac{\mathrm{d}T_s}{\mathrm{d}t} \approx 0 \tag{6.29}$$

逆风火焰传播中，δ_f 与热解前沿的位置无关，即 $\mathrm{d}\delta_f/\mathrm{d}t = 0$。顺风火焰传播中，$\dot{q}''_e$ 增大时，$\mathrm{d}\delta_f/\mathrm{d}t > 0$，有

$$\frac{\mathrm{d}\delta_f}{\mathrm{d}t} = V_f - V_p \tag{6.30}$$

所以，使用稳态热理论建立逆风火焰传播模型是合理的。但在热薄型固体的顺风火焰传播中，应将能量控制方程修正为

$$\rho d c_p\left(\frac{T_{ig}+T_s}{2}\right)\frac{\mathrm{d}\delta_f}{\mathrm{d}t} + \rho d c_v V_p(T_{ig}-T_s) = \dot{q}''_f \delta_f \tag{6.31}$$

而

$$\frac{\mathrm{d}\delta_{\mathrm{f}}}{\mathrm{d}t} = \frac{\mathrm{d}x_{\mathrm{f}}}{\mathrm{d}t} - \frac{\mathrm{d}x_{\mathrm{p}}}{\mathrm{d}t} = V_{\mathrm{p}}\left(\frac{\mathrm{d}x_{\mathrm{f}}}{\mathrm{d}x_{\mathrm{p}}} - 1\right) \tag{6.32}$$

所以，对于薄型材料的顺风火焰传播

$$V_{\mathrm{p}} \approx \frac{\dot{q}''_{\mathrm{f}}\delta_{\mathrm{f}}}{\rho d c_{\mathrm{p}}\left[(T_{\mathrm{ig}} - T_{\mathrm{s}}) + \left(\frac{\mathrm{d}x_{\mathrm{f}}}{\mathrm{d}x_{\mathrm{p}}} - 1\right)\left(\frac{T_{\mathrm{ig}} + T_{\mathrm{s}}}{2}\right)\right]} \tag{6.33}$$

考虑到焰舌传播速率大于热解前沿传播速率时，有 $\mathrm{d}x_{\mathrm{f}}/\mathrm{d}x_{\mathrm{p}} > 1$。故在顺风火焰传播中，瞬态效应会降低火焰传播速度。

总之，由于气相反应时间明显快于固相响应时间，可将稳态气相法获得的 $\dot{q}''_{\mathrm{f}}$ 和 δ_{f} 用于固体表面火焰传播速率的计算过程中。

6.4.2　多孔介质的火焰传播

岑可法等人在陶瓷管中用直径分别为 3mm 和 6mm 的 Al_2O_3 小球堆积成为多孔介质，研究了甲烷/空气预混火焰在多孔介质中的传播特性。发现预混气体在多孔介质中能形成低速稳态燃烧波，火焰传播速度随化学当量比增大而加快，最大火焰传播速率为 3.52×10^{-3} cm/s；多孔介质的结构对火焰传播速率的影响显著，在大球多孔介质中的火焰传播速度比小球介质中更高。

孙金华等人分别以丁醇和石英砂作为难挥发可燃液体和多孔介质，研究了浸没难挥发可燃液体的多孔介质表面火焰传播特性。发现液面高度和介质粒径对于火焰传播过程中的火焰结构、火焰传播速度以及砂层温度分布存在显著影响。火焰传播过程中，火焰前沿前方的砂表面预热区内存在约 5.6 mm 的气化可燃物析出区，对火焰传播起着重要作用，图 6.29 和图 6.30 分别给出了砂层温度为 27℃时平均粒径对火焰传播速率和预热区长度的影响。

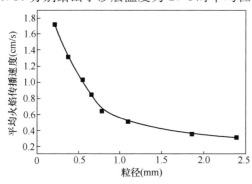 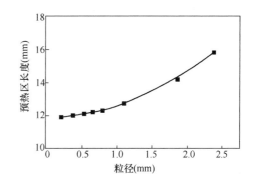

图 6.29　平均粒径对火焰传播速率的影响　　图 6.30　平均粒径对预热区长度的影响

为了研究零散的森林、草场、木垛和多排木质房屋的火灾发展规律，Thomas 尝试了多孔木质材料的火焰传播特征与上述火灾场景之间的相关性。结果发现，顺风系统中 $V_{\mathrm{p}}\propto u_\infty/\rho_{\mathrm{b}}$，自然对流时 $V_{\mathrm{p}}\propto\rho_{\mathrm{b}}^{-1}$，其中 ρ_{b} 为堆垛中被烧毁材料的本体密度。图 6.31 是顺风系统的实验结果，图 6.32 为无风时的实验结果。据此，对大量实验数据做近似处理后得到的经验公式为

$$\rho_{\mathrm{b}}V_{\mathrm{p}} = c(1 + u_\infty) \tag{6.34}$$

式中，c 为常数，其取值范围可以从木垛（ρ_b 约为 $10\sim100\text{kg}/\text{m}^3$）的约 0.05 直到森林燃料（$\rho_b$ 约为 $1\sim5\ \text{kg}/\text{m}^3$）的 0.10。城市成排房屋 ρ_b 的典型数值为 $10\text{kg}/\text{m}^3$。

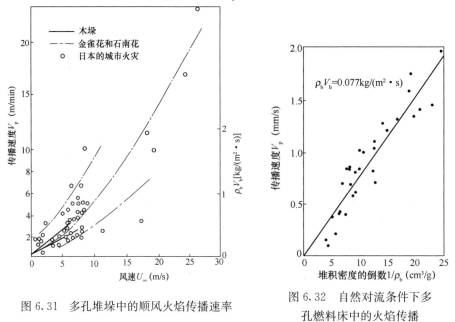

图 6.31　多孔堆垛中的顺风火焰传播速率　　图 6.32　自然对流条件下多孔燃料床中的火焰传播

6.4.3　顶棚材料的火焰传播

通常，水平方向顶棚材料的火焰传播由地面火或墙体火产生的顶棚射流控制，没有顶棚射流支持时由于热气流在水平表面下方停滞使火焰传播速率极慢，这时只有在顺风条件下会发生明显的火焰传播。

Zhou 等人用 PMMA 板进行顶棚火焰传播研究，发现顶棚火焰传播与向上蔓延墙体火焰传播的影响因素相同，必须存在相同方向的气体流动，但由于浮升力作用下火焰靠近表面，因此在相同条件下顶棚火焰传播速率比地面上要快。此外，受气体湍流作用的影响，顶棚火焰传播过程中可能使靠近表面的部分火焰猝灭，同时增加部分不完全燃烧产物如 CO 等。当然，存在一定倾角的顶棚向上传播火焰本身能够产生同向流动，所以不需要施加同向气流。

6.4.4　微重力条件下固体表面的火焰传播

微重力条件下的燃烧过程是火灾科学与消防工程的重要研究领域之一。燃烧实验中的微重力环境一般为 $10^{-4}g$ 到 $10^{-6}g$。微重力条件能够提供降低自然对流作用的有效实验方法，有助于深入研究材料的燃烧机理；同时，微重力条件下的引燃和火焰传播研究成果，能够为设计航天器的消防安全系统提供科学依据。

在微重力环境下研究燃烧现象存在某些明显优势。首先，微重力环境能有效减弱或消除浮力引起的自然对流，深刻揭示燃烧的本质特性，同时可明确重力对燃烧过程的影响规律；其次，有利于发现被浮力运动掩盖的微弱力和流动现象，如静电力、热泳力、热毛细管力和扩散等；再次，消除重力引起的沉降现象后，固体颗粒能自由悬浮，消除研究过程中机械支撑等复杂装置对燃烧过程的影响，使固体颗粒的燃烧表现出很好的对称性和较长的悬浮时间；最后，消除浮力能够扩大燃烧的时间和空间尺度，便于观察和分析燃烧过程。

　　微重力燃烧现象研究的实验手段主要包括地面微重力实验设施（落塔、落井）、航空飞行器（飞机、气球、探空火箭）、航天飞行器（卫星、宇宙飞船、空间站）和地面模拟微重力环境等 4 类。其中，航天飞行器是目前最理想的微重力实验环境，具有微重力持续时间长、微重力水平高和微重力环境稳定等特点。地面模拟微重力实验借助功能模拟的思想，通过减小浮力影响在地面模拟微重力环境。即通过限制燃烧实验物理尺寸或减小密度差，减小格拉晓夫数（Gr），模拟微重力环境。俄罗斯利用水平窄小通道实验装置研究材料引燃和火焰传播参数，获得的实验结果与在和平号空间站的测试结果之间存在较好的一致性。因此，俄罗斯的航天飞行器防火安全规范主要通过地面模拟微重力环境或水平窄通道中的燃烧实验结果制定。

　　图 6.33 给出了 1.01×10^6 Pa 下由落塔实验获得的微重力下薄纸向下火焰传播速率随氧浓度的变化情况，可以看出单层纸勉强能在氧浓度为 21％的空气中燃烧，双层纸在空气中不燃，但在 26％的氧浓度下能够燃烧。在静止环境中，氧浓度较低时正常重力下的火焰传播速度比微重力下火焰传播速度快。在正常重力环境中，两种不同厚度纸的极限氧浓度均为 16.5％，因为浮力引起的自然对流能够为燃烧区提供足够的氧气，抑制火焰传播的主要因素是气体向材料表面的热传导。当氧浓度大于 50％时，由于氧气供给充分，火焰传播速度与重力

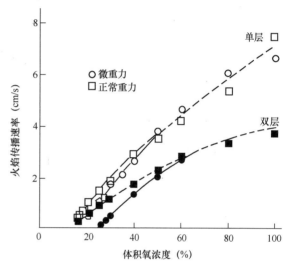

图 6.33　薄纸火焰传播速率随氧浓度的变化

水平几乎无关，此时火焰传播的主要抑制因素同样是气体向材料表面的热传导。

　　Olson 在综合分析早期实验结果的基础上，指出可以将空气流动对火焰传播的影响分为近冷熄区、导热控制区和化学反应动力学控制区等 3 个区域，每个区域的火焰传播速率由不同的影响因素控制。在近冷熄区中，空气流动速度很小时，化学反应速率由氧气供给速率控制，辐射热损对火焰的冷却作用会使火焰温度下降，从而使火焰对材料表面的导热速率减小，火焰传播速度相应下降；加快空气流动速度会提高氧气供给速度，火焰传播速度随之增大。在导热控制区内，空气流动速度适中时，由于氧气供给充足且化学反应速率很快，火焰传播速度几乎不随空气流速发生变化，而是几乎完全由火焰向材料表面的导热速率控制。在化学反应动力学控制区，由于空气流动速度很快，气体的停留时间相对于化学反应的特征时间很小，在火焰前沿可燃挥发分无法充分燃烧，火焰被气流带到下游，致使火焰对材料表面的导热速率下降，火焰传播速率相应减小，火焰传播速率由化学反应动力学控制；当空气流动速度足够大时，火焰向燃料表面的传热无法维持材料分解产生足够的可燃挥发分，火焰将被吹熄。在近冷熄区的最大空气流动速度为 10cm/s 量级，而在正常重力环境中，自然对流速度大于这一量级；因此，在正常重力环境中进行实验时不存在近冷熄区。

　　研究还发现，在微重力环境和 $O_2 + N_2$ 混合气体中，随着环境压力的增大，沿纸面的火焰传播速度增大。据此，当航天飞行器上发生火灾时，可采用向飞船外放气的方法进行灭火。

在美国航空航天局（NASA）的微重力落塔上进行的减压实验，也证实压力下降对火焰传播速度的影响比正常重力条件下更明显，可能是由于微重力环境中缺乏通过自然对流为火焰提供氧化剂所致。此外，Skylab 对放空灭火的实验观察发现，由减压引起的流动会引发闪燃，在减压导致火焰熄灭前出现加快火焰传播的现象。

Ronney 等人的研究结果表明，微重力条件下惰性气体对火焰传播速率的影响很大。惰性气体为 He、Ne 和 Ar 时，微重力下火焰传播速率总是比正常重力下小，且在正常重力下维持燃烧的极限氧浓度比微重力下小。但是，惰性气体为 CO_2 和 SF_6 时，火焰传播过程存在异常现象。惰性气体为 CO_2 时，正常重力和微重力下火焰传播速率相差很小，微重力下极限氧气浓度略小于正常重力下的极限氧浓度。而惰性气体为 SF_6 时，微重力下火焰传播速率比正常重力下还大。这可能是 Lewis 数和辐射重吸收效应同时产生影响的结果。

6.5　部分常见材料和制品的火焰传播特性

任何用于描述火焰传播的试验结果，必须与材料的最终使用状态和形状所对应的火灾场景相一致。例如，黏结在建筑内部走廊石膏墙板上的壁纸卷入充分发展的室内火灾时，作为薄型材料的壁纸本身的试验结果不能用于评估其火焰传播的可能性。

6.5.1　木材

《建筑材料表面燃烧特性试验方法》（ASTM E 84）用于测定建筑材料的顺风火焰传播速率和生烟性，属于大型燃烧试验方法，也是在美国广泛使用的燃烧性能试验方法，又称为 Steiner 隧道试验法。最初仅用于测试木制品，因为一定厚度的木制品在试验过程中不会熔化或滴落，也不会变形，基材和粘接剂对试验结果的影响很小，相应的试验结果——火焰传播指数与全尺寸墙角火试验中的轰燃时间之间存在良好的相关性。不过，用于受热易熔化或软化的吊顶制品（如合成高聚物材料）火焰传播特性测定时，安装方法可能会对试验结果产生一定的影响。

Steiner 隧道试验装置为一个长 7.62m、开口端横截面积为 0.45m×0.30m 的内衬耐火砖的卧式钢槽，钢槽侧面设有观察窗口，如图 6.34 所示。试件尺寸为 0.51m×7.32m×使用最大厚度。试验前将试件置于钢槽顶部下方，由钢槽内壁支撑，并在钢槽内形成平顶，设置的试验条件应能使红橡木的火焰传播速率为 22mm/s。试验时通过窗口观察火焰传播现象，利用火焰前沿的位置坐标随时间的变化曲线与坐标轴围成的面积计算火焰传播指数 FSI 来描述材料的火焰传播特性。

隧道法的试验结果主要用于区分材料的耐火特性等级，不适合预测材料在初起火灾中的

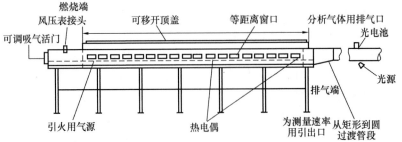

图 6.34　Steiner 隧道试验装置示意图

火焰传播行为。根据隧道法试验结果，美国 NFPA 将建筑表面的装修材料分为三个等级，即在满足烟气生成指数 $SDI \leqslant 450$ 的前提下，A 级制品的 $FSI \leqslant 25$，B 级制品的 $25 < FSI < 75$，C 级制品的 $75 < FSI < 200$。表 6.6、表 6.7 分别给出了隧道法测定的部分木质材料的火焰传播指数结果。

表 6.6　部分木材的火焰传播指数

材料*	FSI	材料*	FSI
红橡木	100	红松木	142
19mm 红橡木	84	白松木	82
19mm 白橡木	77	落叶松木	45
雪松	70~78	黄杨木	170~185
19mm 山核桃	84	红杉	70
三叶杨	115	16mm 红杉	102
柏树木	145~150	云杉木	55~100
杉木	65~69	胡桃木	130~140
19mm 樱木	76	19mm 胡桃木	101
枫木	104	橡胶树	140~155
白桦	105~110	铁杉	60~75

*　除非特别注明，试件厚度为 25.4mm；否则，厚度为标明的数值。

表 6.7　部分软木胶合板的火焰传播指数

材料*	FSI	材料*	FSI
9.5mm 雪松	70~95	9.5mm 铁杉	75~106
6.4mm 杉木	150	6.4mm 松木	95~110
7.9mm 杉木	115~155	9.5mm 松木	100~105
9.5mm 杉木	110~150	15.9mm 松木	90
12.7mm 杉木	130~150	9.5mm 红杉	95
15.9mm 杉木	95~130	15.9mm 红杉	75

*　胶合板厚度为标明的数值。

6.5.2　合成高分子材料及制品

利用隧道法测定合成高分子材料及制品的火焰传播指数时发现，包括泡沫塑料、墙面纺织品在内的部分材料和制品的 FSI 等级与实际燃烧性能之间的一致性较差。据此，建议采用其他有效方法评价合成高分子材料及制品的火焰传播特性。这里仅简要介绍《用火焰传播仪测定合成聚合物可燃性的试验方法》（ASTM E 2058）及其对部分合成高分子材料及制品的测定结果。

ASTM E 2058 中定义了描述材料火焰传播特性的参数即火焰传播指数 FPI，它等同于火焰传播速率的平方根。火焰传播试验采用 $100\text{mm} \times 305\text{mm} \times （3 \sim 25）\text{mm}$ 的垂直试样，试验中利用 40% 氧浓度模拟大型火焰传播的热通量。通过与大型试验结果进行对比，发现 $FPI \leqslant 6$ 时，火焰接近熄灭状态，火焰传播仅局限于引燃区；$6 < FPI \leqslant 10$ 时，火焰能够在

引燃区以外传播，火焰传播速率随 FPI 的增大而加快；$FPI>20$ 时，火焰能够在引燃区外快速传播。部分合成材料及制品的火焰传播指数 FPI 见表6.8。

表6.8 部分合成材料及制品的火焰传播指数

材　料	FPI	材　料	FPI
聚甲醛	15	ABS	8
有机玻璃	31	聚苯醚	9
聚丙烯	32	聚砜	9
聚苯乙烯	34	PC	14
PVC 电缆	36	聚醚砜	7
PE-PVC 电缆	28	聚醚醚酮	6
聚对苯二甲酸丁二醇酯	32	酚醛	5
阻燃 PP	30	软质 PVC	16
硅树脂-PVC 电缆	17	PE-25% Cl	16
聚酯/玻纤（70%）	10～13	PE-36% Cl	11
环氧/酚醛/玻纤（82%）	2	PE-48% Cl	8
聚醚酰亚胺	8	ETFE	7
酚醛/Kevlar 纤维（80%）	8	硬质 PVC	4～7
环氧/玻纤（65%～76%）	5～11	聚偏氟乙烯	4
环氧/石墨（71%）	5	PTFE	4
改性 PP	4～5	ECTFE	4
改性 PVC	1～4	CPVC	1
酚醛/玻纤（80%）	3	FEP	3
氰酸酯/石墨（73%）	4	PFA	2
PPS/玻纤（84%）	3		

第7章 燃烧产物的产率及毒性

材料的燃烧产物包括烟、有毒气体、腐蚀性气体和刺激性气体等多种成分。一般来说，当材料的组成确定时，其燃烧的主要气体产物即可确定。但是，在实际的火灾环境中，由于燃烧条件的变化，燃烧产物的生成速率和产率则会发生显著变化，在确定的时间和空间范围内烟气的浓度也会随之变化，烟气的危害程度自然也会有变化。

7.1 烟气的生成与产率

7.1.1 烟气的生成

在已有文献中关于"烟气"有多种不同的定义。常见的有如下三种：①烟气是燃烧中产生的一种气溶胶状物质；②烟气是可燃物燃烧产生的可见挥发物；③烟气为在不完全燃烧过程中所产生的、由大量微粒所组成的可见云团，其包括燃烧物释放的高温蒸汽或气体、未燃的分解物和冷凝物以及被火焰加热的空气等。尽管对"烟气"的定义各有不同，但有两点是统一的，一是烟气的产生与燃烧有关；二是烟气的成分一般都非常复杂，是由多相物质组成的混合物。总体而言，火灾烟气是由以下三类物质组成的具有较高温度的均匀混合物，即气相燃烧产物，未完全燃烧的液、固相分解物和冷凝物微小颗粒，以及未燃的可燃蒸气和卷吸混入的大量空气。火灾烟气中含有多种有毒、有害、腐蚀性气体成分和颗粒物等，加之火灾环境高温缺氧，必然对生命财产和生态环境都造成很大的危害。

燃料有焰燃烧、热解和阴燃等均会产生烟气。燃烧中产生烟气的多少与燃烧条件和燃料的化学性质有关。在发生完全燃烧的情况下，可燃物将转化为稳定的气相产物。但在火灾的扩散火焰中很难实现完全燃烧。因为燃烧反应物的混合基本上由浮力诱导产生的湍流流动控制，其中存在着较大的组分浓度梯度。在氧浓度较低的区域，部分可燃挥发分将经历一系列的热解反应，从而导致多种组分的分子生成。例如，多环芳香烃和聚乙烯可认为是火焰中碳烟颗粒的前身，它们在燃烧过程中会因受热裂解产生一系列中间产物，中间产物还会进一步裂解成更小的"碎片"，这些小"碎片"会发生脱氢、聚合、环化，最后形成碳粒子，图7.1是聚氯乙烯形成碳烟粒子的过程。正是由于碳烟颗粒的存在才使扩散火焰发出黄光。这些小颗粒的直径约为 $10\sim100nm$，它们可以在火焰中进一步氧化。但是如果温度和氧浓度都不高，它们则以烟炱（soot）的形式离开火焰区。

母体可燃物的化学性质对烟气的产生具有重要的影响。少数可燃物质（例如一氧化碳、甲醛、乙醚、甲酸、甲醇等）的燃烧产物在光谱的"热辐射"范围（$0.4\sim100\mu m$）内是完全透明的，或是以某些不连续波带吸收（或辐射）的，不能呈现连续吸收的黑体或灰体辐射特征。因而，燃烧的火焰不发光，且基本上不产生烟。但在相同的条件下，大部分可燃液体和固体燃烧时就会明显发烟。

材料的化学组成是决定烟气产生量的主要因素，可燃物分子中碳氢比值不同，生成碳烟的能力不一样。碳氢比值越大，产生碳烟的能力越大，如乙炔中碳氢比为 $1:1$，乙烯中碳氢比为1：2，乙烷中碳氢比为1：3，所以在扩散燃烧中乙炔生碳能力最大，乙烷最小，乙烯介于中间；可燃物分子结构对碳烟的生成也有较大影响，环状结构的芳香族化合物（如苯、萘）的生碳能力比直链的脂肪族化合物（烷烃）高，如聚苯乙烯这样的聚合物比单碳链的聚乙烯燃烧时将产生更多的烟气。此外，氧供给充分，碳原子与氧生成 CO 或 CO_2，碳粒子生成少，或者不生成碳粒子；氧供给不充分，碳粒子生成多，烟雾大。

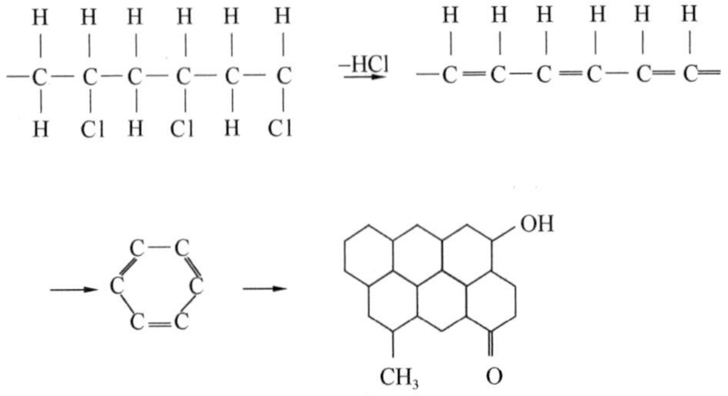

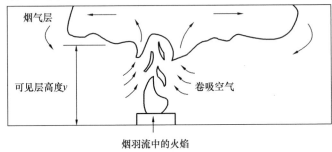

图 7.1　聚氯乙烯的发烟过程

　　有焰燃烧时，固体材料会产生高温和挥发性的可燃蒸气，这些蒸气在火焰上方将被引燃并释放密度低于环境空气的高温烟气，这些高温烟气的上升和周围空气的卷吸形成烟羽流。当烟羽流的温度不够高时，就会因燃烧不充分而产生大量离散的固体颗粒。如前所述，其中把一些未燃烧的炽热碳粒通常称为烟炱。高温可燃气体的总量与周围卷吸空气相比是比较少的，因此，火灾中烟气的产生速率近似等于火焰和上升的高温烟气柱卷吸空气的速率。图7.2 给出了固体燃料燃烧时烟气生成示意图。空气的卷吸速率主要因素有：火灾燃烧尺寸、火焰的热释放、火焰上方高温烟柱的有效高度（图 7.2 中的 y）。

图 7.2　火灾烟气的产生示意图

　　烟气的产生速率 M（kgs^{-1}）可以用下式来估算：

$$M = 0.096 P \rho_0 y^{3/2} \left(g \frac{T_0}{T} \right)^{1/2} \tag{7.1}$$

式中，P 为火灾燃烧尺度（m）；y 为地面到烟气层底部的距离（m）；ρ_0 为环境空气的密度，如在17℃时其值取 1.22 kg/m^3；T_0 为环境空气的绝对温度（K）；T 为烟羽流中火焰的绝对温度；g 为当地的重力加速度（m/s^2）。若 $T=1100K$，则 $M = 0.188 P y^{3/2}$。由式（7.1）不难看出，有焰燃烧的烟气产生速率主要取决于火灾的尺度和高温烟气柱的高度。

　　阴燃也会产生烟颗粒，但这种燃烧是自燃，而热解则需要外部环境提供热源。除了少数几种材料以外，大多数材料都可以被热解。但是只有为数不多的材料能够阴燃，例如纤维材料（木料、纸张、纸板卡片等），软质的聚氨基甲酸酯海绵可以阴燃。阴燃典型温度可达 $600\sim1100$K。

此外，燃烧过程中烟气产生的多少还可以用材料的发烟系数来衡量。材料的发烟系数是用燃烧时生成的烟气总量与燃料的质量损失比来表示的。表 7.1 给出了几种建筑物材料的发烟系数 (ε)。引用表 7.1 中给出的建筑材料的发烟系数时，应该考虑燃烧的工况。在很多情况下，材料的发烟系数被用作测量辐射热通量、氧浓度、样本标定和周围环境的温度。对于有焰燃烧，ε 在 $0.001\sim0.17$ 这样一个很大的范围内，而热解和阴燃燃烧的 ε 仅为 $0.01\sim0.17$。

表 7.1　木质材料和塑料的发烟系数

类型	发烟系数 ε	燃料面积（m^2）	燃烧条件
枞木	$0.03\sim0.17$	0.005	热解
枞木	$<0.01\sim0.025$	0.005	有焰燃烧
硬质纤维板	$0.0004\sim0.001$	0.0005	有焰燃烧
纤维板	$0.005\sim0.01$	0.0005	有焰燃烧
聚氯乙烯	$0.03\sim0.12$	0.005	热解
聚氯乙烯	0.12	0.005	有焰燃烧
聚氨基甲酸酯（软质）	$0.07\sim0.15$	0.005	热解
聚氨基甲酸酯（软质）	$<0.01\sim0.035$	0.005	有焰燃烧
聚氨基甲酸酯（硬质）	$0.06\sim0.19$	0.005	热解
聚氨基甲酸酯（硬质）	0.09	0.005	有焰燃烧
聚苯乙烯	0.17（$M_{O_2}=0.30$）	0.0005	有焰燃烧
聚苯乙烯	0.15（$M_{O_2}=0.23$）	0.07	有焰燃烧
聚丙烯	0.12	0.005	热解
聚丙烯	0.016	0.005	有焰燃烧
聚丙烯	0.08（$M_{O_2}=0.23$）	0.007	有焰燃烧
聚丙烯	0.10（$M_{O_2}=0.23$）	0.07	有焰燃烧
聚甲基丙烯酸甲酯（有机玻璃）	0.02（$M_{O_2}=0.23$）	0.07	有焰燃烧
聚氧亚甲蓝	~0	0.007	有焰燃烧
保温纤维素	$0.01\sim0.12$	0.02	阴燃

在使用表 7.1 中的参数计算烟气的生成时，应考虑以下因素：①各种材料的发烟系数是在小尺度的测试实验下得到的；②大多数实验是在外界环境下自由燃烧的，而燃烧中通风量的增减将影响烟气的产生量；③出于扩散和沉积，烟气在输运过程中会凝结、蒸发和沉积在物体的表面上。另外，冷凝也可形成烟气。

7.1.2　燃烧产物的产率

火灾中，材料受热分解、气化后，进入扩散火焰中燃烧，形成多种燃烧产物。一般来说，材料燃烧产物的生成和氧的消耗发生在扩散火焰的还原区和氧化区。在还原区，材料发生熔融、热解、气化，产生多种基团，这些基团发生反应形成烟、CO、碳氢化合物和其他中间产物。在此区域消耗的氧极少。材料转化成烟、CO、碳氢化合物和其他中间产物的程度取决于材料本身的化学性质。在氧化区，来自还原区的产物与来自空气中的氧气混合发生不同程度的氧化反应，放出化学热和各种完全氧化的产物，如 CO_2 和 H_2O 等。还原区产物与氧的反应效率取决于反应物的浓度、温度，以及与空气的混合程度。反应效率越低，则从火焰中逸出的还原区产物越多。例如，在层流扩散火焰中，当氧化区的温度低于 1300K 时，就会有烟产生。

在建筑火灾中，室内顶棚热烟气层也可用还原区和氧化区的概念进行分析。当房间通风良好时，还原区的产物主要集中在顶棚热烟气层的中心区，而氧化区的产物主要集中在房间的开口附近。当通风受限，氧的供给速率降低，顶棚烟气层将扩展变大，占住更大的空间，且还原区产物浓度也随之增大。在这种情况下，在建筑物内将释放出大量的还原区产物，从而极大提高火灾的非热危险性。

材料在火灾燃烧中的生成速率正比于材料的质量损失速率和产率，其数学表达式如下：

$$\dot{G}''_j = y_i \dot{m}'' \tag{7.2}$$

式中，$\dot{G}''_j$ 为第 j 种燃烧产物的质量生成速率 $[g/(m^2 \cdot s)]$；y_i 为第 i 种燃烧产物的产率 (g/g)。

这样，通过生成速率就可计算燃烧产物生成的总质量：

$$M_j = A \sum_{n=t_0}^{n=t_f} \dot{G}''_j(t_n) \Delta t_n \tag{7.3}$$

式中，M_j 为第 j 种燃烧产物（包括有焰燃烧和无焰燃烧）生成的总质量 (g)；t_0 为材料受热开始的时间 (s)；t_f 为材料不再产生挥发性气体的时间 (s)。

这样，第 j 种产物的平均产率则为

$$\overline{y}_j = \frac{M_j}{M_f} \tag{7.4}$$

氧的消耗速率也直接正比于材料的质量损失速率：

$$\dot{C}''_O = c_O \dot{m}'' \tag{7.5}$$

式中，$\dot{C}''_O$ 为氧的消耗速率 $[g/(m^2 \cdot s)]$；c_O 为单位质量的燃料燃烧所消耗氧的质量 (g/g)。

7.2 燃烧产物的生成速率与生成效率

7.2.1 生成速率

燃烧产物的生成速率和氧的消耗速率可以通过测定烟气与空气的混合气体中各组分的体积分数确定：

$$\dot{G}''_j = \frac{f_j \dot{V} \rho_j}{A} = f_j \dot{W} \left(\frac{\rho_j}{\rho_g A} \right) \tag{7.6}$$

$$\dot{C}''_O = \frac{f_O \dot{V} \rho_O}{A} = f_O \dot{W} \left(\frac{\rho_O}{\rho_g A} \right) \tag{7.7}$$

式中，f_j 为燃烧产物 j 的体积分数；f_O 为氧的体积分数；$\dot{V}$ 为烟气（含空气）的体积流量 (m^3/s)；$\dot{W}$ 为烟气（含空气）的质量流量 (g/s)；ρ_j, ρ_g, ρ_O 分别为燃烧产物 j、混合烟气和氧气在烟气温度下的密度（g/m^3）；A 为材料燃烧总面积（m^2）。

燃烧成分的体积分数可通过测量烟气的光密度确定。

$$D = \frac{\ln(I_0/I)}{l} \tag{7.8}$$

式中，D 为烟气光密度（$1/m$）；I/I_0 为烟气的透光率；l 为光程长度（m）。

获得 D 值后，烟气的体积分数可由下式计算：

$$f_s = \frac{D\lambda \times 10^{-6}}{\Omega} \tag{7.9}$$

式中，f_s 为烟气的体积分数；λ 为光源的波长（μm）；Ω 为烟粒子的消光系数，取 7.0。

在 ASTM E 2058 的火焰传播仪中，烟气的光密度使用波长为 $0.4579\mu m$（蓝光）、$0.6328\mu m$（红光）和 $1.06\mu m$（红外光）的光源测定。在锥形量热计中，则使用波长为 $0.6328\mu m$（红光）的氦-氖激光测量烟气的光密度。根据方程（7.5）～（7.8），则有

$$\dot{G}_s'' = \left(\frac{D\lambda}{7}\right)\left(\frac{\rho_s}{\rho_a}\right)\left(\frac{\dot{W} \times 10^{-6}}{A}\right) \tag{7.10}$$

在 ASTM E 2058 的火焰传播仪和锥形量热计中，排烟管道内燃烧产物大约被稀释了 20 余倍，因此，空气的密度可近似取 $\rho_a = 1.2 \times 10^3 g/m^3$，烟气的密度取 $\rho_s = 1.1 \times 10^6 g/cm^3$，则有：

$$\dot{G}_s'' = \left(\frac{1.1 \times 10^6 \times 10^{-6}}{7 \times 1.2 \times 10^3}\right)\left(\frac{\dot{W}}{A}\right)D\lambda \tag{7.11}$$

对于波长 $\lambda = 0.6328\mu m$ 的红光，则有：

$$\dot{G}_s'' = 0.0994\left(\frac{D_{red}\dot{V}}{A}\right) = 0.0829 \times 10^{-3}\left(\frac{D_{red}\dot{W}}{A}\right) \tag{7.12}$$

式中，D_{red} 为使用红光测得的光密度。在试验中，燃烧产物和空气混合物的总质量流速 $\dot{W}$ 可通过测量获得，样品的燃烧面积 A 在试验中为确定值。因此，利用式（7.12）就可计算出烟的生成速率。

在锥形量热计试验中，烟参数采用平均比消光面积（SEA，m^2/kg）表征。

$$SEA = \frac{\sum \dot{V}_i D_i \Delta t_i}{W_f} \tag{7.13}$$

按照上述同样的处理方法可得到烟的平均产率 $\overline{y}_s$：

$$\overline{y}_s = 0.0994 \times 10^{-13} SEA \tag{7.14}$$

对于材料的发烟特征，也可采用质量光密度（MOD）进行表征：

$$MOD = \left[\frac{\lg(I_0/I)}{l}\right]\left(\frac{\dot{V}}{A\dot{m}''}\right) = \left(\frac{D}{2.303}\right)\left(\frac{\dot{V}}{A\dot{m}''}\right) \tag{7.15}$$

结合方程（7.9）和方程（7.14），使用 $\rho_s = 1.1 \times 10^6 g/cm^3$ 和 $\lambda = 0.6328\mu m$，可得到：

$$y_s = \left(\frac{\lambda\rho_s}{7}\right)\left(\frac{D\dot{V} \times 10^{-6}}{A\dot{m}''}\right) = 0.0994\left(\frac{MOD}{2.303}\right) \tag{7.16}$$

MOD 通常采用以 10 为底的对数计算，如果将其乘 2.303，再除以 1000，换成自然对数和 m^2/kg 的单位，则 MOD 就变成了比消光面积。

7.2.2 生成效率

氧与可燃物之间的化学反应可用如下的一般反应方程表达：

$$F + \nu_O O_2 + \nu_N N_2 = \nu_{j_1} J_1 + \nu_{j_2} J_2 + \nu_N N_2 \tag{7.17}$$

式中，F 代表可燃物的分子式；ν_O 为氧气的化学反应计量比系数；ν_N 为氮气的化学反应计量比系数；ν_{j1}、ν_{j2} 分别为产物 J_1 和 J_2 化学反应计量比系数。

根据方程（7.17），氧与可燃物之间按化学反应计量比进行反应时的质量比可表达如下：

$$\psi_O = \left(\frac{\nu_O M_O}{M_f} \right) \tag{7.18}$$

式中，ψ_O 为氧与可燃物之间的质量比；M_O 为氧的分子量；M_f 为可燃物的分子量。

同样，产物按化学计量比反应的产率可表示如下：

$$\psi_j = \left(\frac{\nu_j M_j}{M_f} \right) \tag{7.19}$$

式中，ψ_j 为产物 J 的产率；M_j 为产物 J 的分子量。

当用耗氧率和产率表达为氧的耗氧速率和产物的生成速率时，产率可以反映材料在有焰燃烧和无焰燃烧中产物的性质和产量。理想的耗氧速率和产物的生成速率分别表达如式（7.20）和式（7.21）所示：

$$\dot{C}''_{st,O} = \psi_O \dot{m}'' \tag{7.20}$$

$$\dot{G}''_{st,j} = \psi_j \dot{m}'' \tag{7.21}$$

在真实的火灾中，材料燃烧实际的耗氧速率和产物的实际生成速率，都要小于理想的耗氧速率和理想的产物生成速率。实际速率与理想速率的比率，在这里就定义为材料燃烧的耗氧效率（η_O）和产物生成的效率（η_j），分别表示如下：

$$\eta_O = \frac{\dot{C}''_{ac,O}}{\dot{C}''_{st,O}} = \frac{c_O \dot{m}''}{\psi_O \dot{m}''} = \frac{c_O}{\psi_O} \tag{7.22}$$

$$\eta_j = \frac{\dot{G}''_{ac,j}}{\dot{G}''_{st,j}} = \frac{y_f \dot{m}''}{\psi_f \dot{m}''} = \frac{y_j}{\psi_j} \tag{7.23}$$

7.3 通风状态对燃烧产物生成效率的影响

正如前所述，当燃烧由燃料控制转变为通风控制时，通风控制的作用可用通风当量比 [Φ，其定义见式（5.31）] 来表征。通风减少，当量比增大，燃烧还原区的产物（烟、CO、碳氢化合物等）增多。例如，在室内发生明火燃烧的木材，当通风当量比升高时，燃烧效率降低，燃烧火焰失去稳定性，CO 的生成效率在通风当量比为 2.5 至 4.0 之间出现峰值。

对于建筑物通风控制的室内火灾，通常用经典的双区域火灾模型来描述。顶棚下形成的烟气层和地板以上空气层构成了室内火灾的两个典型区域。通常上部的烟气层占据了绝大部分室内空间，烟气层与空气层的界面位置距地板很低，燃烧可利用的氧也就很少，材料热分解的产物大部分转变成还原区的产物。大、小尺度的火灾试验表明，当通风当量比增大时，氧化区产物（如 CO_2、H_2O 等）的生成效率和氧化剂的消耗效率均会减小，而还原区产物（如烟、CO、碳氢化合物等）的生成效率增大。

在通风控制条件下，材料燃烧时氧的消耗效率和燃烧产物的生成效率相对燃料控制的燃烧状态所发生的变化，可用两种燃烧状态下对应的效率比（ζ）进行表征。具体如下：

氧化剂（氧气）：

$$\xi_O = \frac{(\eta_O)_{vc}}{(\eta_O)_{wv}} = \frac{(c_O/\psi_O)_{vc}}{(c_O/\psi_O)_{wv}} = \frac{(c_O)_{vc}}{(c_O)_{wv}} \tag{7.24}$$

式中，vc 代表通风控制；wv 代表燃料控制。

氧化区产物（CO_2、H_2O 等）：

$$\xi_{Ox} = \frac{(\eta_j)_{vc}}{(\eta_j)_{wv}} = \frac{(y_j/\psi_j)_{vc}}{(y_j/\psi_j)_{wv}} = \frac{(y_j)_{vc}}{(y_j)_{wv}} \tag{7.25}$$

还原区产物（烟、CO、碳氢化合物等）：

$$\xi_{re} = \frac{(\eta_j)_{vc}}{(\eta_j)_{wv}} = \frac{(y_j/\psi_j)_{vc}}{(y_j/\psi_j)_{wv}} = \frac{(y_j)_{vc}}{(y_j)_{wv}} \tag{7.26}$$

材料燃烧时氧消耗和氧化区产物生成的效率比与材料的化学结构关系不大，但是，还原区产物生成效率比与材料的化学结构密切相关。图 7.3～图 7.9 分别给出了氧消耗和主要产物的效率比与通风当量比之间的关系。

7.3.1　氧和 CO_2

氧的消耗和 CO_2 生成的效率比与通风当量比之间的关系分别如图 7.3 和图 7.4 所示。其关系与前面讲过的通风控制下材料燃烧的化学热和对流热的情况非常相似。实验数据可采用如下的拟合方程表达：

$$\frac{(c_O)_{vc}}{(c_O)_{wv}} = 1 - \frac{0.97}{\exp(\Phi/2.14)^{-1.2}} \tag{7.27}$$

$$\frac{(y_{CO_2})_{vc}}{(y_{CO_2})_{wv}} = 1 - \frac{1.00}{\exp(\Phi/2.15)^{-1.2}} \tag{7.28}$$

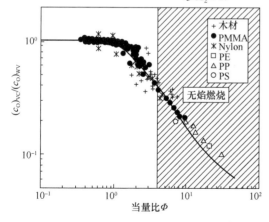
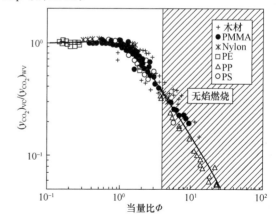

图 7.3　不同材料燃烧时氧消耗效率比与
通风当量比之间的关系

图 7.4　不同材料燃烧时 CO_2 的生成效率比与
通风当量比之间的关系

7.3.2　一氧化碳（CO）

不同材料燃烧时 CO 的生成效率比与通风当量比之间的关系如图 7.5 所示。实验数据可

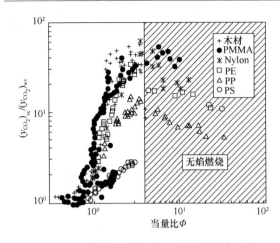

图 7.5　不同材料燃烧时 CO 的生成效率比与
通风当量比之间的关系

有增强碳原子优先转化成 CO 的能力。

采用如下的拟合方程表示：

$$\frac{(y_{CO})_{vc}}{(y_{CO})_{wv}} = 1 - \frac{\alpha}{\exp(2.5\Phi - \xi)} \quad (7.29)$$

式中，α 和 ξ 为拟合系数，取决于材料的化学结构，它们的取值参见表 7.2。

从图 7.5 中可以看出，随着通风当量比的升高，CO 的产率比随之呈增大的趋势，因为在通风控制的条件下，材料中的碳原子优先转化为 CO。实验数据表明，不同材料在通风控制下燃烧时优先生成 CO 的能力各不相同，从大到小的顺序依次如下：木材＞PMMA＞尼龙＞PE＞PP＞PS。具有脂肪族 C—H 结构的材料中，O 和 N 原子的存在具

表 7.2　不同材料燃烧时，产物 CO、碳氢化合物和烟对应的 α 和 ξ 的取值

材　料	CO		碳氢化合物		烟气	
	α	ξ	α	ξ	α	ξ
PS	2	2.5	25	1.8	2.8	1.3
PP	10	2.8	220	2.5	2.2	1.0
PE	10	2.8	220	2.5	2.2	1.0
Nylon	36	3.0	1200	3.2	1.7	0.8
PMMA	43	3.2	1800	3.5	1.6	0.6
木材	44	3.5	200	1.9	2.5	1.2
PVC	7	8.0	25	1.8	0.38	8.0

7.3.3　碳氢化合物（hc）

材料燃烧时，碳氢化合物的生成效率比随通风当量比的变化如图 7.6 所示。实验数据可用如下的拟合方程表示：

$$\frac{(y_{hc})_{vc}}{(y_{hc})_{wv}} = 1 - \frac{\alpha}{\exp(5.0\Phi - \xi)} \quad (7.30)$$

式（7.30）中的拟合系数见表 7.2。方程（7.30）中右边第二项的分子约为方程（7.29）中 CO 对应项的 10～40 倍，而分母约为 CO 对应项的 2 倍。该拟合方程表明，随着通风当量比的变大，材料燃烧时可燃物优先转化成碳氢化合物的能力显著大于转化成 CO 的能力。所试验的材料中，除木材外，优先转化成碳氢化合物能力的大小次序与转化成 CO 的基本相同，具体为：PMMA＞尼龙＞PE＝PP＞木材＞PS。木材之所以出现例外，可能是因为其在热分解燃烧的过程中发生炭化，使得气相中 C 与 H 的比率降低的缘故。

7.3.4　烟

不同材料燃烧时，烟的产率比随通风当量比的变化如图 7.7 所示。实验数据可用如下的拟合方程表示：

$$\frac{(y_{s})_{vc}}{(y_{s})_{wv}} = 1 - \frac{\alpha}{\exp(2.5\Phi - \xi)} \quad (7.31)$$

式（7.31）中的拟合系数，同样列在表 7.2 中。方程（7.31）中右边第二项中的系数值

表明，随着通风当量比的增大，燃料中碳原子优先转化成烟的能力不如转化成碳氢化合物和
CO 的能力强。不同材料发烟能力的大小也与转化成碳氢化合物和 CO 的能力相反，具体为：
PS＞木材＞PE＝PP＞尼龙＞PMMA。这可能是气相中 OH 与 CO 之间的反应相对于 OH 与
烟尘之间的反应减少的缘故。

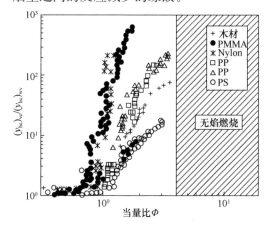

图 7.6 不同材料燃烧时碳氢化合物（hc）的
生成效率比随通风当量比的变化

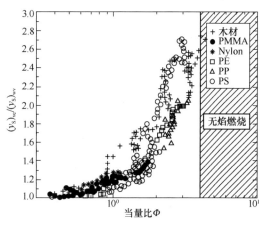

图 7.7 不同材料燃烧时烟的生成效率比
随通风当量比的变化

7.3.5 甲醛（HCHO）、氢化氰（HCN）和二氧化氮（NO₂）

甲醛、氢化氰和二氧化氮的生成效率随通风当量比变化的试验数据如图 7.8 和图 7.9
所示。

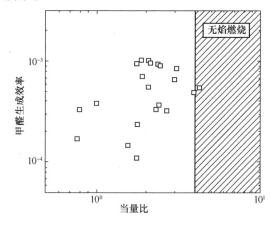

图 7.8 木材燃烧时甲醛的生成效率
随通风当量比的变化

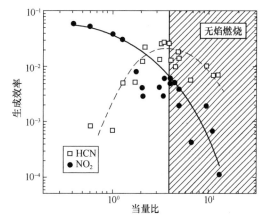

图 7.9 尼龙燃烧时氢化氰、二氧化氮的生成效率
随通风当量比的变化

木材（C—H—O 结构）在高温裂解生成甲醛。当供氧充分时，甲醛在火焰中会迅速与
氧和·OH 基作用而消失。因此，在燃料控制的燃烧中，一般只有痕量级的甲醛生成。当通
风当量比增大时，甲醛的生成效率也随之增大，说明缺氧燃烧时火焰中的·O、·OH 的浓
度和气相温度都变低。

在火灾燃烧中，HCN 出现在燃烧的还原区，来自于像尼龙（C—H—O—N 结构）这样

分子中含有氢和氮的材料燃烧。二氧化氮在氧化区生成，是氢化氰氧化的结果。两者的生成效率随通风当量比的变化如图7.9所示。氢化氰的生成效率随通风当量比的增大而升高，而NO_2刚好相反，这也进一步说明了通风当量比增大时燃烧区的·O和·OH随之减少的事实。在无焰区，氢化氰的生成效率降低可能是燃料质量转化率降低的缘故。

7.3.6 CO与CO_2、烟尘生成效率之间的关系

CO和CO_2生成效率之间的关系如图7.10所示。CO在火焰中的还原区由燃料分解氧化而成，在氧化区进一步氧化生成CO_2。CO_2的生成效率与燃料的化学结构无关，而CO的生成效率与燃料的化学结构有密切关系。在图7.10中，曲线是以表7.2中的关系系数和方程(7.28)、(7.29)为基础绘制而成，反映了近似的预测趋势。

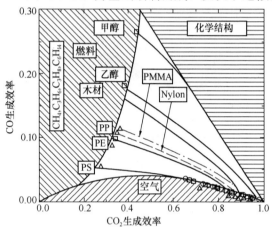

图7.10　材料燃烧时CO和CO_2生成效率之间
的相互关系

总体而言，CO和CO_2生成效率之间的关系相当复杂。在图7.10中标有"空气"的阴影区的边界线是以燃料控制的燃烧（通风当量比不超过0.05）数据为基础绘制而成，此边界线可看成可燃气体的燃烧极限的下限，边界以内的阴影区不会发生明火燃烧，但可继续发生无明火焰的阴燃。图中标有"燃料"阴影区的边界线则是以通风当量比为4.0的通风控制燃烧数据为基础绘制而成，此边界线可看成可燃气体燃烧极限的上限，超过此线进入阴影区，不再有明火焰燃烧，但可继续发生无明火焰的阴燃。图中标有"化学结构"阴影区和"甲醇"曲线右侧区域为设想区域，实际并不存在，因为没有比甲醛（HCHO）和甲醇（CH_3OH）再小的含C—H—O结构的稳定燃料。

图7.10中的曲线表明，在有焰燃烧区，随着通风当量比的增大，不同材料燃烧时碳优先转化成CO（相对转化成CO_2）的能力各不相同，从大到小的顺序依次为：甲醇（C—H—O结构）>乙醇（C—H—O结构）>木材（C—H—O结构）>PMMA（C—H—O结构）>尼龙（C—H—O—N结构）>PP（C—H脂肪族带支链结构）>（CH_4、C_3H_6、C_3H_8、C_6H_{14}）>PE（C—H脂肪族线性结构）>PS（C—H芳香结构）。因此，在室内火灾中，在高通风当量比下，含C—H—O结构的材料燃烧时生成CO的量要明显大于只含C—H结构材料燃烧的结果。其主要原因是含C—H—O结构的材料热分解时即可生成CO，而CO

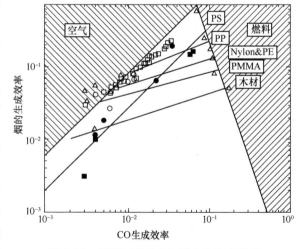

图7.11　不同材料CO和烟尘的生成效率
之间的相互关系

在通风控制条件下只能部分氧化成 CO_2。

CO 和烟尘生成效率之间的关系如图 7.11 所示。CO 和烟尘作为氧化分解的结果都在火焰的还原区生成，它们的生成效率主要取决于材料的化学结构。与图 7.10 中的曲线一样，图 7.11 中的曲线反映的也是以前述对应拟合方程为基础的近似预测关系。图 7.11 中的关系相对比较复杂。标有"空气"的阴影区域的边界对应通风当量比不超过 0.05 的燃料控制的燃烧状态。标有"燃料"的阴影区域的边界对应通风当量比为 4.0 的通风控制的燃烧状态。同样，前者可看成燃烧极限的下限，后者可看成燃烧极限的上限。

从图 7.11 可以看出，不同材料燃烧时，材料中的碳优先转化成烟尘（相对转化成 CO）的次序从小到大依次是：木材（C—H—O 结构）＜ PMMA（C—H—O 结构）＜ 尼龙（C—H—O—N 结构）＜PP（C—H 脂肪族带支链结构）≈PE（C—H 脂肪族线性结构）＜PS（C—H 芳香结构）。含芳香结构 PS 聚合物产烟效率最高，而含 C—H—O 结构的木材产烟效率最低。

7.4　发烟点对燃烧产物产率的影响

7.4.1　发烟点

发烟点（smoking point）定义为在层流的扩散火焰的对称轴方向，从燃烧面起到烟尘刚好离开焰尖的最小高度。使用发烟点表征材料燃烧时的产烟特性已有几十年的历史。气体、液体和固体燃料的发烟点都可通过规定条件下的实验测定。

火焰中烟尘的生成取决于燃料的化学结构、浓度和温度，以及火焰温度、环境压力和氧的浓度。在火焰的对称轴方向，当燃料与氧按化学剂量比反应时，即达到扩散火焰的末端。紧随火焰的是脱离燃烧的炭粒子区，此区域部分受化学反应控制。随着炭颗粒浓度的升高，炭颗粒氧化区可增大到可见火焰长度的 10%～50%。火焰的明亮度和烟的释放取决于炭颗粒的产量和氧化程度。当氧化区炭颗粒的温度低于 1300K 时，火焰中即可释放出烟尘。沿着烟羽流的方向，由于热辐射和新鲜空气的冷却，炭颗粒温度降低，从而使氧化反应逐渐停止。

一般而言，发烟点、碳氢比、芳香性和火焰温度都是用于评价燃料在层流扩散火焰中的相对的发烟特性。燃料的发烟能力与其发烟点成反比。在层流的扩散火焰中，碳氢燃料发烟点的大小次序依次是：芳烃＜炔烃＜烯烃＜烷烃。研究表明，在规定的实验条件下，燃料的发烟点与其燃烧时火焰的热辐射、燃烧效率和产物的生成效率具有确定的函数关系。

7.4.2　对燃烧产物生成效率的影响

图 7.12～图 7.14 分别给出了材料的发烟点与燃烧效率、CO 的生成效率和烟尘的生成效率之间的关系。图中的数据通过 ASTM E 2058 标准试验获得。根据试验数据可获得如下关系：

$$\chi_{ch} = 1.15 L_{sp}^{0.1} \tag{7.32}$$

式中，χ_{ch} 为燃料的燃烧效率；L_{sp} 为发烟点（m）。

$$\chi_{rad} = 0.41 - 0.85 L_{sp} \tag{7.33}$$

式中，χ_{rad} 为热辐射部分的燃烧效率。则热对流部分的燃烧效率 χ_{con} 为：

$$\chi_{con} = \chi_{ch} - \chi_{rad} \tag{7.34}$$

从图 7.13 中的数据可得到 CO 的生成效率与发烟点之间的拟合关系：

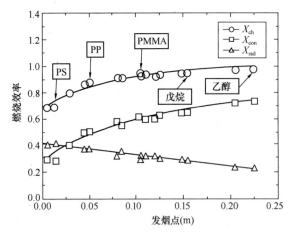

图 7.12　材料燃烧效率与发烟点之间的关系

$$\eta_{CO} = -\left[0.0086\ln(L_{sp}) + 0.0131\right] \tag{7.35}$$

从图 7.14 中的数据可得到烟尘的生成效率与发烟点之间的拟合关系：

$$\eta_s = -\left[0.0515\ln(L_{sp}) + 0.0700\right] \tag{7.36}$$

需要说明的是，在使用 ASTM E 2058 标准试验测定发烟点时，在所试验的燃料中，乙醇的发烟点最大，为 0.24m。按理，甲烷和甲醇的发烟点应大于 0.24m，但实验结果并非如此。考虑到燃烧效率不能大于 1，CO 和烟尘的生成效率也不能为负，所以在方程（7.32）～（7.36）中，发烟点的取值范围为：$0 < L_{sp} \leqslant 0.24$。

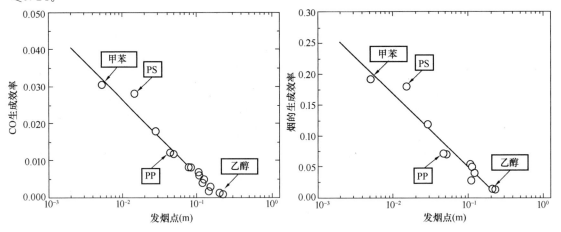

图 7.13　CO 的生成效率与发烟点之间的关系　　　图 7.14　烟的生成效率与发烟点之间的关系

　　一般而言，发烟点将随可燃物分子量的增大而减小。但是，对于聚合物和其对应的单体而言，它们的发烟点有不同的变化：①乙烯和聚乙烯的发烟点分别为 0.097m 和 0.045m；②丙烯和聚丙烯分别为 0.030m 和 0.050m；③苯乙烯和聚苯乙烯分别为 0.006m 和 0.015m。总体而言，发烟点的数据正好也支持了聚合物分解气化的机理，也就是聚乙烯、聚丙烯和聚苯乙烯热分解气化产物为高分子量的齐聚物而不是它们对应的单体，因此，它们的发烟点与对应单体的发烟点各不相同。上述数据表明，聚乙烯的发烟能力大于乙烯，而聚丙烯和聚苯乙烯的发烟能力则要小于对应的单体。

　　从拟合方程（7.32）～方程（7.36）可以看出，发烟点对 CO 和烟生成的影响要明显大于对燃烧效率的影响。例如，发烟点下降 33%，从 0.15m 下降到 0.10m，燃烧效率下降 4%，对流部分燃烧效率下降 12%，而 CO 和烟的生成效率分别增大 89% 和 67%。这可以从发烟点与可燃物的化学结构密切相关的角度加以理解。

　　使用方程（7.32）～方程（7.36），可以利用发烟点预测可燃物的部分燃烧特性。但是，需要再一次强调的是，发烟点的值与试验仪器密切相关，因此，发烟点的值具有相对性。不同试验得到的结果应该通过确定相关性，进行相互换算后，才具有可比性。

7.5　燃烧产物的毒性

在火灾过程中，如果氧气的消耗速度大于氧气的供给速度，将产生含有燃烧物成分的各种形式的缺氧产物。几乎所有的可燃性材料在燃烧时都会释放出大量毒性很高的一氧化碳（CO）气体和二氧化碳（CO_2）。而各种化合物燃烧则将释放出大量单核的碳氢化合物（如甲烷、丙烷等）和一些多核的碳氢化合物（如丙烯醛等）。

许多常见材料中都含有氮（N）、硫（S）、卤族元素以及碳（C）、氢（H）等元素，当这些物质燃烧时，可能会形成氢氰化物（HCN）、氧化氮（NO_x）、二氧化硫（SO_2）以及氢卤酸（HCl、HBr 和 HF）。同时也可能伴随有异氰酸盐、异氰酸酯、腈类和其他的有机物分解出来，这些产物对人体有毒有害。表 7.3 和表 7.4 分别列出了常见材料的组分元素和这些材料燃烧产生的主要毒性气体。

表 7.3　常见聚合物的名称、元素组成和使用场所

聚合物名称	通用名	含化学元素	典型使用场所
丙烯腈-丁二烯-苯乙烯	ABS	C、H、N	仪器、设备、通讯电缆、工程塑料
植物纤维素	植物纤维素	C、H、O	木头、纸张、棉麻类织物
角质物	蛋白质	C、H、O、N、S	皮革和毛纺织品
丝	蛋白质	C、H、O、N	蚕丝、丝绸等
聚丙烯腈	PAN	C、H、N	人造纤维
聚酰胺	尼龙	C、H、O、N	工程塑料制品等
聚甲基丙烯酸酯	有机玻璃	C、H、O	门窗和天花板上的玻璃、照明设备
聚苯硫醚	PPS	C、H、O、S	工程塑料
聚丙烯	PP	C、H	厨房用品、地毯等
聚苯乙烯	PS，HIPS	C、H	仪表、设备等
聚四氟乙烯	PTFE	C、F	涂料、电线的外部绝缘材料等
聚氨基甲酸乙酯	PU	C、H、O、N	塑料坐凳等
聚乙烯氯化物	PVC	C、H、Cl	室内装饰材料、电线外部绝缘材料

表 7.4　常见材料燃烧产物中的主要毒性气体及其 30min 致死浓度　　　　　mg/m^3

名称	致死浓度*	名称	致死浓度*
二氧化碳（CO_2）	1.8×10^5	二氧化硫（SO_2）	1047
一氧化碳（CO）	4581	氧化氮（$NO+NO_2$）	777
硫化氢（H_2S）	1043	苯酚（C_6H_5OH）	920
氨气（NH_3）	522	氰化氢（NCN）	166
甲醛（HCHO）	614	溴化氢（HBr）	497
氯化氢（HCl）	746	氟化氢（HF）	82
丙烯腈（CH_2CHCN）	867	光气（$COCl_2$）	101

*　环境温度为 25℃、大气压为 $1.1035 \times 10^5 Pa$。

7.5.1 一氧化碳

一氧化碳（CO）是火灾中一种具有很大毒性的窒息性气体，是对血液、神经系统毒性很强的污染物。血红蛋白（hemoglobin，Hb）是以血红素为辅基并能与氧分子进行可逆结合的蛋白质，血红蛋白的功能是将大气中的氧输送给机体，与血红蛋白关系密切的是肌红蛋白，它的功能是储存氧气，当机体需要时再释放。CO通过呼吸系统进入人体血液内，与血液中的血红蛋白、肌肉中的肌红蛋白、含二价铁的呼吸酶结合，形成可逆性的结合物。

一氧化碳与血红蛋白的结合，不仅降低血球携带氧的能力，而且抑制、延缓氧血红蛋白（HbO_2）的解析与释放，导致机体组织因缺氧而坏死，严重者则可能危及生命。正常情况下，经过呼吸系统进入血液的氧，将与血红蛋白结合，形成氧血红蛋白（HbO_2）被输送到机体的各个器官与组织，参与正常的新陈代谢活动。而如果空气中的CO浓度过高，很多的CO将进入机体血液，进入血液的一氧化碳优先与血红蛋白结合，形成碳氧血红蛋白（HbCO），一氧化碳与血红蛋白的结合力比氧与血红蛋白的结合力大200～300倍。碳氧血红蛋白的解离速度只是氧血红蛋白的1/3600。

一氧化碳对机体的危害程度，主要取决于空气中CO的浓度与机体吸收高浓度CO空气的时间长短。一氧化碳中毒者血液中的碳氧血红蛋白的含量与空气中的一氧化碳的浓度成正比关系，中毒的严重程度则与血液中的碳氧血红蛋白含量有直接关系。此外，机体内的血红蛋白的代谢过程，也能产生一氧化碳，形成内源性的碳氧血红蛋白，正常机体内，一般碳氧血红蛋白只占0.4%～1.0%，贫血患者则会更高一些。

心脏与大脑是与人的生命最密切的组织与器官，心脏与大脑对机体供氧不足的反应特别敏感。因此，一氧化碳中毒导致的机体组织缺氧，对心脏与大脑的影响最为显著。一氧化碳中毒后，人体血液内的碳氧血红蛋白可达到2%以上，从而引起神经系统反应，如行动迟缓、意识不清。当一氧化碳浓度达到$38mg/m^3$，人体血液内的碳氧血红蛋白可达到5%左右，可导致视觉与听力障碍；当血液内的碳氧血红蛋白达到10%以上时，机体将出现严重的中毒症状，如头痛、眩晕、恶心、胸闷、乏力、意识模糊等。

一氧化碳中毒对心脏也能造成严重的伤害。当碳氧血红蛋白达到5%以上时，冠状动脉血流量显著增加；HbCO达到10%时，冠状动脉血流量增加25%，心肌摄取氧的数量减少，导致某些组织细胞内的氧化酶系统活动停止。一氧化碳中毒还会引起血管内的脂类物质累积量增加，导致动脉硬化症。动脉硬化症患者更容易出现一氧化碳中毒。2.5%甚至1.7%的碳氧血红蛋白就可能使心绞痛患者的发作时间大大缩短。

由于一氧化碳在肌肉中的累积效应，即使在停止吸入高浓度的一氧化碳后，在数日之内，人体仍然会感觉到肌肉无力。一氧化碳中毒对大脑皮层的伤害最为严重，常常导致脑组织软化坏死。

国家卫生部门把碳氧血红蛋白不超过2%作为制定空气中的一氧化碳限值标准的依据。考虑到老人、儿童与心血管疾病患者的安全，我国环境卫生部门规定：空气中的一氧化碳的日平均浓度不得超过$1mg/m^3$；一次测定最高容许浓度为$3mg/m^3$。

人体内正常水平的HbCO含量为0.5%左右，安全阈值约为10%。当HbCO含量达到25%～30%时，显示中毒症状，几小时后陷入昏迷。当HbCO含量达到70%时，即刻死亡。血液中的HbCO含量达到30%～40%时，血液呈现樱红色，皮肤、指甲、黏膜及口唇部均有显示。同时，还出现头痛、恶心、呕吐、心悸等症状，甚至突然昏倒。深度中毒者出现惊厥，脑与肺部出现水肿，心肌受到损害等症状，如不及时抢救，极易导致死亡。表 7.5 为血液中 HbCO 浓度与中毒症状的关系，表 7.6 为空气中 CO 浓度、吸入时间与血液中 HbCO 浓度的关系。

表 7.5　血液中 HbCO 浓度与对应的中毒症状的关系

HbCO 含量（%）	中毒症状
0～10	症状不明显
10～20	可能有轻度头痛，皮肤血管扩张
20～30	头痛，颈额部有搏动感
30～40	剧烈头痛、软弱无力、视物模糊、眩晕、恶心、呕吐、虚脱
40～50	上述症状更加严重，更加容易发生晕厥虚脱，呼吸脉搏加速
50～60	呼吸脉搏明显加速，前述症状明显加剧，昏迷中有惊厥
60～70	在上述症状的基础上，呼吸及脉搏减弱，常可能发生死亡
70～80	脉搏微弱，呼吸弱且慢，进而呼吸衰竭死亡
>80	即时死亡

表 7.6　空气中 CO 浓度、吸入时间与血液中 HbCO 浓度的对应关系

空气中 CO 浓度（mg/m³）	吸入时间	HbCO 浓度（%）
230～340	5～6h	23～30
460～690	4～5h	36～44
800～1150	3～4h	47～53
1260～1720	1.5～3h	55～60
1840～2300	1～1.5h	61～64
2300～3400	30～45min	64～68
3400～5700	20～30min	68～73
5700～11500	2～5min	73～76

7.5.2　氰化氢

氰化氢（HCN）具有剧烈毒性。在火灾中，这种气体致死人命的程度不比一氧化碳轻。氰化氢的毒性是导致人体内缺氧，使人体的细胞新陈代谢功能遭到破坏，一旦人吸入了氰化氢即刻窒息而死亡。含氮有机物干馏或不完全燃烧均可以产生大量的 HCN 气体，它对人的急性吸入毒性见表 7.7。

表 7.7　氰化氢（HCN）对人的急性吸入毒性

HCN 在空气中的浓度（mg/m³）	毒性作用
5～20	2～4h 使部分接触者发生头痛、恶心、眩晕、呕吐、心悸等症
20～50	2～4h 使接触者均发生头痛、眩晕、恶心、呕吐及心悸
100	数分钟即使接触者发生上述症状，吸入 1h 可致死
200	吸入 10min 即可发生死亡
>550	吸入后可很快死亡

由表 7.7 可以看出，HCN 的毒性作用甚为剧烈，它的生物毒理与其对生物氧化作用的破坏密不可分。生物氧化是生物体生命活动最重要、最基本的供能方式，以分子氧为最终受氢体的有氧氧化中，呼吸链或称电子传递链是生物体主要的生物氧化体系，呼吸链是定位于

线粒体内膜，由一系列递氢体、递电子体按一定顺序排列而成的连续酶促反应体系，代谢物脱下的氢可通过它们传递给氧生成水，同时伴有能量生成。生物氧化过程中大多数脱氢酶都是以烟酰胺腺嘌呤二核苷酸 NAD^+ 为辅酶，NADH 呼吸链是细胞线粒体内最主要的呼吸链，糖类、脂肪、蛋白质三大物质分解代谢中的脱氢氧化反应，绝大部分是通过 NADH 呼吸链来完成的。NADH 呼吸链的各组分及各组分的排列顺序如图 7.15 所示。

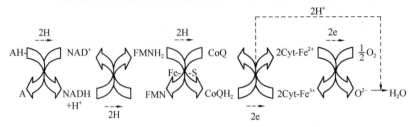

图 7.15　NADH 呼吸链

如图 7.15 所示，代谢物 AH_2 在脱氢酶催化下脱氢（$2H^+ + 2e$）交给 NAD^+ 生成 NADH $+H^+$，黄素单核苷酸 FMN 是 NADH 脱氢酶的辅基，FMN 接受 NADH$+H^+$ 的氢，生成 $FMNH_2$，$FMNH_2$ 将 2H 传给辅酶 CoQ 生成 $CoQH_2$，$CoQH_2$ 将电子（2e）传递给细胞色素 Cyt 体系，各种细胞色素借铁卟啉基团上铁的化合价 Fe^{2+}（还原态）/Fe^{3+}（氧化态）可逆变换而依次传递电子，而质子（$2H^+$）游离在介质中。电子传递的顺序由氧化还原电位较低的细胞色素 b(Cytb)，经过细胞色素 c_1(Cytc$_1$)、细胞色素 c(Cytc)、细胞色素 a(Cyta)、细胞色素 a_3(Cyta$_3$) 的传递，最后 Cyta$_3$ 将 2e 传给氧，使氧活化成氧离子（O^{2-}），氧离子（O^{2-}）与介质中的 $2H^+$ 结合成水（H_2O）。

图 7.16 为 NADH 呼吸链中细胞色素的排列及电子传递过程。细胞色素的多肽链紧紧包围住血红素留下卟啉环的一个侧面，向外界环境开放，作为交流电子的通道。电子可以从其他供体流经卟啉环共轭双键系统的大 π 轨道，最后到达中心铁离子的 3d 轨道上，也能沿着同样的路径，而以相反方向传递给下一个电子受体，如图 7.17 所示。

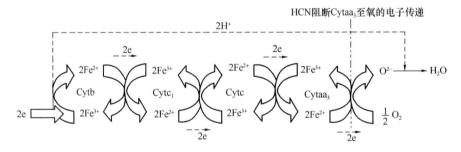

图 7.16　NADH 呼吸链中细胞色素电子传递顺序

NADH 呼吸链中除细胞色素 aa$_3$ 以外，其他细胞色素分子内血红素中心的铁原子都有 6 个全满的配位键，其中 4 个为与卟啉环的氮原子 N 形成配位键，另外 2 个配位键是铁与多肽链的 2 个氨基酸残基结合，故全部 6 个配位键都被填满，呼吸链抑制剂 CN^- 等不能与除细胞色素 aa$_3$ 之外的许多细胞色素结合。但位于线粒体电子传递链最后一步的细胞色素 aa$_3$ 例外，因细胞色素 a 和 a$_3$ 结合很牢不易分开，细胞色素 aa$_3$ 合称为细胞色素氧化酶，它是一个多酶复合体，包括 2 分子 Cyta 和 4 分子 Cyta$_3$，其辅基为血红素 A，血红素 A 的结构如图

7.18 所示。细胞色素 aa_3 中铁原子只形成 5 个配位键，还保留 1 个配位键，可与呼吸链抑制剂 CN^- 等结合。

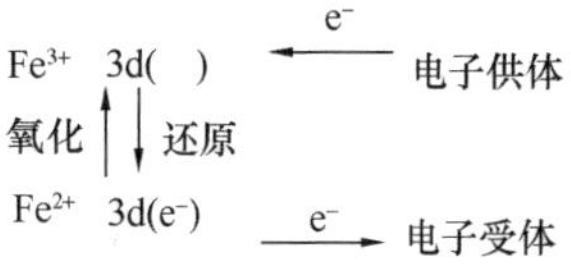

火灾烟气中 HCN 主要通过呼吸道进入人体，之后迅速离解出氰基 CN^-，并迅速弥散到全身各种组织细胞，CN^- 与呼吸链中氧化型细胞色素氧化酶的辅基铁卟啉中的三价铁离子 Fe^{3+} 迅速牢固结合，阻止其中 Fe^{3+} 还原成 Fe^{2+}，中断细胞色素 aa_3 至氧的电子传递，NADH 呼吸链被阻断，使生物氧化过程受抑，产能中断，虽然血液为氧所饱和，但不能被组织细胞摄取和利用，引起细胞内窒息。由于中枢神经系统分化程度高，生化过程复杂，耗氧量巨大，对缺氧最为敏感，故 HCN 使脑组织功能首先受到损害。对 HCN 毒性的脑电研究，观察到 HCN 首先造成大脑皮层的抑制，其次为基底节、视丘下部及中脑，而中脑以下受抑较少。当吸入较大剂量 HCN 时，会引起闪电式骤死。

图 7.17　细胞色素电子交流通道

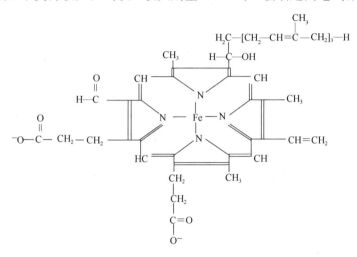

图 7.18　细胞色素 aa_3 中血红素 A 的结构

7.5.3　二氧化硫

二氧化硫（SO_2）是含硫可燃物燃烧生成的燃烧产物，是一种无色、有刺激性气味的有毒气体，相对密度为 2.12，易溶于水形成亚硫酸，具有腐蚀性，20℃时 1 体积水能溶解大约 40 体积的 SO_2。

SO_2 从呼吸道吸收，在组织中的分布量以气管为最高，肺、肺门淋巴结及食道次之，肝、脾、肾较少。同时 SO_2 可使呼吸道阻力增加，其原因可能是由于刺激支气管的神经末梢，引起反射性的支气管痉挛。吸入大量高浓度 SO_2 后，可使深部呼吸道和肺组织受损，引起肺部充血、肺水肿或产生反射性喉头痉挛而导致窒息死亡。SO_2 还能与血液中的硫胺素结合破坏酶的活性，导致糖及蛋白质的代谢障碍，从而引起脑、肝、脾等组织发生退行性变。

SO_2 轻度中毒者，有眼灼痛、畏光、流泪、流涕、咳嗽等症状，常为阵发性干咳，鼻、咽喉部有烧灼痛，声音嘶哑，甚至有呼吸短促、胸痛、胸闷，有时还出现消化道症状如恶心、呕吐、上腹痛和消化不良，以及全身症状如头痛、头昏、失眠、全身无力等。SO_2 严重中毒者，可于数小时内发生肺水肿，出现呼吸困难和紫绀，咳粉红色泡沫样痰。有的病人还可因合并细支气管痉挛而引起急性肺气肿。较高浓度的 SO_2 可使肺泡上皮脱落、破裂，引起自发性气胸，导致纵膈气肿。不同浓度的 SO_2 对人体的影响见表 7.8。

表 7.8 不同浓度的 SO_2 对人体的影响

SO_2 在空气中的浓度（mg/m³）	毒性作用
5.6～8.4	有刺激性气味，有不快感
14～28	刺激鼻和喉头，引起咳嗽
28～56	暴露 5～10 min 则呼吸道增加阻力
56	刺激眼睛，剧烈咳嗽
84～112	呼吸困难
140～280	短期（0.5～1h）可耐受极限
1120～1400	短时间内有生命危险

7.5.4 氮的氧化物

硝酸和硝酸盐分解、含有硝酸盐及亚硝酸盐炸药的爆炸、硝化纤维及其他含氮有机物在燃烧时，都会产生氮的氧化物，其分子式为 NO_x。NO 和 NO_2 的混合物，又称硝气（硝烟），相对密度为 NO 接近空气，N_2O、NO_2 比空气略重，均微溶于水，水溶液呈不同程度酸性。NO、NO_2 在水中分解生成硝酸和氧化氮。N_2O 在 300℃以上才有强氧化作用，其余氮氧化物则有不同程度的氧化性，特别是 N_2O_5，在 −10℃以上分解放出氧气和硝气。它们均有一种难闻的气味，且具有毒性和刺激性。

氮氧化物可与生命的三大物质基础——脂质、蛋白质和核酸发生反应，进而对蛋白质、核酸等生物大分子及细胞成分的结构和功能造成影响，使生物体机能异常。氮氧化物能刺激呼吸系统，引起肺水肿，甚至死亡。NO 还可与血红蛋白结合引起高铁血红蛋白血症，其生物毒理作用之一是抑制细胞能量代谢，从而干扰能量代谢；同时，NO 不仅本身有细胞毒性作用，它还能与其他自由基反应产生更具毒性的物质，如 NO 与超氧阴离子自由基发生快速反应生成具有强氧化性的过氧亚硝基阴离子 $ONOO^-$，对细胞造成不可逆的氧化损伤。NO_2 能与体内许多类型的有机分子产生自由基，对人体组织细胞起破坏作用。

吸入氮氧化物气体当时可无明显症状或有眼及上呼吸道刺激症状，如咽部不适、干咳等，常经 6～7h 潜伏期后出现迟发性肺水肿、成人呼吸窘迫综合征；同时，还可并发气胸及纵膈气肿，肺水肿消退后 2 周左右出现迟发性阻塞性细支气管炎而发生咳嗽、进行性胸闷、呼吸窘迫及紫绀，少数患者在吸入气体后无明显中毒症状而在 2 周后发生以上病变，表现为血气分析示动脉血氧分压降低，胸部 X 线片呈肺水肿或两肺满布粟粒状阴影。另外，硝气中如 NO 浓度高还可致高铁血红蛋白血症。不同浓度的 NO_2 对人体的影响见表 7.9。

表 7.9 不同浓度的 NO_2 对人体的影响

NO_2 在空气中的浓度（mg/m³）	毒性作用
1.88	易感人群可能发生哮喘
47	呼吸道立即受到刺激、疼痛
188	可致死的肺水肿
1880	立即晕倒，15 min 内死亡

7.5.5 光气

光气又名碳酰氯，纯品为无色、有特殊气味气体，低温时为黄绿色液体，是含氯高分子材料燃烧的燃烧产物之一，分子式为 $COCl_2$，分子量为 98.92，相对密度为 3.5，溶于水、芳烃、苯、氯仿等。光气自身不燃，但化学反应活性较高，遇水反应发热并放出强腐蚀性气体。微量光气泄漏可用水蒸气冲散，较大量时可用液氨喷雾解毒及苛性钠溶液吸收。

光气属高毒类、窒息性气体，毒力为氯气的 10 倍，作用持久、有积累性。光气主要造成呼吸道损害，致其发生化学性支气管炎、肺炎、肺水肿，窒息作用很强。光气的毒性作用与吸入浓度有关，光气在空气中最高允许浓度约为 0.5 mg/m^3，在较低浓度（20 mg/m^3，1 min）时，无明显局部刺激作用，需经一段症状缓解期后（也称潜伏期）才出现肺泡-毛细血管膜的损害，导致肺水肿；吸入量越多，潜伏期越短，病情越重，预后越差，当浓度大于 40mg/m^3 时，吸入 1min 后，对支气管黏膜和肌层会产生局部刺激作用，甚至引起支气管痉挛，因此可在肺水肿发生前导致窒息。

光气中毒除引起急性肺损伤外，还可引起其他器官的损伤，在临床观察中已发现有心脏损害圈。很多资料证实，急性光气中毒可直接刺激血管引起应激反应，使肺循环阻力升高，加重右心负荷致严重缺氧等因素而损害心肌，通过心电图分析得出其损害主要在心脏膈面和右心室，但心肌损害大都是可逆的。

光气毒性作用主要是对呼吸系统的损害，其临床特点是迟发性肺水肿甚至发生急性呼吸窘迫综合征（ARDS）。迄今为止对光气中毒致肺水肿的机制见解不一，尚无特效的治疗方法，病死率较高。光气轻度中毒者流泪、畏光、咽部不适、咳嗽、胸闷等；中度中毒者除上述症状加重外，还有紫绀、呼吸困难；重度中毒者畏寒、发热、呕吐、剧烈咳嗽并咯大量泡沫痰、明显紫绀、呼吸窘迫或成人呼吸窘迫综合征，甚至并发气胸、纵膈气肿。接触光气浓度 100～300mg/m^3 达 15～30min 后，常导致严重中毒甚至死亡。

7.5.6　其他

除了上述有毒气体以外，表 7.10 列出了火灾中还可能生成的其他有害气体的毒性。

表 7.10　火灾中其他几种气体的毒性

有毒气体	毒性气体的来源	毒　性	10min 内能致命的毒性气体 mg/m^3 值
氨气（NH$_3$）	燃烧丝纺织品、毛纺织品，如尼龙等	刺激性的难以忍受的气味；对动物的眼鼻有很强的刺激	＞695
氯化氢（HCl）	燃烧聚氯乙烯（PVC）和一些阻燃材料	对呼吸有刺激，涂在物体表面的颗粒氯化氢的毒性要大于等于气体的氯化氢	＞746，无颗粒出现时
气体的卤素氢化物气体（HF、HBr）	来自燃烧氟化物或胶卷或含溴的阻燃材料	对呼吸有刺激	HF 约为 327 HBr＞1656
异氰酸酯	来自氨基中酸乙酯有机物高温的分解物，如甲苯 2，4 二异氰酸酯（TDI）等	对呼吸有强烈的刺激，主要的刺激是异氰酸酯氨基中酸乙酯的烟	约为 712（TDI）
丙烯醛	来自聚烯烃和纤维素塑料的高温热解	对呼吸有强烈的刺激	65～217

此外，还需要指出的是，各种毒性气体之间也有相互影响和促进的作用。如 CO_2 与其他毒性气体之间的相互影响是很重要的，因为它会导致过度换气从而增加毒性气体的吸入速率，并缩短致人失去行为能力的时间（或吸入致死剂量的时间），这种影响对于 CO 中毒的

人最重要，尤其是处于休息状态下的中毒者，而处于活跃状态下的人也会在某种程度上受到影响。从理论上来说，CO 和 HCN 之间几乎没有影响，因为 CO 减少血液中输送 O_2 的量从而减少输送给各个机体组织的氧，而 HCN 降低机体组织利用氧的能力，所以这两种气体可以构成氧供应和氧利用的速度极限，然而大家有一个共识，即这两种气体之间有累积的影响。试验表明，当 HCN 中有接近毒性浓度的 CO 存在时，将缩短 HCN 致人失去行为能力的时间，同时，HCN 也会对人产生过度换气的影响，从而增大 CO 的吸入量。在这种情况下，我们可以认为这两种气体在致人失去行为能力的时间上和致死剂量上是可以累加的，当其中一种气体的毒性剂量分数相加达到 1 时，就会使人失去行为能力或死亡。CO 和缺氧之间的关系在某种程度上也是累加的，因为这两种情况都会降低动脉血液中氧的饱和浓度，而且 CO 还会影响血液向机体组织输氧。

以上只是对材料燃烧产物中常见的毒性气体的致毒机理进行了简要介绍。在火灾中，烟气的毒性往往是各种有毒气体综合作用的结果，有关火灾烟气毒性综合分析与评价将在本书第 9 章中详细阐述。

第8章　聚合物材料对火反应的数值模拟

8.1　数值模拟基础

近几十年来，随着计算机性能的不断提高和计算流体力学的飞速发展，采用数值模拟的方法分析研究建筑防火设计中复杂工程问题（即性能化防火设计）已取得了重大的进展，与此同时，将数值模拟方法用于材料火灾性能分析及其火灾危险性预测与评估已越来越为人们所重视。

8.1.1　数值模拟方法及特点

数值计算是将描述物理现象的偏微分方程在一定的网格系统内离散，用网格节点处的场变量值近似描述微分方程中各项所表示的数学关系，按一定的物理定律或数学原理构造与微分方程相关的离散代数方程组。引入边界条件后求解离散代数方程组，得到网格节点处的场变量分布，用这一离散的场变量分布近似代替原微分方程的解析解。随着计算机技术和计算方法的发展，许多复杂的工程问题都可以采用区域离散化的数值计算并借助计算机得到满足工程要求的数值解。数值模拟技术是现代工程学形成和发展的重要动力之一。

区域离散化就是用一组有限个离散的点来代替原来连续的空间。实施过程是把所计算的区域划分成许多互不重叠的子区域，确定每个子区域的节点位置和该节点所代表的控制体积。节点是指需要求解的未知物理量的几何位置、控制体积、应用控制方程或守恒定律的最小几何单位。一般把节点看成控制体积的代表。控制体积和子区域并不总是重合的。在区域离散化过程开始时，由一系列与坐标轴相应的直线或曲线簇所划分出的小区域称为子区域。网格是离散的基础，网格节点是离散化物理量的存储位置。

常用的离散化方法有：有限差分法、有限元法和有限体积法。对这三种方法分别介绍如下。

有限差分法（FDM）是数值解法中最经典的方法。它是将求解区域划分为差分网格，用有限个网格节点代替连续的求解域，然后将偏微分方程（控制方程）的导数用差商代替，推导出含有离散点上有限个未知数的差分方程组。这种方法产生和发展比较早，也比较成熟，较多用于求解双曲线和抛物线型问题。用它求解边界条件复杂，尤其是椭圆形问题，不如有限元法或有限体积法方便。构造差分的方法有多种形式，目前主要采用的是泰勒级数展开方法。其基本的差分表达式主要有四种形式：一阶向前差分、一阶向后差分、一阶中心差分和二阶中心差分等，其中前两种格式为一阶计算精度，后两种格式为二阶计算精度。通过对时间和空间这几种不同差分格式的组合，可以组合成不同的差分计算格式。

有限元法（FEM）是将一个连续的求解域任意分成适当形状的许多微小单元，并于各小单元分片构造插值函数，然后根据极值原理（变分或加权余量法），将问题的控制方程转化为所有单元上的有限元方程，把总体的极值作为各单元极值之和，即将局部单元总体合成，形成嵌入了指定边界条件的代数方程组，求解该方程组就得到各节点上待求的函数值。

对椭圆形问题有更好的适应性。有限元法求解的速度比有限差分法和有限体积法慢，在商用CFD（计算流体动力学）软件中应用并不广泛。目前常用的商用CFD软件中，只有FIDAP采用的是有限元法。

有限体积法（FVM），又称为控制体积法，是将计算区域划分为网格，并使每个网格点周围有一个互不重复的控制体积，将待解的微分方程对每个控制体积积分，从而得到一组离散方程。其中的未知数是网格节点上的因变量。子域法加离散，就是有限体积法的基本思路。有限体积法的基本思路易于理解，并能得出直接的物理解释。离散方程的物理意义，就是因变量在有限大小的控制体积中的守恒原理，如同微分方程表示因变量在无限小的控制体积中的守恒原理一样。有限体积法得出的离散方程，要求因变量的积分守恒对任意一组控制体积都得到满足，对整个计算区域，自然也得到满足，这是有限体积法的优点。有一些离散方法，例如有限差分法，仅当网格极其细密时，离散方程才满足积分守恒；而有限体积法即使在粗网格情况下，也显示出准确的积分守恒。

就离散方法而言，有限体积法可视作有限元法和有限差分法的中间产物。三者各有所长。有限差分法：直观、理论成熟、精度可选，但是不规则区域处理繁琐。虽然网格生成可以使FDM应用于不规则区域，但对区域的连续性等要求较严。使用FDM的好处是便于编程和并行。有限元方法：适合处理复杂区域，精度可选。缺憾在于内存和计算量巨大，并行不如FDM和FVM直观。有限体积法：适于流体计算，可以应用于不规则网格，适于并行。但是精度基本上只能达到二阶。FVM的优势正逐渐显现出来，FVM在应力应变、高频电磁场等领域中的应用优势已为人们所重视。由于Fluent是基于FVM方法的，因此，下文选择FVM为例介绍数值模拟的基础知识。

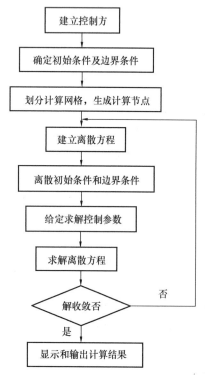

图8.1　数值计算求解过程

8.1.2　数值计算的求解过程

一般来说，用户可借助商用软件或自己直接编写计算程序来完成数值计算。除程序的选用与直接编写的差别外，这两种方法的基本工作任务、内容和过程是完全相同的。不论是流动问题还是传热问题，是单相流还是多相流问题，是稳态还是瞬态问题，其求解过程都可以用如图8.1所示的框图表示。如果所求解的问题是瞬态问题，则可将图中的求解过程理解为一个时间步长的计算过程；循环这一过程求解下个时间步的解。下面对各求解步骤做简要介绍。

（1）针对具体问题选用控制方程

建立控制方程是数值计算求解任何流动和传热问题的前提。通常这一步相对比较简单，因为对于一般流体的流动而言，可通过分析直接写出其控制方程。

（2）初始条件与边界条件的确定

要使控制方程有确定解，首先必须确定方程的初始条件与边界条件。只有确定了初始条件、边界条件的控制方程，才能达到对一个物理过程进行完整数学描述。初始条件和边界条件的选择，直接影响计算的结果与精度。

①初始条件：初始条件是研究对象在过程起始时刻各个求解变量在空间的分布情况。对于瞬态问题，必须给定初始条件；对于稳态问题，不需要初始条件。

②边界条件：边界条件是求解变量或其导数在所求解的区域边界上随时间和位置不同而变化的规律。对于任何问题，都需要给定边界条件。例如，锥管内流体的流动，在锥管进口断面上，需给定流速或压力沿半径方向的分布；而在管壁上，则对流速应取无滑移的边界条件。

（3）划分计算网格

采用数值计算方法求解控制方程时，都是设法将控制方程在计算的空间区域内进行离散，再求解所得离散方程组。若想在空间区域内离散控制方程，必须使用网格。目前，对各种区域已发展出多种离散及生成网格的方法，统称为网格生成技术。

对不同问题采用不同数值解法时，所需网格形式也不相同。但是，网格的生成方法基本上是一致的。目前，数值计算中所生成的网格分为两大类，即结构网格和非结构网格。简单而言，结构网格在空间上分布比较规则，例如，对一个四边形区域，网格往往是成行成列分布的，行线和列线比较明显；而非结构网格是在空间上的分布，没有明显的行线和列线。

对二维问题，常用的网格单元有三角形和四边形等形式；对三维问题，常用的网格单元有四面体、六面体、三棱体等形式。在整个计算域上，网格通过节点联结在一起。

目前各种 CFD 软件都配有专用的网格生成工具，如 FLUENT 使用 GAMBIT 作为前处理软件。多数 CFD 软件可兼容采用其他 CAD 或 CFD/FEM 软件产生的网格模型。如 FLU-ENT 可以兼容 ANSYS 所生成的网格等。

当然，若问题不是特别复杂，用户也可自行编程生成网格。

（4）选用离散化的方法建立离散方程

对于在求解域内所建立的偏微分方程，理论上是有真解（或称精确解或解析解）的。但是，由于被处理问题自身的复杂性，一般很难获得方程的真解。因此，就需要通过数值方法把计算域内有限个位置（网格节点或网格中心点）上的因变量值当作基本未知量来处理，从而建立一组关于这些未知的代数方程组，然后通过求解代数方程组来得到这些节点值；而计算域内其他位置上的值，则根据其所在相应于某些节点位置及相应节点上的值来确定。

由于所引入的因变量在节点之间的分布假设及推导离散化方程时所采用的方法不同，相应地就形成了有限差分法、有限元法、有限元体积法等不同的离散化方法。在同一种离散方法中，如对某项所采用的离散格式不同，最终也将导致离散方程有不同的形式。对于瞬态问题，除了在空间域上的离散外，还要涉及在时间域上的离散。离散后，还要涉及使用何种时间积分方案的问题。

（5）初始条件和边界条件的离散

前面所给定的初始条件和边界条件是连续性的，如在静止壁面上速度为 0，现在需要针对所生成的网格，将连续型的初始条件和边界条件转化为特定节点上的值，如静止壁面上共有 90 个节点，则这些节点上的速度值均应设为 0。这样，连同步骤（4）中在各节点处所建立的离散的控制方程，才能对方程组进行求解。

在商用 CFD 软件中，往往在前处理阶段完成了网格划分，之后直接给定边界上的初始条件和边界条件，然后由前处理软件将这些初始条件和边界条件自动按离散的方式分配到各相应的节点上。

（6）给定求解控制参数

在离散空间区域内建立了离散化的代数方程组，并施加了离散化的初始条件和边界条件后，还需要给定流体的物理参数和湍流模型及其经验系数等。此外，还要给定迭代计算的控制精度、瞬态问题的时间步长和输出频率等，在实际计算中，这些参数对计算的精度和效率有重要影响。

（7）求解离散方程

在进行了上述设置后，构成了具有定解条件的代数方程组。对于这些方程组，数学上已有相应的解法，如线性方程组可采用高斯（Gauss）消元法或高斯-赛德尔（Gauss-Seidel）迭代法求解，而对非线性方程组，可采用牛顿-瑞福森（Newton-Raphson）方法。在商用CFD软件中，往往提供多种不同的解法，以适应不同类型的问题。

（8）判断解的收敛性

对于稳态问题的解，或是瞬态问题在某个特定时间步上的解，往往要通过多次迭代才能得到。有时，因网格形式或网格大小、对流项的离散插值格式等原因，可能导致解的发散。对于瞬态问题，若采用显式格式进行时间域上的积分，当时间步长过大时，也可能造成解的振荡或发散。因此，在迭代过程中，要对解的收敛性随时进行监视，并在系统达到指定精度后，结束迭代过程。这部分内容属于经验性的，需要针对不同情况进行分析。

（9）显示和输出计算结果

通过上述求解过程得出了各计算节点上的解后，需要通过适当手段将整个计算域上的结果表示出来。这时，可采用线值图、矢量图、等值线图、流线图、云图等方式对计算结果进行表达和显示。

所谓线值图，是指在二维或三维空间上，将横坐标取为空间长度或时间历程，将纵坐标取为某一物理量，然后用光滑曲线或曲面在坐标系内绘制出某一物理量沿空间或时间的变化情况。矢量图是直接给出二维或三维空间里矢量（如速度）的方向及大小，一般用不同颜色和长度的箭头表示速度矢量。矢量图可以比较容易地让用户发现其中存在的旋涡区。等值线图是用不同颜色的线条表示相等物理量（如温度）的一条线。流线图是用不同颜色线条表示某一时刻若干流体质点在流场中所处的位置和次序。云图是使用渲染的方式，将流场某个截面上的物理量（如压力或温度）用连续变化的颜色块表示其分布。现在的商用CFD软件均提供了上述的各种表示方式。用户也可以自己编写后处理程序进行结果显示。

8.1.3 数值模拟应注意的问题

在数值模拟计算过程中，要注意尽量减少运算次数，这样不仅可以提高计算的精度，还可以减少误差的积累；对同一种算法（计算方式），要选用计算量少的运算次序，对于不同的算法，要注意收敛速度，讲求效率；数值计算中要构造和使用数值稳定的计算方法，注意计算机数系运算特点，防止两接近的数相减，并设法控制误差的传播；计算过程中应十分小心处理病态的数学问题。

火灾模拟已在火灾科学研究、性能化防火设计、火灾调查、消防指挥决策系统等领域内得到了广泛应用，在火灾科学研究和工程应用领域扮演着越来越重要的角色。火灾数值模型能否真实地反映现实火灾、模拟精度如何，是需要解决的现实问题。尤其是在性能化设计中，火灾模拟的可信度直接关系到设计结果的可信度。数值模型的验证和确认，是数值模拟的一个重要组成部分，其目的是为了评估模拟程序和物理模型的可靠性，并量化数值模拟程序计算结果的置信度。在火灾模拟研究中，主要应用成熟的商业软件或专用的火灾模拟软件，这些软件的验证一般在软件编制和测试过程中会有较多研究，而其确认过程显得更为重要。

对于火灾模拟来说，在编制计算软件之前，首先要将真实的火灾过程转化为相应的概念模型，结合火灾过程的特性分析，再将概念模型转化为数学模型，主要为描述火灾过程的微分方程组，进而就可以编制程序，利用数值方法进行求解。编制的程序能否真实反映火灾过程的概念模型，就需要对其进行验证。验证过程的目的旨在检验代码是否能正确求解数学模型所描述的方程组，主要包括：①代码检验：检验程序代码是否正确，能否正确地求解描述火灾的微分方程。可以利用方程的精确解或构造解来判断程序代码是否正确。②时间和空间离散化：离散方法、离散格式能否满足求解要求。③迭代收敛性和相容性检验：检查所用的求解方法能否满足数值稳定性，能否使方程快速收敛到正确的节，收敛准则是否合适。求解精度一般由简单模型问题的精确解来确定，它是计算机代码正确求解概念模型的证实过程，强调求解过程是否正确，重点考察计算模型的误差，而不是建立概念模型与真实世界之间的关系。

确认过程主要是将程序的计算结果和真实的火灾试验数据进行对比，以验证计算程序是否能真实反映现实火灾。确认过程中，求解精度一般由实验数据来确定，强调求解问题是否正确，考察的是模拟模型的误差。对比试验的选取应该有代表性，应对各类不同的试验进行对比研究，如烟气流动试验、火灾蔓延试验等，确认火灾模型对各种不同火灾过程的适用性。确认过程还应选择不同的火灾参数进行研究，如温度、速度、浓度、热释放速率、辐射热通量等，确定其对不同参数的预测能力。火灾发展具有确定性和随机性的特点，火灾试验的影响因素较多，在选择确认试验时，应尽量选择可重复性强的试验，并应注重采用不同火灾场景下的火灾试验，对其进行确认研究，以便于更好地检验模型的可信度。图 8.2 为火灾模型验证和确认的流程图。

总之，利用火灾模型进行数值分析前，应着重考虑该模型对所模拟问题的适用性及预测能力，一般情况下，需要事先利用相关试验（已有其他人员进行的试验或自己进行的相关试验）对模型进行确认研究。火灾模型的验证和确认应包含其对各类火灾参数的预测能力研究，如火场温度、热辐射通量、反应产物的浓度变化（着重研究 CO、CO_2、烟密度等）、火场能见度等。对于通用的 CFD 软件，如 PHOENICS、FLU-ENT、CFX 等，由于其发展比较成熟，其程序一般能够比较准确地反映其所确立的概念模型，因此，对这类模型可以着重于确认研究；对于专用火灾模拟软件，如 FDS 等，已经进行了较多的确认和验证工作，对于比较常见的火灾场景，如建筑室内火灾等，可以直接用来模拟分析，而对一些特殊

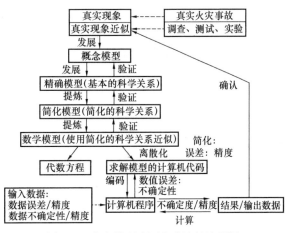

图 8.2　火灾模型验证和确认的流程图

的场景，如火灾在狭长双层玻璃幕墙内的蔓延模拟，还需进行进一步确认研究；对于自行编制的火灾模型，模型的验证工作是至关重要的，应确保程序能够准确反映概念模型。

8.2 材料导热的数值模拟

在研究固体材料的传热过程中，通常考虑三个独立的传热模式，即热传导、热对流和热辐射。热传导又称导热，属于接触传热。当物体的温度不均匀时，热能将从高温部分传播到低温部分，使整个物体的温度趋于一致的现象称为热传导。从宏观角度看，热传导是连续介质各部分之间没有发生相对的宏观位移，就地传递热量的一种传热方式。从微观角度看，热传导是由物体内部或相互接触物体之间的分子、原子及自由电子等微观粒子的热运动而产生的热量传递现象。

衡量物体导热性能的物理量是物质的导热系数，导热系数越小，材料的绝热性能越好。傅里叶在对导热过程进行大量实验研究的基础上，发现了导热热流密度矢量与温度梯度之间的关系，并于 1882 年提出了著名的导热基本定律——傅里叶定律。对于物性参数不随方向变化的各向同性物体，单位时间通过垂直于温度梯度方向的单位面积的热能，与温度梯度成正比，其比例系数为该物质的导热系数。傅里叶定律的数学表达式为：

$$\ddot{q}'' = \lambda \frac{\mathrm{d}T}{\mathrm{d}t} \tag{8.1}$$

式中，$\ddot{q}''$ 为热流密度（也称热通量）（W/m^2）；λ 为导热系数，[W/（m·K）]；（dT/dx）为 x 方向的温度梯度。

材料导热系数的测量方法可分为试样温度分布不随时间改变的稳态法和温度分布随时间而变化的非稳态法两类。对于低导热材料，使用较多的稳态测量方法是防护热板法，但是，稳态法测量材料热物性参数时，由于其达到稳态温度场的耗时较长，并且测量中引入的误差因素较多，精度有限，所以其应用受到一定限制。而非稳态法是一种瞬态测试方法，具有适合测量的材料种类范围更广、能够覆盖较宽的温度和热物性区间、测量时间短等特点，因而其应用也越来越广泛。在各种非稳态方法中，较适合用于隔热材料热物性测量的方法有闪光法以及各种瞬态接触热源法，如热线法、热探针法、热带法、脉冲（阶跃）平面热源法、常功率平面热源法、瞬态平面热源法等。

通过实验室测定材料导热系数的方法虽然能够确定多数材料在使用条件下的导热系数，但是对于温度不断变化的火灾条件来说，实验测定的方法不能准确反映材料导热系数随温度变化的情况，尤其对于结构比较复杂的膨胀型材料、复合材料更是如此，因而通过数值模拟的方法来求算材料的等效导热系数对于材料的热性能分析及安全评价是最有效的方法。

8.2.1 膨胀、多孔性材料导热系数的数值计算

涂覆防火涂料是提高材料耐火性能的有效方法，膨胀型防火涂料由于其特有的涂层厚度薄、装饰效果好等优点，尤其受到青睐。膨胀型防火涂料在受热过程中，体系内部各组分之间相互作用，发生膨胀并形成多孔状的炭层，从而起到对基材的防火保护作用。防火涂料在整个受热膨胀过程中导热系数的变化可以反映涂料的防火效果，并可以作为建筑防火工程设计的重要参考数据。但是，对上述各种常用的测定材料热物性参数的实验方法进行分析，发现对于防火涂料尤其是膨胀型防火涂料的热物性参数，仍然存在一些问题，主要体现在以下

几个方面：一是仪器无法应对涂料膨胀的特点，在测试时，为了减小接触热阻，被测材料与加热源元件紧密接触，且二者位置相对固定，加热源无法随着涂料的膨胀而移动，因此，测量的数据不能正确反映膨胀型防火涂料的热物性参数。二是试样的制备上难以满足仪器的要求，如部分测试方法要求被测材料应制备成小圆盘薄片状，由于涂料膨胀后质地较脆，要切割成满足仪器需求的尺寸比较困难，另外测试要求试样厚度仅为几毫米，测试结果不能反映涂料膨胀后较厚的热物性参数。三是测量的温度上限不足，大部分测试方法能够胜任中低温下材料热物性的测量，虽然某些方法理论上可以达到很高的测量温度，但其在高温下的测试精度已远不能达到实际应用的需求，所以测试结果不能代表涂料在高火场温度下的热物性。四是测量的范围不能满足耐火性能较好的涂料，对于现有的各种测量方法，热扩散系数最小仅能达到 $0.1mm^2/s$，而从文献的计算来看，有些防火涂料的热扩散系数小于此下限值。五是测试时的温度不能根据火场的实际情况进行程序设定，使得实验条件与真实火灾场景存在一定差距，因而测试结果不能准确反映涂料在火灾中的真实情况。鉴于以上分析，需要建立一个模型，并结合实验数据，来确定膨胀型防火涂料的导热系数。

(1) 钢结构防火涂料等效导热系数的确定

钢结构是主要建筑结构之一，由于其具有强度高、塑韧性好、自重轻、构件制造简便、施工速度快、经济效益好等独特的优点，在我国工业、民用建筑中广泛采用，尤其在超高层及大跨度建筑方面更显示出超强的生命力。火灾条件下，钢结构的升温情况直接与防火涂料的隔热性能相关，且相同条件下涂料的导热系数越小隔热效果越好，因而国内外有关研究均以涂料的导热系数来表征其隔热性能。但是防火涂料的导热系数不是一个固定的值，会随着温度的变化而发生变化，尤其对于膨胀型防火涂料而言，在受热过程中，体系内部会产生复杂的物理、化学反应，并伴随有吸热、放热等现象，要想准确地求得涂料的导热系数是非常困难的。在防火设计过程中，人们关心的并不是涂料在某一时刻具体的导热系数是多少，而是在整个受热过程中，其对钢构件的保护情况，也就是钢构件在防火涂料的保护下达到规定的失效温度时所经历的时间，因而变化的导热系数可由一个相对稳定的等效导热系数来代替，在使用等效导热系数来计算钢结构升温过程时，与实际的升温情况相符。总结防火涂料等效导热系数的确定方法及模型可以发现，主要有两种方法：一是利用经验公式来确定等效导热系数；二是利用基本的热传导原理进行数值计算来确定。

①利用经验公式确定涂料的等效导热系数

在一些学术文献及相关标准中给出了确定防火涂料等效导热系数的经验公式，使用这些公式来计算涂料的等效导热系数非常简便快捷，但由于经验公式适用条件的限制，使得计算结果的误差也相对较大。

《建筑钢结构防火技术规范》（CECS 200：2006）中规定，对于非膨胀型防火涂料的等效导热系数，可由下式确定：

$$\lambda_i = 2.481 \left(\frac{T_0 - T_{s0}}{5400} + 0.2 \right)^2 - 0.109 \tag{8.2}$$

式中，λ_i 为防火涂料的等效导热系数 $[W/(m \cdot ℃)]$；T_0 为规定尺寸的受保护的构件在标准火灾升温条件下 1.5h 时的温度（℃）；T_{s0} 为试验前试件的初始温度（℃）。

欧洲钢结构防火设计手册中给出了标准火灾条件下被保护钢构件的极限温度近似计算公式为：

$$T_{\text{lim}} = \frac{t}{2400}\left(\frac{A_i/V}{d_i/\lambda_i}\right)^{0.77} + 140 \tag{8.3}$$

式（8.3）计算结果在 $400\sim600\,^\circ\!\text{C}$ 的温度范围内较准确，对式（8.3）进行整理可以得到极限温度时涂料的导热系数：

$$\lambda_i = \left[\frac{2400(T_{\text{lim}}-140)}{t}\right]^{1/0.77}\frac{d_i V}{A_i} \tag{8.4}$$

式中，T_{lim} 为钢构件的极限温度（K）；t 为到达极限温度的时间（s）；A_i 为钢构件单位长度保护层的内表面积（m^2/m）；V 为钢构件单位长度的体积（m^3）；d_i 为防火涂料的厚度（m）；λ_i 为防火涂料的导热系数 $[\text{W}/(\text{m}\cdot\text{K})]$。

对于膨胀型防火涂料，其受热后形成的炭化层的隔热效果在整个火灾升温过程中起着决定性的作用，炭化层结构类似于海绵，属于多孔材料，国内外很多学者提出了多孔性固体材料等效导热系数确定的经验公式。Kantorovich 和 Staggs 指出，多孔性材料的导热系数处在一个范围之内，即

$$\frac{\lambda_0/\lambda_1}{\lambda_0/\lambda_i + \varphi(1-\lambda_0/\lambda_i)} \leqslant \frac{\lambda}{\lambda_1} \leqslant 1 - \varphi\left(1-\frac{\lambda_0}{\lambda_1}\right) \tag{8.5}$$

根据式（8.5），Staggs 又给出了确定等效导热系数的公式：

$$\frac{A-A_0}{A^{1/3}(1-A_0)} = 1 - \varphi \tag{8.6}$$

以上两式中，λ 为膨胀型防火涂料的等效导热系数 $[\text{W}/(\text{m}\cdot\text{K})]$；$\lambda_0$ 为气孔内气体的导热系数（一般取空气的导热系数）$[\text{W}/(\text{m}\cdot\text{K})]$；$\lambda_1$ 为固体炭骨架的导热系数（经实验确定为 0.36）$[\text{W}/(\text{m}\cdot\text{K})]$；$\varphi$ 为炭层的孔隙率（%）；A 为 λ/λ_1；A_0 为 λ_0/λ_1。

另外在高温情况下，炭层的热传导会因气孔内辐射热的传递而加强，此时炭层的等效导热系数为

$$\lambda^* = \lambda + k_R\varphi\left(\frac{T^3}{T_a^3}-1\right) \tag{8.7}$$

式中，λ^* 为考虑了炭层内气孔辐射传热在内的膨胀型防火涂料的等效导热系数 $[\text{W}/(\text{m}\cdot\text{K})]$；$k_R$ 为与气孔形状及发射率相关的参数，如果气孔尺寸较大则仅与孔隙率相关（经实验确定为 0.0090 ± 0.0019）$[\text{W}/(\text{m}\cdot\text{K})]$；$T$ 为防火涂料体系的温度（K）；T_a 为环境温度（K）。

对比式（8.6）和式（8.7）可以发现，孔隙率对炭层等效导热系数的影响在低温与高温情况下是不同的。温度较低时，等效导热系数与孔隙率呈反比关系；而在较高温度时，等效导热系数与孔隙率呈正比关系。

Carson J K 等利用有效介质理论，提出了双相物质任意排列多孔材料的导热系数，计算公式为：

$$k_e = \frac{1}{4}\left\{(3v_2-1)k_2 + [3(1-v_2)-1]k_1 + \sqrt{[(3v_2-1)k_2+(2-3v_2)k_1]^2 + 8k_1 k_2}\right\}$$

$$\tag{8.8}$$

式中，k_e 为多孔材料的导热系数 $[\text{W}/(\text{m}\cdot\text{K})]$；$k_1$ 为固相物质的导热系数 $[\text{W}/(\text{m}\cdot\text{K})]$；$k_2$ 为气相物质的导热系数 $[\text{W}/(\text{m}\cdot\text{K})]$；$v_2$ 为气相物质所占的体积百分含量（%）。

王玲玲在确定膨胀炭层的等效导热系数时，认为当炭层孔隙率较大时可近似认为是气体相的导热系数，且综合考虑热辐射和热传导两种热量传递方式，提出炭化层中气相物质的导

热系数可由下式计算：

$$\lambda_g = 4.815 \times 10^{-4} T^{0.717} + \frac{2}{3} \times 4d\varepsilon\sigma T^3 \tag{8.9}$$

式中，d 为沿热流方向气孔的直径（m）；ε 为辐射系数（m^{-1}）；σ 为 Stefen-Boltzmann 常数，5.67×10^{-8} W/（$m^2 \cdot K^4$）。

②利用热传导原理进行数值计算确定涂料等效导热系数的方法

为了简化涂料等效导热系数数值计算的过程，多数采用一维导热模型，且由于钢结构具有较高的导热系数，忽略钢结构内部的温差。一维导热微分方程为：

$$\alpha_i \frac{\partial^2 T(x,t)}{\partial x^2} - \frac{\partial T(x,t)}{\partial t} = 0 \tag{8.10}$$

式中，α_i 为材料的热扩散系数，且 $\alpha_i = \lambda_i/c_i\rho_i(m^2/s)$。

如果忽略防火涂料升温过程中吸收的热量及钢结构内部的温差，则根据集总热容原理可建立构件内部升温的迭代计算公式为：

$$\Delta T_s = \frac{\lambda_i/d_i}{\rho_s c_s} \frac{A_i}{V}(T_g - T_s)\Delta t \tag{8.11}$$

对式（8.11）进行整理则得到涂料的等效导热系数为：

$$\lambda_i = \frac{\rho_s c_s d_i V \Delta T_s}{A_i(T_g - T_s)\Delta t} \tag{8.12}$$

式中，ρ_s 为钢构件的密度（kg/m^3）；c_s 为钢构件的比热容［J/（kg·℃）］；T_s 为 t 时刻钢构件的温度（℃）；T_g 为 t 时刻空气的温度（℃）；Δt 为时间步长，一般不大于 30s；ΔT_s 为间隔 Δt 内钢构件的温升（℃）。

利用式（8.11）、式（8.12），韩君、王安彬、蒋首超等通过标准试验确定了厚型及薄型防火涂料的等效导热系数，M. Bartholmai 用锥形量热计计算了膨胀型防火涂料的等效导热系数，且将计算得到的等效导热系数作为输入数据，计算得到的钢构件的温升与试验结果吻合较好。

③分段等效热阻及计算

对以上防火涂料等效导热系数确定方法进行总结和分析，可以发现，无论是利用经验公式的方法还是数值计算的方法，都存在一些不容忽视的问题，主要表现在：

（a）在整个升温过程中，如果以一个固定的等效导热系数值来模拟整个导热过程，对于非膨胀型防火涂料而言是可行的，但是对于膨胀型防火涂料来说，可能仅在某个温度段的吻合效果较好，不能准确预测整个升温过程，而如果等效导热系数是一个与温度相关的函数关系式，又不能直接地反映出不同种涂料间的防火隔热效果，也使涂料的性能评价过程复杂化。

（b）经验公式是基于某种特定的试验条件而确定的，材料的导热系数与温度的变化情况密切相关，如果工程实际情况中的火灾场景与试验条件相差较大，使用经验公式方法确定的涂料的导热系数必然会给抗火设计结果带来较大误差，从而产生过度保护或保护不足的现象。

（c）对于膨胀型防火涂料，从经验公式来看，其炭层的导热系数与其孔隙率有关，孔隙率越大，涂料的导热系数越小，在高温情况下则相反，但这些结论都是建立在气孔尺寸很小的基础上的，而对于不致密、气孔尺寸较大的炭层而言，虽然它的孔隙率也可能会接近 0.9 或更大，但是由于气孔尺寸大，气孔内部的对流、辐射传热会很大程度地增强热量的传递，从而使其等效导热系数随孔隙率的增大而增大，所以这些公式不能很好地反映各种品质涂料的隔热性能。

（d）防火涂料的隔热保护效果还决定于涂层的厚度，尤其对于膨胀型防火涂料而言，涂料的膨胀倍数、炭层的厚度直接影响着钢构件的温升情况，导热系数本身无法反映出厚度的变化带来的影响，而经验公式中或者使用膨胀前的厚度，或者使用炭层的厚度，这些都将使预测结果产生偏差。

（e）从现有的研究结果来看，膨胀型防火涂料的导热系数在构件破坏前的整个受热过程中呈"L"形的变化趋势，即在初始阶段环境温度较低，涂料未发生炭化膨胀，导热系数相对较大，但随着温度的逐渐升高，涂层发生化学反应，形成多孔状的隔热炭层，使得导热系数下降，因而在整个受热过程中使用一个等效导热系数不能很好地反映出涂料在不同受热阶段的隔热效果。

鉴于现有反映涂料隔热性能的参数以及求算方法中存在的局限性，针对膨胀型钢结构防火涂料提出了分段等效热阻的概念，即根据膨胀型防火涂料在受热过程中的不同反应情况，将涂料的热性能分为两个阶段分别进行考虑，并且用等效热阻来代替等效导热系数，从而可以综合反映涂料的导热系数和厚度的变化对涂料性能的影响。

分段等效热阻概念中，对分段的界定是基于膨胀型防火涂料的反应历程而确定的。在火灾条件下，膨胀型防火涂料经历如下过程：首先涂料在受热后迅速升温；当温度升高到 100～250℃时，涂料的聚合物基料开始熔融降解为黏稠的液体，同时酸源也开始发生降解反应；在温度达到 280～350℃时，体系内的气源降解并释放出大量的气体，且有部分无法逸出而留存在体系中，形成气孔，使体系膨胀发泡；熔融的液体基料变硬，形成海绵状的炭质层。整个过程中，涂料以膨胀前后为界线表现出不同的隔热性能，一般情况下，仅能获得钢构件的温度，而钢构件的温度会低于涂料体系的整体平均温度，因此，以钢构件温度达到 250℃为界线，将涂料的受热过程分为膨胀前和膨胀后两个阶段，分别计算不同阶段的等效热阻，并在钢结构抗火设计时分阶段输入不同的热性能参数值，从而更准确地描述构件的升温过程，以及对比不同种类型号防火涂料的隔热性能的具体差异。

另外，涂料与环境的边界条件采用 Dirichlet 模型，即涂料的表面温度与环境的温度相同，忽略涂料表面与环境的对流和辐射作用，则涂料体系的等效热阻 R_i（K·m^2/W）可以表示为

$$R_i = \frac{d_i}{\lambda_i} \tag{8.13}$$

Guo-Qiang Li 等人在式（8.13）确定的等效热阻的基础上，提出了应用涂料的固定等效热阻来评价其隔热效果的方法。但是，由于固定等效热阻是通过高温区域内（400～600℃）的等效热阻来确定的，所以应用固定等效热阻对钢构件的温升情况进行模拟计算时，得到的计算结果仅在高温区吻合较好，无法准确反映钢构件的整个升温过程及涂料在不同阶段的隔热效果，因而需对涂料的等效热阻进行分段考虑。

应用热阻这一参数，对式（8.11）和式（8.12）进行整理，则可得到：

$$\Delta T_s = \frac{(T_g - T_s)}{R_i} \frac{1}{\rho_s c_s} \frac{A_i}{V} \Delta t \tag{8.14}$$

$$R_i = \frac{(T_g - T_s)}{\Delta T_s / \Delta t} \frac{1}{\rho_s c_s} \frac{A_i}{V} \tag{8.15}$$

从而在实验的基础上，获得钢构件温度及环境温度随时间的变化情况，并将钢构件的物理、几何参数代入式（8.15），通过迭代的方法即可求得膨胀型防火涂料的热阻随时间的变化值，再对计算得到的热阻值进行分段处理，将构件温度达到 250℃ 之前的热阻值进行整理，求算该温度段的等效热阻（R_{iq}），使得模拟结果与实验结果相一致。同理，可求得构件温度在 250℃ 至失效温度段的等效热阻（R_{ih}）。分段等效热阻确定后，利用式（8.14）便可以模拟钢构件在已知环境温度下的温升情况，预测其耐火时间，并可以作为涂料性能的评价参数，对不同型号、厂家的防火涂料进行直观的耐火性能的判断。

对不同厂家的两种膨胀型防火涂料进行耐火性能测试，涂料型号分别记为型号 A 和型号 B。炉温按 ISO 834 标准进行升温，试件尺寸为 80mm×40mm×1.2mm，实验时同时记录炉温及试件背温，当试件温度达到 583℃ 时认为构件失效停止加热，此时对应的时间为该构件在该实验条件下的耐火时间，A、B 型防火涂料在该实验条件下的耐火时间分别为 2900s 和 2040s。图 8.3 为分别涂覆两种型号的防火涂料时试件的温度随时间的变化情况。

根据实验结果，利用式（8.15）得到 A 型防火涂料的热阻随时间的变化如图 8.4 所示。从图 8.4 可以看出，A 型防火涂料的热阻值随时间的变化大体可以分为快速增长阶段和稳定变化阶段，同时，在增长阶段还有一个变小的凹峰，这可能是由于膨胀阻燃体系在此时间段发生了放热的化学反应，起到了类似内热源的作用，从而表现出体系热阻减小的现象，涂料的热阻在后期仍有逐渐增大的趋势，主要是因为在高温区膨胀体系反应得更加完全，膨胀的厚度也逐渐增大，使得体系的热阻变大。通过计算，得到 A 型防火涂料的 R_{iq} 为 0.15 K·m²/W，R_{ih} 为 0.54K·m²/W。应用分段等效热阻，通过式（8.14）得到试件在 ISO 834 标准升温条件下的温度变化情况。图 8.5 为计算结果与实验结果的对比图。

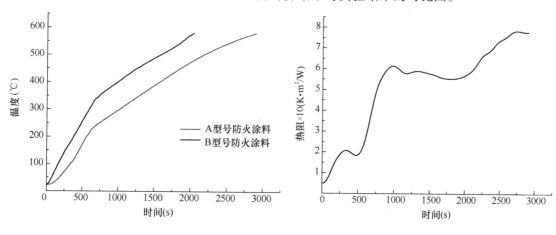

图 8.3　分别涂覆 A、B 型号防火涂料时
试件温度变化图

图 8.4　A 型防火涂料的热阻随时间的
变化图

另外，对于 A 型防火涂料，使用 Guo-Qiang Li 等人提出的方法，求得其固定等效热阻为 0.43K·m²/W，应用这一热阻值，分别用经验公式（8.3）和迭代公式（8.14）计算试件在 ISO 834 标准升温条件下的温度变化情况。图 8.6 为两种计算结果与实验结果的对比

图。由图 8.6 可以明显地看出，在试件整个升温过程中，仅使用一个固定的等效热阻，无论是由经验公式还是理论迭代的方法模拟计算得到的试件温升情况与实验结果都具有较大的偏差。

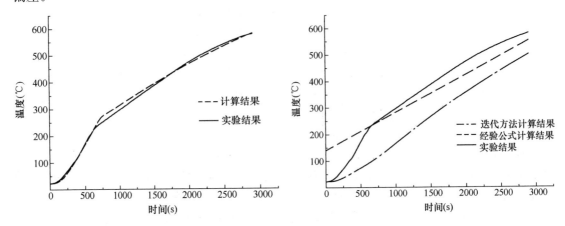

图 8.5　涂覆 A 型防火涂料时试件计算温度与
实验结果对比图

图 8.6　A 型防火涂料固定等效热阻计算结果与
实验结果对比图

通过同样的方法，可以计算得到 B 型防火涂料的热阻随时间的变化情况，并与 A 型的热阻进行对比，结果如图 8.7 所示。从整体上看，B 型防火涂料的热阻值小于 A 型的热阻，导致 B 型号涂料的耐火时间比 A 型号的短。另外，B 型涂料的热阻也有一个快速增加的阶段，且该阶段内有凹峰出现，但是进入稳定阶段后，热阻值的变化幅度仍相对较大，后期热阻值有变小的趋势，这可能是由于膨胀炭层在高温下形态发生变化，从而使其隔热效果变差。经过计算，B 型号防火涂料膨胀前的等效热阻 R_{iq} 为 $0.074K \cdot m^2/W$，膨胀后的等效热阻 R_{ih} 为 $0.29K \cdot m^2/W$。应用分段等效热阻，对试件的温升进行模拟计算，计算结果与实验结果符合较好。图 8.8 为涂覆 B 型防火涂料时试件计算温度与实验结果对比图。

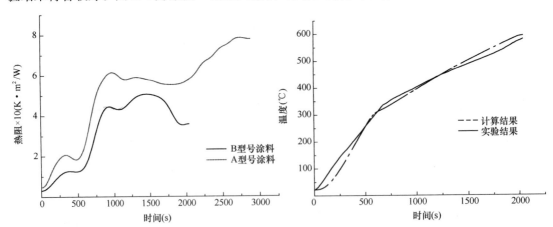

图 8.7　A、B 型号防火涂料热阻对比图

图 8.8　涂覆 B 型防火涂料时试件计算温度与
实验结果对比图

（2）电缆防火涂料等效热扩散系数的确定
电缆由于其自身的可燃性及特殊的工作环境，使其具有火灾危险及火灾危害大的特点，

所以电缆防火是消防领域的一项重要研究课题。在电缆表面涂刷电缆防火涂料，可以有效地减少火灾发生和阻止火焰的蔓延传播，是对电缆进行防火保护最经济、方便、有效的办法之一。关于电缆防火涂料的防火性能，相关标准仅考虑了涂料的阻燃性能，而电缆在火灾中保持线路完整性，可以有效地降低火灾造成的损失，为消防营救争取宝贵的时间，所以电缆防火涂料的耐火性能也逐渐受到重视。然而，由于相关研究的实验条件有所不同，使得研究结果缺乏对比性，因此需要引入一个相对稳定的热物性参数，可以对电缆防火涂料的耐火性能进行评价。材料的热扩散系数 $\alpha(\mathrm{m^2/s})$，是由材料的密度 $\rho(\mathrm{kg/m^3})$、热容 $c[\mathrm{J/(kg \cdot K)}]$、导热系数 $\lambda[\mathrm{J/(m \cdot s \cdot K)}]$ 组合而成的一个综合热物性参数，$\alpha = \dfrac{\lambda}{\rho c}$，是表征物体被加热或冷却时，物体内部温度趋向均匀一致的能力，α 越大，物体内部各处的温度差别越小，说明材料的耐热性能越差。对于膨胀型防火涂料而言，涂料的高温膨胀率也是评价其耐火性能的重要参数，所以，为了直观、准确地评价电缆防火涂料的耐火性能，需要对涂料的热扩散系数及膨胀率加以确定。

确定电缆防火涂料等效热扩散系数的方法应能够适应涂料膨胀的特点，可以综合反映涂料在整个保护过程中的热物性，另外实验温度可调且与实际火灾场景相符，使测定结果真实、可靠，并可以作为电缆防火涂料的一项防火性能指标，为电缆工程的防火设计提供参考数据。该方法的整体思路是以实验、文献结论、传热理论为基础，建立涂有电缆防火涂料的电缆在热环境中的传热模型，设定多种条件计算电缆失效时间，并拟合出电缆失效时间与涂料膨胀厚度及热扩散系数之间的关系式，再通过实验确定在某种涂料保护下的电缆失效时间，将涂料膨胀厚度及时间代入所得关系式，即可得到该种涂料的热扩散系数，具体过程如图 8.9 所示。

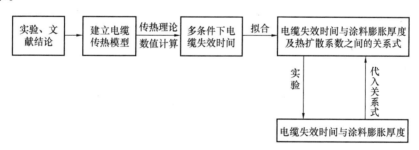

图 8.9　确定电缆防火涂料热扩散系数流程图

①电缆传热模型的建立

为了研究电缆防火涂料对电缆耐火性能的影响，对工程中较为常用的不同型号的电缆在涂覆不同厚度电缆防火涂料时的绝缘热失效时间进行了实验研究，通过研究发现，不同型号电缆的失效时间随防火涂料厚度的增加而延长，但失效温度基本保持不变，控制在一定的温度范围内，如 VV 电缆的绝缘失效温度为 139（±20.8％）℃，ZC-YJV 电缆的绝缘失效温度为 208（±23.6％）℃，即电缆绝缘的失效温度与受保护程度的关系不大，因此，可以根据传热学理论，在合理假设的前提下，建立涂有防火涂料的电缆受热时的温度分布模型，并计算模型内部各点温度随时间的变化，当电缆中心温度达到绝缘平均失效温度时，其对应的时间即为电缆在保护条件下的绝缘失效时间。

模型以 VV 电缆为对象，为了方便计算，对模型进行如下假设：多股铜导线简化为与其外切圆等面积的单股导线；电缆绝缘及护套材料视为一个整体来考虑（对于 VV 电缆而言，其绝缘及护套材料均为聚氯乙烯，且二者接触紧密，所以可认为电缆的绝缘护套材料为一个整体），其理化性能在绝缘失效前保持不变；防火涂料的厚度以膨胀后计算（在试验条件下防火涂料会快速膨胀，因此可以涂料膨胀后的厚度进行计算）；防火涂料外表面温度与所处环境温度相同，即防火涂料表面与环境无对流换热（试验炉炉口用封堵盒进行了封堵，可忽略炉腔内的对流换热）。

电缆涂覆防火涂料后的纵截面图如图 8.10 所示（由于电缆中轴线两侧呈对称分布，因此取其一侧进行分析）。

图中，r_1 为铜导线的半径，r_2 为电缆外径，r_3 为涂料膨胀后涂料外表面距电缆中心的距离。

电缆涂覆防火涂料后的横截面图如图 8.11 所示。

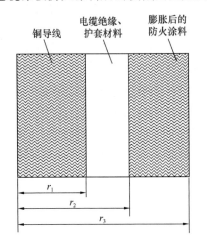

图 8.10　电缆涂覆防火涂料后的纵截面图　　　图 8.11　电缆涂覆防火涂料后的横截面图

② 数值计算及关系式的确定

根据以上模型，涂覆电缆防火涂料的电缆在火灾条件下的传热过程可认为是无限长圆柱体的内部导热问题，对于圆柱坐标系，导热微分方程可由式（8.16）表示：

$$\rho c \frac{\partial t}{\partial \tau} = \frac{1}{r} \frac{\partial}{\partial r}\left(\lambda r \frac{\partial t}{\partial r}\right) + \frac{1}{r^2} \frac{\partial}{\partial \varphi}\left(\lambda \frac{\partial t}{\partial \varphi}\right) + \frac{\partial}{\partial z}\left(\lambda \frac{\partial t}{\partial z}\right) + q_v \tag{8.16}$$

式中，ρ 为密度（kg/m³）；c 为热容 [J/（kg·K）]；t 为温度（℃）；τ 为时间（s）；r 为半径（m）；φ 为角度（rad）；z 为长度（m）；λ 为导热系数 [J/（m·s·K）]；q_v 为单位体积单位时间的内热源发出的热量（W/m³）。

本模型中，假设电缆在火灾环境中均匀受热，即在如图 8.11 所示的极坐标体系下，电缆内的温度分布仅与时间和距坐标原点的径向距离有关，而不随角度和纵向长度变化，忽略内热源，则式（8.16）中等号右侧第 2、3、4 项均为零，式（8.16）可简化为：

$$\rho c \frac{\partial t}{\partial \tau} = \frac{1}{r} \frac{\partial}{\partial r}\left(\lambda r \frac{\partial t}{\partial r}\right) \tag{8.17}$$

式（8.17）即为适合本模型的导热微分方程。计算该方程，求得体系内部温度随时间的变化情况，根据电缆失效时的平均内芯温度，可求得涂有防火涂料的电缆在火灾条件下的绝缘失效时间。

该模型的导热形式为第一类边界条件的非稳态导热，无法用常规的分析解法解出适合该模型的导热方程的一般形式，因此，需采用数值计算方法求解。为此，模型采用 MATLAB 软件提供的 pdepe 函数，编辑 M 文件来设定与该模型相适应的条件，并求解、显示出结果。具体的求解步骤如图 8.12 所示。

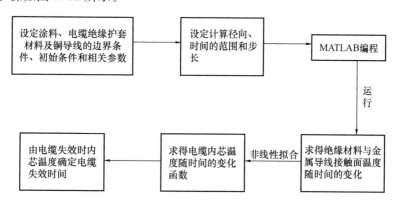

图 8.12　电缆绝缘失效时间的数值计算步骤

应用建立的模型及选定的计算方法，按照计算步骤，计算得到了电缆裸敷时内芯温度随时间的变化情况，并与试验测得的数据进行对比，结果如图 8.13 所示。

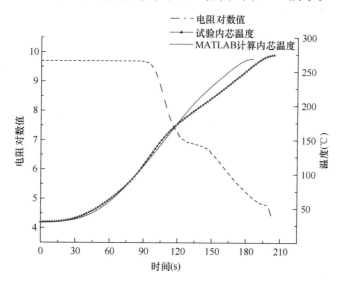

图 8.13　VV 电缆裸敷时 MATLAB 计算内芯温度与实验内芯温度的对比图

MATLAB 计算的内芯温度与实验测得的内芯温度相对照，发现两条曲线在 120s 前，即 170℃ 以内吻合得很好，几乎没有差别，而 VV 电缆裸敷时的失效时间和温度分别为 106s、137℃，二者均在此范围以内。此外，VV 电缆的平均绝缘失效温度为 139℃，也低于 170℃，因此，应用 MATLAB 推算的电缆的失效时间是比较准确的。

为了确定不同防火性能（热扩散系数）及不同涂层膨胀厚度的防火涂料与电缆绝缘失效时间的定量函数关系，应用前文所述的模型及计算方法，分别计算防火涂料膨胀厚度为 5mm～4.5cm，热扩散系数为 $4.5 \times 10^{-7} \sim 3.5 \times 10^{-6}$ m²/s，共 90 种条件下 VV 电缆绝缘的失效时间，如表 8.1 所示。VV 电缆绝缘失效时间与涂料膨胀厚度、热扩散系数之间的关系如图 8.14、图 8.15 所示。

表 8.1 不同条件下 VV 电缆绝缘失效时间

热扩散系数 （×10⁻⁷m²/s） \ 涂料膨胀后厚度（m）	0.005	0.01	0.015	0.02	0.025	0.03	0.035	0.04	0.045
4.5	147	202	268	344	430	526	630	744	868
5.5	141.5	188	245	310	383	464	552	648	752
6.5	137.5	178	228	285	349	419	496	580	670
7.5	135	170.5	215	266.5	323	386	455	529	608
8.5	132.5	164.5	205	252	303	360	422	489	561
9.5	130.5	159.5	198	239	287	339	395	456	522
10	130	156	193	234	280	330	384	442	505
15	125	144	169.5	199.5	233	270	309	351	396
25	120.5	132.5	149	169	191	216	242	271	301
35	119	127	139	154	172	190	211	233	256

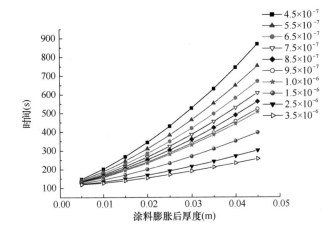

图 8.14 VV 电缆失效时间与涂料膨胀厚度之间的关系图

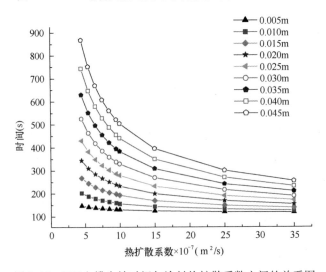

图 8.15 VV 电缆失效时间与涂料热扩散系数之间的关系图

对表8.1中的数据进行三维曲线拟合，得到VV电缆绝缘失效时间与涂料膨胀厚度及热扩散系数之间的函数关系为：

$$\tau_s = 114.2 + \frac{0.46 \times d^{1.5}}{\alpha^{0.82}} \qquad (8.18)$$

③涂料热扩散系数的确定

应用前文所述实验条件，对涂覆一定厚度电缆防火涂料的VV电缆的绝缘失效时间进行测定，将失效时间与涂料的膨胀厚度代入关系式（8.18）中，即可算出此中防火涂料的热扩散系数。例如对文献中实验使用的电缆防火涂料的热扩散系数进行确定，其实验测定结果见表8.2。

表8.2　不同电缆防火涂料涂覆厚度下电缆绝缘失效时间

涂料涂覆厚度 （mm）	失效时间 （s）	涂料膨胀后厚度 （mm）	涂料平均膨胀倍数
0.64	154	14.0	21.9
0.81	160	19.4	24.0
1.03	180	24.6	23.9
1.28	198	27.8	21.7
1.52	226	31.3	20.6

将表8.2中的实验结果分别代入关系式（8.18），并求平均值，得到该电缆防火涂料的等效热扩散系数为 $2.85 \times 10^{-6} \, \text{m}^2/\text{s}$。图 8.16 和表 8.3 分别为在推算的热扩散系数下，MATLAB计算的电缆失效时间与试验结果之间的对比图和对比表。从对比结果来看，二者吻合较好，即推算的平均热扩散系数能够较准确地反映涂料的综合防火性能。

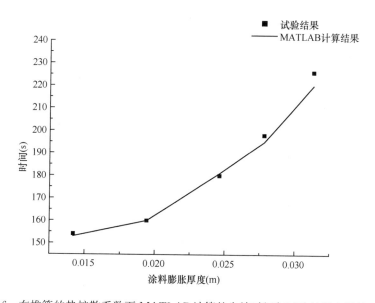

图8.16　在推算的热扩散系数下MATLAB计算的失效时间与试验结果之间的对比图

表8.3　在推算的热扩散系数下 MATLAB 计算的失效时间与试验结果之间的对比

涂料膨胀厚度 （m）	MATLAB 计算结果 （s）	试验结果 （s）	相对误差 （%）
0.0142	153	154	0.65
0.0194	160	160	0
0.0246	181	180	0.56
0.0278	195	198	1.5
0.0313	220	226	2.7

关于上述的数值计算，有几点需要说明。

一是上述实验和计算模型均以 ISO 834 标准火灾条件作为选定的火灾场景，然而，此方法不受火灾条件的限制，可根据电缆所处环境设定符合实际的火灾场景，但实验炉内的温度变化应与计算模型中的相一致。

二是电缆型号及规格。本文是以 $4 \times 2.5 mm^2$ 的 VV 电缆为例进行的实验并建立了相应的传热模型，如果使用其他型号或规格的电缆，对模型相关参数进行修改后仍可使用该方法确定电缆防火涂料的等效热扩散系数。

三是关于"等效"的含义。对于膨胀型防火涂料而言，在火灾过程中其变化非常复杂，很难准确表述其热扩散系数，而对于电缆防火涂料的耐火性能，我们关心的是在火灾条件下涂有防火涂料电缆的温升情况，或者说是电缆绝缘的失效情况，因此，可以用一个等效的热扩散系数来代替真实的不断变化的热扩散系数，等效的结果能使电缆的温升情况保持不变。

8.2.2　复合材料导热系数的数值计算

（1）复合材料的对火响应

聚合物材料在火灾中的热分解是一个复杂的物理、化学变化过程，对于聚合物复合材料更是如此。一旦卷入火灾，材料就受到热、化学和物理过程的共同作用。20 世纪 70 年代，人们开发了以有限元分析为基础模拟聚合物复合材料在高温或火灾条件下热响应的模型。这些模型成功地模拟了用于火箭发动机喷嘴、火箭发动机内衬等特殊场合的碳纤维复合材料在高温或高热通量（$300 kW/m^2$）的短时（数分钟）热响应。从 20 世纪 90 年代起，玻纤增强聚酯和玻纤增强聚乙烯酯复合材料大量用于大型船舶和海洋石油平台的结构材料，这就要求模型也能模拟材料在低热通量（$25 \sim 250 kW/m^2$）和长时间（超过 30min）下的热响应。采用模型对材料在火灾中的热响应进行模拟，一方面可以对新材料、新产品、新结构的火灾燃烧性能进行快速评估；另一方面，使用模型可以减少或代替昂贵的火灾试验，从而大幅降低评估成本。此外，通过热响应模拟，可以深入认识已有聚合物及其复合材料的火灾行为，从而为设计开发新型高性能耐火聚合物材料提供理论指导。当然，理论模拟必须与必要的火灾试验相结合，只有这样才能确保模型模拟结果的可靠性。

火灾中，当聚合物材料单侧受热时，表面受到确定热通量的作用，表面温度升高，材料内部发生热传导。热传导速率由入射热通量和初始状态下复合材料的热扩散系数所决定。大多数聚合物复合材料的热扩散系数较低，特别是在沿材料的厚度方向更是如此。因此，在材料的内部可以形成比较陡峭的温度梯度。例如，当一个厚型复合材料暴露在中到高热通量（高于 $50 kW/m^2$）环境下，受热面温升速率可以接近或达到 1000℃/min，反之背面受热传导加热，其温升速率要慢得多，典型的在 $1\sim20℃/min$。

复合材料的热传导是一种复杂的、非均质的热传导。大多数纤维同聚合物基体相比具有更高的导热系数。例如，室温下的碳和玻璃纤维轴向热导系数大约在 $20\sim80W/(m\cdot K)$。而大多数聚合物的导热系数仅在 $0.10\sim0.25W/(m\cdot K)$。结果是，热传导速度沿薄板（纤维方向）远快于厚度方向。由于复合材料的导热系数和比热随温度变化，这使得其热传导过程变得更为复杂。

复合材料由于热传导而产生收缩和膨胀，其程度取决于温度。在聚合物基体玻璃化转变温度以下，膨胀量取决于初始材料热膨胀系数。然而，由于温度梯度的存在，导致膨胀在其厚度方向的非均匀性；在受热表面膨胀最大，随着材料的深入，其膨胀程度依次递减。有些碳纤维的导热系数是非均质的，受热时，会发生横向膨胀、轴向（或纤维）收缩。因此，碳纤维复合材料在受热过程中会发生沿厚度方向膨胀、沿平面方向收缩。

在聚合物基体的分解温度以下，传热主要发生在一个部分热量被热膨胀所吸收的热传导过程中。当复合材料表面达到较高温度时，聚合物基体和有机纤维（如芳香族聚酰胺、超高分子量聚乙烯等）开始分解。尽管大多数的分解温度在 $250\sim400℃$ 之间，但是，分解的起始温度主要取决于聚合物的组成、化学稳定性、升温速率和火灾环境。随着温度升高，有机基体和纤维随着吸热反应发生的次序依次分解。分解过程中通常伴随断链、支链消除和断链终止等链反应的发生。这些反应产生低分子量的气体产物，聚合物基体最终完全降解为多孔炭质层。基体内部热分解的挥发分穿过炭层流向复合材料的受热表面，随着温度的升高，流向受热表面的挥发分会继续分解成分子量更小的气体产物。加热超过 $100\sim150℃$ 时还会引起聚合物基体中的水分汽化，芳香族聚酰胺纤维吸收的水分也会在该温度范围内汽化。大多数聚合物基体和有机纤维的分解反应都是吸热的，因此，分解反应能延迟热量通过反应区发生热传导的时间。在热传导过程中，层压板中可挥发的水分也都能起到类似于冷却的效果。

由于复合材料具有很低的渗透性，在热分解初始阶段产生的挥发分和蒸发的水分被限制在材料内部的热分解区，在受到内部压力和材料巨大热膨胀力的作用后，将导致其气体的压力快速地上升。有实验测得层压板分解过程中的气体压强可达 1.01×10^6Pa，但是，根据理论推测的压强可高达 2.03×10^7Pa。因为聚合物基体受热温度远高于玻璃化转变温度，热分解形成的高压气体在基体中就可形成大量充满气体的孔洞，并产生分层和迸裂等现象，最后，聚合物基体变成充满空隙的结构降解体，这种结构使得热分解的挥发分和水蒸气在火灾中可以通过复合材料的降解区而向外流动。从基体内部流出的蒸汽的温度一般会低于表面热气体的温度，通过对流换热，在表面起到冷却作用，从而减弱了外部向热解反应区的热传导。冷却程度取决于热解气体的热容，热容越高，冷却效果越好。此外，当热解气体到达复合材料的高温表面时，会形成一个瞬时具有保护作用的热边界层（层内与外部无对流）。

基材和有机纤维的吸热分解反应一直持续到反应区延伸到层压板的背热面，最后，聚合物基体降解为挥发分和炭层。在这一阶段，除非反应温度足以引起增强纤维和炭发生氧化热解，否则，热分解过程就将终止。当温度超过 $1000℃$ 时，炭会与玻璃纤维硅反应，从而导致更大的质量损失。对碳纤维复合材料而言，碳纤维和炭暴露于富氧环境的火灾中也会发生氧化反应而被烧蚀。

当聚合物层压板暴露于高热通量环境时，其对热响应的主要历程为：通过原始状态下的材料发生非均匀热传导→热膨胀/收缩→聚合物基体和有机纤维的分解→由于生成热解气体和水分汽化导致压力升高→热解气流从热解反应区通过炭层区→热解气流进入处于原始状态下的复合材料→热致应变→形成分层和基体裂缝→炭层和增强纤维发生高温反应→烧蚀→消融。玻纤增强聚合物层压板的热响应历程如图 8.17 所示。与层压板相比，夹层复合材料的情况则更加复杂，这是因为内层芯板对热响应的影响更大。

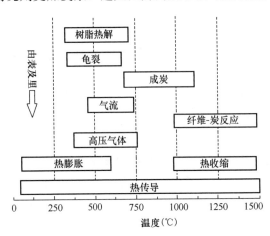

图 8.17　玻纤增强聚合物层压板对热响应历程

（2）复合材料的热传导数值分析

①纤维增强复合材料导热系数计算模型

在研究固体材料的传热时，通常会同时考虑热传导、热对流和热辐射三种独立的传热方式。但是，对于复合材料而言，更多的只考虑一面（单侧）受热时其内部的热传导，而不考虑外部的热对流和热辐射对传热的影响。

最简单的一维模型只考虑复合材料在其厚度方向（x 轴）的热传导，如图 8.18 所示。该模型假设复合材料属热厚型材料，复合材料的背热面绝热，则其一维热传导模型数学表达式为：

$$\rho C_{\mathrm{p}} \frac{\partial T}{\partial t} = \frac{\partial}{\partial x}\left(k_x \frac{\partial T}{\partial x}\right) \tag{8.19}$$

式中，T 为温度；t 为时间；x 为厚度方向上距离热表面的距离；ρ 和 C_{p} 分别为复合材料的密度和比热；k_x 为复合材料沿厚度方向的导热系数，并假定 ρ、C_{p} 和 k_x 不随温度变化。

方程（8.19）左边表示单位体积能量变化，右边表示沿传热方向的热通量变化。在给定的边界条件下，求解该方程，可得复合材料在一维受热下其内部的温度分布。

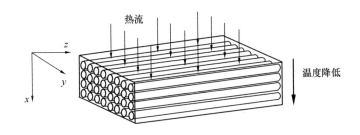

图 8.18　复合材料单侧均匀受热的一维热传导示意图

当复合材料暴露在火灾环境中时，一维传热模型还要同时考虑材料发生的物理、化学反应和热量的变化。多维传热模型则需要分析复合材料单侧受热时不同位置的温度分布，Griffis 等使用二维热传导模型分析了局部短时受热条件下非均质复合材料的径向和厚度方向温度分布。Charles、Milke 和 Asaro 等人已经使用三维传热模型正交异性复合材料 x、y、z 方向上的热传导。x 方向视为其厚度方向，而 y、z 方向则定义为平面方向。其热传导表达式为：

$$\rho C_{\mathrm{p}} \frac{\partial T}{\partial t} = \frac{\partial}{\partial x}\left[k_x(T)\frac{\partial T}{\partial x}\right] + \frac{\partial}{\partial y}\left[k_y(T)\frac{\partial T}{\partial y}\right] + \frac{\partial}{\partial z}\left[k_z(T)\frac{\partial T}{\partial z}\right] \tag{8.20}$$

式中，$k_x(T)$、$k_y(T)$、$k_z(T)$ 分别表示 x、y、z 方向上的导热系数。

同方程（8.19）一样，三维热传导模型假设复合材料的导热系数不随温度变化。此外，还假设热分解反应过程，如树脂的分解、挥发分的流动等对热传导不产生影响。因此，方程（8.19）和方程（8.20）只适用于低热通量（$10\sim20\text{kW/m}^2$ 之间）的受热环境，即复合材料中的有机树脂和纤维仅发生受热降解，但不发生剧烈的分解和燃烧。

上述热传导模型能够较为精确地分析低热通量作用下聚合物层压板内的温度分布。图 8.19 给出了 Asaro 等人的研究结果，研究材料为玻璃纤维增强乙烯基酯层压板，图中的曲线是利用方程（8.20）进行计算的理论升温结果，图中三种实点为层压板受热时三个不同部位（前面、中心和背面）实测的温度变化。显然，理论计算的结果与实验结果具有较好的一致性。

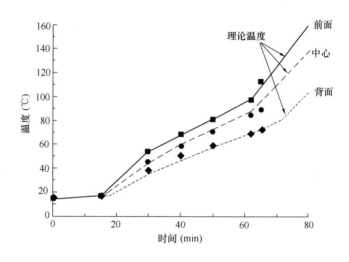

图 8.19　玻璃纤维增强乙烯基酯层压板在低热通量下理论计算和实际测量温度对比图

②填充型复合材料导热系数及预测模型

对于填充型复合材料，其导热系数不仅与其组成各相的导热系数有关，而且与各相的相对含量、形态、分布，以及相互作用有关。填料粒子含量、粒子形状、分布等都会对体系导热系数产生很大影响。目前，预测二元体系导热系数的模型很多，但是，大多模型仅适合某些体系，而对其他体系不适合。

Maxwell 模型表征了没有相互作用的均一球体无规则分散在均一基体中所形成的复合材料的热传导性。在体系的填料含量较低时，这个模型能够很好地预测其热传导性。但是，当填料含量较高时，实验数据与理论曲线有较大差异。因为粒子含量较高时，粒子之间不再是孤立的，而是存在相互作用，从而在热流方向形成了导热链，但该模型则没有考虑这种填料粒子间的导热性。由于 Maxwell 模型考虑的限制性条件较少，当分散相粒子含量较高或连续相和分散相的导热系数的差别较大时，该模型就不再适用了。Maxwell 模型的数学表达式如下：

$$\lambda = \lambda_1 \left[\frac{\lambda_2 + 2\lambda_1 + 2V(\lambda_2 - \lambda_1)}{\lambda_2 + 2\lambda_1 - V(\lambda_2 - \lambda_1)} \right] \tag{8.21}$$

式中，λ_1 为连续相（聚合物）的导热系数；λ_2 为分散相（填料粒子）的导热系数；λ 为复合材料的导热系数；V 为粒子的填充体积。以下均同。

Bruggeman 认为，对于高粒子含量的复合材料导热系数的计算，可以将相邻粒子的作用通过逐渐增加分散粒子数的方法求解。对每一次增加极小填充量，用 Maxwell 方程的微分形式进行描述：

$$\mathrm{d}\lambda = 3\lambda \frac{\mathrm{d}V(\lambda_2 - \lambda)}{(1-V)(\lambda_2 + 2\lambda)} \tag{8.22}$$

然后对粒子含量为 V_2 的体系进行积分，从而得到高粒子含量复合材料导热系数的 Bruggeman 方程：

$$1 - V = \frac{\lambda_1 - \lambda}{\lambda_2 - \lambda}\left(\frac{\lambda_1}{\lambda}\right)^3 \tag{8.23}$$

该模型能较好地预测填料体积分数在 30% 以内的二元体系的导热系数。

Fricke 认为，除了填充量对复合材料热导率有显著的影响以外，填充粒子几何外形的影响也是不可忽视的。综合考虑多种因素，并假设填料粒子为椭圆形，且为随机分布，据此导出的方程为：

$$\lambda = \lambda_1 \left\{ \frac{1 + V[F(\lambda_2/\lambda_1 - 1)]}{1 + V(F-1)} \right\} \tag{8.24}$$

式中，F 的大小决定于粒子形状、基体和粒子的热导率，具体表达如下：

$$F = \frac{1}{3}\sum_{i=1}^{3}\left[1 + \left(\frac{\lambda_2}{\lambda_1} - 1\right)f_i\right]^{-1} \qquad \sum_{i=1}^{3}f_i = 1 \tag{8.25}$$

分散相和连续相中的温度梯度是不同的，F 为它们的比例；f_i 是椭圆形粒子的半轴长，$f_1 = f_2 \neq f_3$ 时，填料粒子的形状为椭球体；$f_1 = f_2 = f_3$ 时，填料粒子的形状为球体，此时 Fricke 方程可简化成 Maxwell 方程。

Hamilton-Crosser 导出了更具普遍性的复合材料热导率的计算方程：

$$\lambda = \lambda_1 \left[\frac{\lambda_2 + (n-1)\lambda_1 + (n-1)V(\lambda_2 - \lambda_1)}{\lambda_2 + (n-1)\lambda_1 - V(\lambda_2 - \lambda_1)}\right] \tag{8.26}$$

其中，$n = 3/\Psi$，Ψ 为粒子的球形度。如果粒子形状为球形，则 $\Psi = 1$，即 $n = 3$。此时，Hamilton-Crosser 方程也可以简化为 Maxwell 方程。

Hasselman、Johnson 和 Benvensite 等人于 1987 年研究了界面热阻对复合材料导热性能的影响。他们应用 Maxwell 方程导出了球形粒子随机分布在连续基体中，粒子间距离足够远（粒子含量较低），粒子与基体间存在界面热阻的复合材料导热系数方程：

$$\lambda = \lambda_1 \frac{[\lambda_2(1+2\alpha) + 2\lambda_1] + 2V[\lambda_2(1-\alpha) - \lambda_1]}{[\lambda_2(1+2\alpha) + 2\lambda_1] - V\{[\lambda_2(1-\alpha) - \lambda_1]\}} \tag{8.27}$$

式中，参数 $\alpha = a_k/a$，反映了界面热阻对复合材料导热性能的影响。其中 a 为球形粒子半径，a_k 为 Kapitza 半径（$a_k = R_{Bd}\lambda$，R_{Bd} 就是界面热阻），它代表球形粒子影响基体导热性能临界半径。如果球形粒子半径 a 大于 Kapitza 半径 a_k，加入导热粒子将增加基体的导热性能；如果 a 小于 a_k，则加入导热粒子将降低基体的导热性能；如果 a 等于 a_k，加入导热粒子将不影响基体的导热性能。

由此可见，方程（8.27）中界面热阻参数 α 的物理意义是：$\alpha < 1$，粒子对导热性起正面促进作用，导热粒子的加入可以提高复合材料的导热性能；$\alpha > 1$，粒子对导热性起负面作用；$\alpha = 1$，粒子导热性不起作用；$\alpha = 0$，界面热阻不存在，方程（8.27）还原为 Maxwell

方程。

对于考虑界面热阻的高粒子含量复合材料的导热系数，Every、Tzou 和 Hasselman 等应用 Bruggeman 方程导出如下描述方程：

$$(1-V)^3 = \left(\frac{\lambda_1}{\lambda}\right)^{[(1+2\alpha)/(1-\alpha)]} \left[\frac{\lambda-\lambda_2(1-\alpha)}{\lambda_1-\lambda_2(1-\alpha)}\right]^{3/(1-\alpha)} \tag{8.28}$$

如果界面热阻不存在，即 $\alpha=0$，式（8.28）还原为 Bruggeman 方程。

结合 Hamilton 和 Crosser 考虑了粒子形状，以及 Hasselman、Johnson 和 Benvensite 等考虑了界面热阻的理论成果，王家俊在同时考虑粒子形状和界面热阻的基础上对 Maxwell 方程进行了改进，导出了如下的描述方程：

$$\lambda = \lambda_1 \frac{\{\lambda_2[1+(n-1)\alpha]+(n-1)\lambda_1\}+(n-1)V[\lambda_2(1-\alpha)-\lambda_1]}{\{\lambda_2[1+(n-1)\alpha]+(n-1)\lambda_1\}-V[\lambda_2(1-\alpha)-\lambda_1]} \tag{8.29}$$

对于高粒子含量复合材料，王家俊采用与 Bruggeman 相似的方法进行处理，得到了 Maxwell 方程的改进微分形式：

$$d\lambda = n\lambda \frac{dV[\lambda_2(1-\alpha)-\lambda]}{(1-V)\{\lambda_2[1+(n-1)\alpha]+(n-1)\lambda\}} \tag{8.30}$$

对方程（8.30）积分后，即可得到考虑了粒子形状和界面热阻的高粒子含量复合材料导热系数的 Bruggeman 改进方程：

$$(1-V)^n = \left(\frac{\lambda_1}{\lambda}\right)^{[(1+n\alpha-\alpha)/(1-\alpha)]} \left[\frac{\lambda-\lambda_2(1-\alpha)}{\lambda_1-\lambda_2(1-\alpha)}\right]^{n/(1-\alpha)} \tag{8.31}$$

如果粒子形状为球形，则 $n=3$，方程（8.31）还原为方程（8.28）；如果粒子形状为球形，且不存在界面热阻，则 $n=3$，且 $\alpha=0$，方程（8.31）还原为 Bruggeman 方程。

从方程（8.31）还可以得到不存在界面热阻、粒子形状不规则的高粒子含量复合材料导热系数的方程：

$$(1-V)^n = \left(\frac{\lambda_1}{\lambda}\right)\left[\frac{\lambda-\lambda_2(1-\alpha)}{\lambda_1-\lambda_2(1-\alpha)}\right]^n \tag{8.32}$$

上述关于复合材料导热系数的理论分析与计算，为模拟预测复合材料在低热通量受热环境下的热响应模拟提供了坚实的理论基础。

8.3　聚合物材料热分解燃烧的数值模拟

火灾中，常见物品（多数为聚合物材料及制品）的着火特性对火势发展和蔓延起着重要作用。确定材料在火灾环境中的着火时间对解释或预测火灾发展过程中重要事件的时间顺序具有重要作用。聚合物材料的燃烧是一个非常复杂的物理化学过程，不仅具有一般可燃固体材料燃烧的基本特征，还有自身的特别之处，这些特别之处既表现在聚合物材料引燃之前的加热过程，也表现在引燃和燃烧的过程中。在实际火灾中，聚合物材料的燃烧过程大致经历受热升温、引燃起火、火焰传播、燃烧充分发展、火焰熄灭等几个阶段。随着火灾科学及计算机技术研究的不断发展，极大地促进了对聚合物材料在火灾中热分解与燃烧过程的模拟研究。对聚合物材料热分解及燃烧过程开展数值模拟研究具有重要的意义。一方面，对热分解及燃烧过程的模拟要以材料在燃烧过程中的真实行为、反应机理、环境影响以及各种因素之间的相互作用为基础，这样就会促进有关聚合物热分解及燃烧机理基础理论的研究；另一方面，从材料热分解和燃烧的物理化学本质规律出发，建立先进的数值模型，能够比较可靠地预测材料着火燃烧的发展过程，这为消防工程设计、火灾危险性评估提供了技术基础；此外，对聚合物材料研究人员来说，上述数值模拟技术还能为高性能阻燃材料的设计和开发提供研究手段。

8.3.1 聚合物材料引燃着火的模拟

为模拟材料的引燃，人们通常采用传热模型来预测表面温度。大多数模型都假设表面温度达到材料的引燃温度时，材料被引燃。所有模型都需要以实验数据为基础，才能较为精确地预测着火时间。表8.4中列出了两种复合材料和胶合板的锥形量热计试验数据。数据包括不同入射热通量下的引燃时间、引燃的最小热通量和估算的引燃温度。一般而言，引燃时间随入射热通量的升高而减小。部分试验数据还表明，阻燃剂对引燃时间的影响具有不确定性，有的影响明显，有的则没有明显影响。

表8.4 三种固体材料的引燃数据

材料	最小热通量 （kW/m²）	引燃温度 （K）	引燃时间 （s）		
			25kW/m²	50kW/m²	75kW/m²
胶合板	13	622	304	22	8
玻璃纤维阻燃乙烯基酯	17	670	387	80	34
夹芯复合材料	15	650	306	70	28

最小热通量是指材料受热后在规定时间内（一般为10～20mim）被引燃的热通量。材料可能会在低于最小热通量下被引燃，但是，其受热时间则不能低于前述的规定时间，也就说不能少于10～20mim。

利用材料表面的能量守恒和最小热通量，采用式（8.33）就可获得材料的引燃温度：

$$q''_{min} = \varepsilon_s \sigma (T_{ig}^4 - T_\infty^4) + h(T_{ig} - T_\infty) \tag{8.33}$$

式中，ε_s 为材料表面热发射率；h 为材料表面的对流换热系数，当最小热通量采用锥形量热计测定时，其取值范围为 $0.010 \sim 0.015$kW/（m·K）。

实际研究中，最小热通量可用锥形量热计实验测定。具体方法是进行若干不同辐射强度下的引燃试验，由高热通量开始逐渐接近聚合物的最小热通量，由记录的引燃时间的倒数对入射热通量作图，拟合曲线的截距可近似作为材料的最小热通量。

目前可采用三种模型对聚合物材料引燃进行模拟。这三种模型分别是半无限固体传热模型（semi-infinite solid heat transfer models）、积分传热模型（integral heat transfer models）和有限差分模型（finite difference models）。除了有限差分模型，其他模型都要求材料在加热到引燃温度前表现为热厚性。图8.20给出了采用前述三种模型对玻纤增强聚酯复合材料的引燃时间进行预测的结果。在所有模型中，选择性使用材

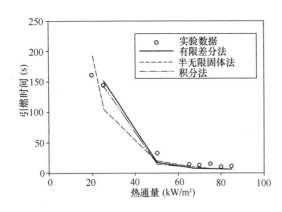

图8.20 三种不同模型对玻纤增强聚酯复合
材料引燃时间的预测结果

料的热学性质，以使得引燃时间的预测值和实验值符合度最好。就预测引燃时间而言，有限差分模型和积分模型的预测结果更相近，积分模型的结果变化得更快，并且仅需确定材料的热惯性。半无限固体传热模型也给出了相似的预测结果，同样与实验数据符合较好。

半无限固体传热模型是一个简化的偏微分方程，它反映了材料引燃的重要影响因素。采用半无限固体传热模型导出的引燃时间预测方程如下：

$$\frac{1}{\sqrt{t_{ig}}} = \frac{2}{\sqrt{\pi k\rho c(T_{ig} - T_\infty)}} \dot{q}''_{net,s} \tag{8.34}$$

式中，$k\rho c$ 为材料的等效热惯性；$\dot{q}''_{net,s}$ 为材料表面接受的净热通量；t_{ig} 为材料的引燃时间。

方程（8.34）的导出过程在本书第 2 章中已有详细的论述。从方程（8.34）可看出，热厚型材料引燃时间的均方根的倒数与材料表面的净热通量具有线性关系；直线的斜率与材料等效热惯性相关。需要说明的是，这里所说的等效热惯性是从模型中导出的热特性，并非材料实际热性质的乘积。使用等效热惯性对模型进行校验，以便传热模型能更好预测材料的引燃时间。因此，等效热惯性考虑了材料热性质随时间的变化，也考虑了可能影响材料引燃时间的热分解和气相化学反应等因素。

8.3.2　热释放速率模拟

材料引燃后就会着火燃烧并放出热，单位时间放出的热定义为热释放速率。在开放环境中，热释放速率体现为燃烧物表面上方的火羽流。材料的热释放速率与材料的化学组成、燃烧面积和表面的入射热通量有关。燃烧面积越大，材料表面的入射热通量越高，材料的热释放速率越大。如图 8.21 所示，材料表面的入射热通量来自火焰本身和周围环境（包括热烟气层、高温墙面和其他邻近火源）。材料敞开燃烧和在室内燃烧相比，其热释放速率明显要低，这就是因为室内燃烧时热烟气和高温墙面的辐射热增大了材料表面的辐射热通量，起到了强化燃烧的作用。

材料的热释放速率通常采用锥形量热计测量。表 8.5 列出了几种材料暴露在不同热通量下的热

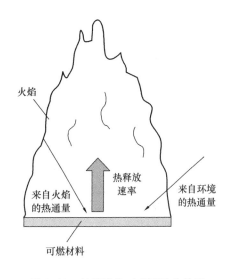

图 8.21　材料燃烧时表面的热传递

释放速率。表 8.5 中的数据表明，随着入射热通量的增大，材料燃烧的热释放速率也随之增大。

表 8.5　三种材料暴露在不同热通量下燃烧的热释放速率

材　　料	单位面积的平均热释放速率（kW/m²）		
	25kW/m²	50kW/m²	75kW/m²
胶合板	87	135	210
玻纤增强阻燃聚乙烯基酯	60	80	110
夹芯复合材料	80	100	120

表 8.5 中材料的热释放速率曲线如图 8.22 所示。使用恒定气化热计算热释放速率是最

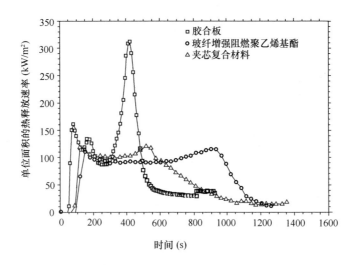

图 8.22　三种材料在入射热通量为 50kW/m^2 时热释放速率随时间的变化

简单的估算模型。气化热是使固体转变为气体所需能量的总和，等于材料表面的净热通量除以质量损失速率。计算公式如下：

$$\Delta h_{\text{g,eff}} = \frac{\dot{q}''_{\text{net}}}{\dot{m}''_{\text{f}}} = \left(\frac{\dot{q}''_{\text{net}}}{\bar{Q}''/\Delta H_{\text{c,eff}}} \right) \tag{8.35}$$

　　通常，采用锥形量热计确定材料的等效气化热。单位面积上的质量损失速率用平均热释放速率除以等效燃烧热确定。等效燃烧热不同于燃烧热，前者包括完全燃烧、不完全燃烧和无效燃烧，而后者是完全燃烧的结果，通常采用氧弹计进行测量。根据等效气化热和材料表面的净热通量，就可计算材料的热释放速率：

$$Q'' = \frac{q_{\text{net}}}{\Delta h_{\text{g,eff}}} \Delta H_{\text{c,eff}} \tag{8.36}$$

　　值得注意的是，方程（8.35）和方程（8.36）中的净热通量是指作用在材料热分解面上的热通量。对于不成炭材料，净热通量就是材料受热面上的热通量。对于像木材和复合材料这类成炭和有残留物生成的材料，其受热面与热分解面要区别对待。对于此类材料，热分解面上净热通量将随炭层或残留物的增厚发生改变。要了解热分解面上净热通量的具体变化，就要知道炭层或残留物的热学性质，并能根据质量损失速率跟踪材料热分解面的位置。

8.3.3　火焰传播模拟

　　火焰传播是指火焰在可燃材料表面的发展蔓延。如图 8.23 所示，火焰有水平火焰传播、竖直方向向上或向下的火焰传播。在各种类型的火焰传播中，火焰对未燃材料表面都起到预热的作用。从图 8.23 中还可看出不同类型的火焰传播速率的差异。顺风火焰传播速度很快，如垂直壁面的向上火焰传播和水平方向的顺风火焰传播。在顺风火焰传播中，火焰超出了燃烧区，并能与未燃表面接触，更有效地预热未燃表面。在室内火灾中，墙面向上的火焰传播和顶棚的火焰传播就是典型的顺风火焰传播。水平上和垂直壁面向下的火焰传播，火焰很难超出燃烧区，火焰只能依靠热辐射对未燃表面加热，相比顺风火焰传播，未燃材料表面的入射热通量要低很多。这也是通常所说的逆风火焰传播。一般来说，顺风火焰的传播速率大约是逆风火焰传播速率的 10 倍。

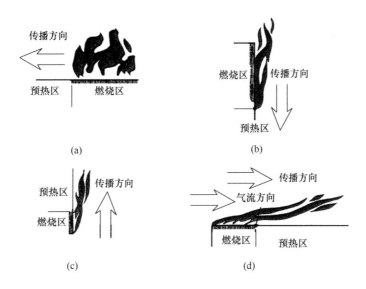

图 8.23　不同类型的火焰传播

（a）水平方向；（b）向下；（c）向上；（d）顺风传播

火焰在可燃物表面传播是一个十分复杂的过程，涉及固体的质量、动量、热量传递、固相的化学反应，气相的质量、动量、热量传递、气相的化学反应等，要计算很多火灾动力学的参数。火焰蔓延模型需要预测材料表面的入射热通量、材料着火点、材料的热释放速率、火焰高度、热烟气温度，及其反馈热通量等。目前，可燃固体表面的火焰传播理论主要有两种：第一种理论模型包括化学反应动力学，且认为热通量、火焰温度是两个独立的变量，基于热物理模型，只考虑能量守恒，并将热通量、火焰温度看作常量；第二种理论即热理论模型，相对比较简单，有一定的实用性，应用较多。

近些年来，人们陆续开发了一些火焰传播模型，起初的部分模型主要用来预测一维墙面向上火焰传播。在一维模型的基础上，人们又开发了多维模型用来预测墙角火焰传播。这些模型大部分都是希望能够预测可燃内衬材料在标准墙角火试验（如 ISO 9705 墙角火试验）中的火焰传播。Quintiere 和 Karlsson 最先提出了模拟墙角火的基本方法，模型以平均热通量代表火焰出现区域的实际热通量，具有一定的局限性。后来，Lattimer 等人开发的模型能够预测墙面和顶棚的热通量分布，这样使得模型的适用面更宽。

8.3.4　成炭、熔融滴落过程的模拟

与挥发性固体材料相比，成炭材料由于热分解过程中产生绝热性能较好的炭层，从而使其分解过程更加复杂，且这一过程直接影响着挥发性燃料的产生和燃料向炭层表面火焰传输的过程。在成炭材料表面发生的逆风火焰传播是火灾中较常见的情景，Won Chan Park 等在建立详细的物理模型的基础上，模拟计算了成炭材料在逆风火焰传播下的热分解和压力产生的过程，模型将材料的分解看作是二维的稳态过程，包括三个平行的有限速率反应和挥发物的对流，假设在炭层和挥发物之间是局部热平衡的，在压力计算过程中，挥发物被认为是理想气体且符合达西律。图 8.24 为该模型的示意图。

在三个平行的有限速率反应模型中，认为分解产物主要有三种，即炭（char）、焦油

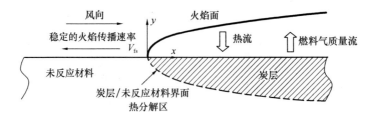

图 8.24　成炭材料表面逆风火焰传播示意图

（tar）和气体（gas），焦油是凝聚相挥发物，气体是非凝聚相挥发物。

根据以上物理模型，建立质量和能量守恒方程。对于固相组分：

$$\vec{\nabla} \cdot (\rho_w \vec{V}_{fs}) + \Sigma S_i = 0, i = c, t, g \tag{8.37}$$

$$\vec{\nabla} \cdot (\rho_c \vec{V}_{fs}) - S_c = 0 \tag{8.38}$$

对于挥发性组分：

$$\vec{\nabla} \cdot \left(\rho_j \frac{B}{\mu} \vec{\nabla} P \right) - \vec{\nabla} \cdot (\varepsilon \rho_j \vec{V}_{fs}) + S_j = 0, j = t, g \tag{8.39}$$

其中，P 是总压，即 $P = \Sigma P_j, j = t, g$。

挥发物和多孔炭层之间的热平衡为：

$$\vec{\nabla} \cdot (\lambda \vec{\nabla} T) - (\Sigma \rho_i C_i + \varepsilon \Sigma \rho_j C_j) \vec{V}_{fs} \cdot \vec{\nabla} T + \Sigma \rho_j C_j \frac{B}{\mu} \vec{\nabla} P \cdot \vec{\nabla} T + Q = 0,$$
$$i = w, c \quad j = t, g \tag{8.40}$$

焦油和气体的压力方程为：

$$\vec{\nabla} \cdot \left(\frac{BP_j}{\mu T} \vec{\nabla} P \right) - \vec{\nabla} \cdot \left(\frac{\varepsilon P_j}{\mu T} \right) \vec{V}_{fs} + \frac{R}{M_j} S_j = 0, j = t, g \tag{8.41}$$

由式（8.41）得到能量方程为：

$$\vec{\nabla} \cdot (\lambda \vec{\nabla} T) - \left(\Sigma \rho_i C_i + \frac{\varepsilon}{RT} \Sigma M_j P_j C_j \right) \vec{V}_{fs} \cdot \vec{\nabla} T + \frac{\Sigma M_j P_j C_j}{RT} \frac{B}{\mu} \vec{\nabla} P \cdot \vec{\nabla} T + Q = 0,$$
$$i = w, c \quad j = t, g$$
$$\tag{8.42}$$

应用上述模型及方程式进行数值计算，得到体系内的温度、压力分布及炭层密度等情况，如图 8.25～图 8.28 所示。图中，$\bar{x} = x V_{fs} / \alpha_w$，$\bar{y} = y V_{fs} / \alpha_w$。

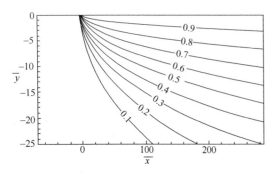

图 8.25　温度分布图 $\left(\bar{T} = \dfrac{T - T_0}{T_s - T_0} \right)$

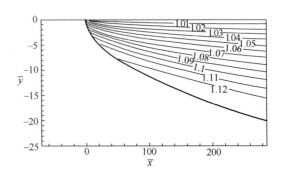

图 8.26　压力分布图 $\left(\bar{P} = \dfrac{P}{P_0} \right)$

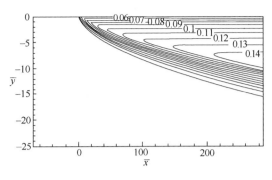

图 8.27　炭层密度分布图 $\left(\bar{\rho}_{\mathrm{c}} = \dfrac{\rho_{\mathrm{c}}}{\rho_{\mathrm{w0}}}\right)$

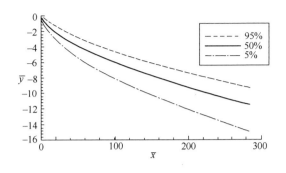

图 8.28　热解程度分布图 $\left(\eta = 1 - \dfrac{\rho_{\mathrm{w}}}{\rho_{\mathrm{w0}}}\right)$

对以上计算结果进行分析发现，火焰根部发生分解反应物质的量较火焰下游部位多，且在 $x=0$ 附近分解区厚度小于下游部位分解区厚度。未反应区与成炭区之间的温度梯度没有明显的区别，这主要是因为吸热反应过程中抵消了一部分炭层中的热传导。压力随炭层和热解区深度的增加而增加，在未反应区则为一个常数。炭层的密度随深度的增加而增加，这是由于较深部位材料的热解温度较低造成的。各产物的平均质量分数为：炭为 13.3%，焦油为 73.5%，气体为 13.2%，由能量平衡计算得到的分解温度 $T_{\mathrm{p}}=696.6\mathrm{K}$。通过与其他简化的模型计算结果进行对比发现，在炭层厚度方面，整体反应模型与平行反应模型计算的结果基本一致，但整体模型计算的分解区域的压力较高，对于无限反应速率模型，由于其假定材料的热解温度为一个常数，其计算的火焰根部的炭层较厚，而火焰下游的炭层较薄，且计算的炭层内的压力也偏低。应用简化的能量模型计算得到的炭层厚度及压力均偏大，但是适当调整一些热性能参数，如炭层的导热系数，可以提高计算的准确度。

热塑性材料在火灾受热过程中会发生熔融滴落的现象，而这一过程会对火焰的蔓延产生很大的影响。Kathryn M. Butler 等应用粒子有限元方法（particle finite element method）建立了模拟热塑性材料在火灾中熔融滴落行为的模型，这种方法不仅可以计算行为和能量方程，还可以很好地跟踪材料在受热过程中发生的较大的形状变化。

在粒子有限元方法中，固体和液体区域均用拉格朗日方程进行模拟，模拟中所有区域在 t 时刻的各参数是已知的，并计算 $t+\Delta t$ 时刻的参数值，对每个特定的区域使用有限元方法对连续性方程进行求解，因而需要对液体、固体区域进行网格划分，并对自由表面和其界面进行界定，由于固体、液体并不是固定的，所以用来定义元的节点是可以移动的，每个节点就可以看作是一个材料颗粒，有自己的密度、加速度、速度、受到重力和研究过程中可能存在的其他作用力。所有区域的边界使用 α 形状方法（α-shape method）进行确定，在确定哪些颗粒处于表面时，过两个或更多的节点画球，那些在空球上的节点即为表面上的颗粒，同时，球的半径要大于 ah，其中 h 是两个节点间的最短距离，a 是略大于 1 的参数。图 8.29 描述了一个较大区域边界确定的过程，该区域中间有一个洞，有两个独立的熔滴，一个由三个节点确定，另一个由一个颗粒节点确定。

模型对垂直放置的热塑性材料的滴落熔滴在水平和

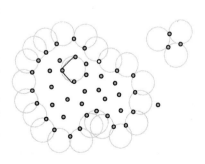

图 8.29　α 形状边界确定方法

173

有一定坡度（1.8°）的托盘上的蔓延情况分别进行了模拟计算，模拟结果分别如图 8.30 和图 8.31 所示。

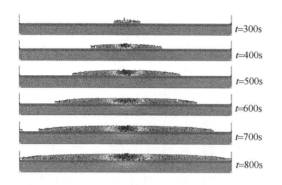

图 8.30 熔融物在水平托盘上的蔓延情况

图 8.31 熔融物在有一定坡度托盘上的蔓延情况

为了考查模拟结果的准确性，进行了相关实验测试，测试装置如图 8.32 所示，对比结果见表 8.6。

表 8.6 实验和模拟计算结果对比表

	熔融物扩散速度（mm/s）		
	水平	1.8°倾斜，向上	1.8°倾斜，向下
实验	0.22~0.24	—	0.35
模拟	0.19，0.20	0.11	0.23
模拟修正	0.20，0.22	0.12	0.33

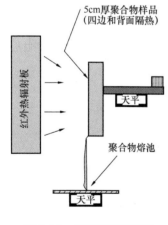

图 8.32 实验测试装置图

从表 8.6 可以看出，对于水平放置托盘的情况，实验与模拟计算得到的熔融物扩散速度较一致；但对于倾斜的托盘，模拟结果仅是实验结果的 2/3。造成这一结果的原因是，在实际过程中，低落到托盘上的熔融物仍然会发生分解，从而导致其黏度降低，流动性增强，如果在模型中针对这一现象进行修正，得到的修正后的结果与实验结果非常接近。

8.3.5 膨胀阻燃过程的模拟

（1）一维膨胀模型

目前有关膨胀阻燃的一维模型主要考虑了两种机理来降低传导的热量，其一是膨胀气化反应为吸热过程，使能量在膨胀阶段被吸收；其二是最终生成的炭层的热导率与基质相比降低了。

用于膨胀材料的典型一维模型，主要是将能量变化和质量守恒方程分别应用于材料内部发生变化的不同区域，基材、炭层和裂解区的位置都是时间的函数，每层具有各不相同的热物性参数值。这类模型最早由 Cagliostro 等人提出，用于研究基材温度对膨胀行为和材料性质影响的灵敏性。这类模型用"有效"热导率 k/E 来替代烧蚀模型中的 k，其中膨胀因子 $E(y,t)$ 把膨胀层某一点的初始位置 y 与膨胀过程及膨胀后的位置联系起来。快速膨胀导致涂料厚度迅速增加，增加的膨胀层厚度以及反应过程吸收的热量都将导致基材升温速率的降低。

Anderson 和 Wauters 在基材和炭层之间使用一个裂解区来表示膨胀行为的活化区。通过假定材料膨胀是质量损失的函数来解释膨胀行为，并提出了膨胀因子的经验公式，即：

$$u(x,t) = \int_0^x \frac{-n}{m_0 - m}[E(m) - 1]\frac{dm}{dt}dx \tag{8.43}$$

$$E = 1 + [(E)_{max} - 1]\left(\frac{m_e - m}{m_e - m_c}\right)^n \tag{8.44}$$

在以上两式中，$u(x,t)$ 为材料膨胀速率；E 为膨胀因子；$(E)_{max}$ 为最大膨胀因子；dm/dt 为质量分解速率；m_0 为初始质量；m_c 为最终成炭量；m 为 t 时刻的质量。

方程（8.44）中的 n 描述了膨胀因子 E 对质量变化的依赖程度。如果膨胀发生在热分解的初期，即材料的质量变化很小，但已有显著膨胀，则 n 在 $0 \sim 1$ 之间；如果在后期发生，则 $n > 1$；$n = 1$ 表示膨胀与热分解气体质量分成线性关系。

该模型主要模拟膨胀对涂料热行为的影响。为了解释膨胀涂料的热行为，Anderson 和 Wauters 从控制体中的质量和能量守恒导出以下两个守恒方程：

$$\frac{d\rho}{dt} + \rho\frac{\partial u}{\partial x} = -\dot{\Gamma}_g \tag{8.45}$$

$$\rho c\frac{\partial T}{\partial t} = \frac{\partial}{\partial x}\left(k\frac{\partial T}{\partial x}\right) - (h_g - h)\dot{\Gamma}_g - u\rho c_p\frac{\partial T}{\partial x} - \rho\dot{q}''_{chem} \tag{8.46}$$

以上两式中，$\dot{\Gamma}_g$ 是指分解速率；$\dot{q}''_{chem}$ 是指由化学反应产生的热释放速率；h_g 和 h 分别为气体和固体的热焓。

该模型在假定膨胀因子的同时，也考虑了每个区域位置的变化速率。在基材中位置变化速率为 0，炭层位置的变化（增厚）速率固定，裂解区位置的变化速率则是膨胀因子和质量损失速率的函数。模型通过修正方程（8.44）中的指数和最大膨胀因子，并结合质量守恒和能量守恒方程预测基材温度曲线。图 8.33 给出了材料经验函数中的指数（n）对基底温度的影响。实验数据表明，基材温度在 100℃之前和 150℃之后迅速增加，但在 $100 \sim 150$℃之间温度增加缓慢。模拟曲线与实验结果基本相符。该模型虽然能计

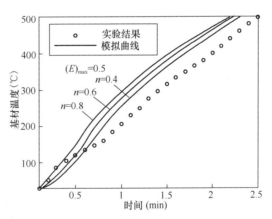

图 8.33 不同指数（n）对基材温度的影响

算曲线上某一点的斜率，但不能预测出在 $100 \sim 150$℃之间发生的显著转折现象。另外，在计算质量损失速率时必须使用一个半经验公式，而这个公式没有明确的物理意义。

为了避免质量损失率使用半经验公式的缺点，Buckmaster 等人提出了预测涂料的热行为的膨胀锋面模型。该模型假定膨胀仅发生在一个无限小的区域内，且质量损失主要集中在某一温度下发生。膨胀锋面将涂料分成两个部分。在基材和锋面之间材料处于常态（尚未发生变化），该区域的温度低于锋面温度。膨胀锋面和自由外表面之间的膨胀层密度均匀，比初始值小，不随时间变化；温度比锋面温度高，在空间的膨胀速率均匀并随时间变化；锋

面两侧的材料性质、位置变化速率和温度梯度是不连续的；所有的质量损失发生在锋面上；当气体穿越膨胀反应面会引起涂料体积的增大。基材和炭层的传热方式都只考虑热传导，能量方程如下：

$$c\rho\left(\frac{\partial T}{\partial t} + u\,\frac{\partial T}{\partial x}\right) = \frac{\partial}{\partial x}\left(k\,\frac{\partial T}{\partial x}\right) \tag{8.47}$$

其中，膨胀速率 u 可以通过连续方程得到：

$$\frac{\partial \rho}{\partial t} + \frac{\partial}{\partial x}(\rho u) = -\dot{\Gamma}_g \tag{8.48a}$$

$$\frac{\partial m}{\partial t} + u\,\frac{\partial m}{\partial x} = -\dot{\Gamma}_g V \tag{8.48b}$$

为建立锋面两侧的联系，在锋面上需要一个突变条件，该条件可以通过分析锋面结构导出，如下所示：

$$\left[k\,\frac{\partial T}{\partial x}\right] = \frac{\rho_0}{m_0}\,\frac{\mathrm{d}s}{\mathrm{d}t}(Q - CT^*)[m] \tag{8.49a}$$

$$[T] = 0,\ T = T^* \tag{8.49b}$$

其中，Q 表示分解热；s 指锋面的瞬时位置；T^* 指锋面温度；方括号表示炭层和基材之差，温度连续地穿过锋面。方程（8.47）～方程（8.49）结合边界条件和初始条件，可以将膨胀问题简化为 Stefan 问题而容易进行数值求解。模拟结果与实验定性吻合，当锋面穿过膨胀涂层时，基材温度变化小，趋于一个固定值，然后温度迅速上升。这种温度趋势与膨胀时的对流有关，抵消了传导热流。该模型在模拟实验中的转折现象时预测结果较好。其主要缺点：一是模型仅适用于质量损失在某个主要温度下发生的情况，不适用于在某一温度范围内发生；二是模型仅适用于膨胀在某一个特定温度下发生，而不适用于膨胀反应在一个温度范围内发生；三是该模型的模拟结果与实验结果只是定性吻合。

Bourbigot 等人研究了 PP/APP-PER 膨胀体系的燃烧过程，并进行了传热模拟。模型中同样假定膨胀锋面为近似的相变过程并只在很窄的温度区间发生。材料可以在三个不同的区域（基层、膨胀层和炭层）内分解，固体分解方程如下所示：

$$\frac{\partial \rho}{\partial t} = -\rho A \exp\left(-\frac{E_a}{RT}\right) f(\alpha) \tag{8.50}$$

假设气体为理想气体，且气体流动服从达西定律（Darcy's Law），即

$$\dot{m}_g'' = -\frac{\gamma \rho_g}{\phi \mu}\,\frac{\partial \rho}{\partial x} \tag{8.51}$$

在式（8.50）和式（8.51）中，α 为转化率；ϕ 为孔隙率；γ 为渗透率；μ 为气体黏度。

根据能量守恒，则有如下方程组：

当 $x > s(t)$ 时，

$$(\rho_g C_{P_g} + \rho_c C_{P_c})\frac{\partial T}{\partial t} = \frac{\partial}{\partial x}\left(k\,\frac{\partial T}{\partial x}\right) - \frac{\partial}{\partial x}(\dot{m}_g'' C_{P_g}) + (C_{P_c}T - C_{P_g}T + Q_{chem})\frac{\partial \rho}{\partial t} \tag{8.52}$$

当 $x < s(t)$ 时，

$$\rho_v C_{P_v} \frac{\partial T}{\partial t} = k_v \frac{\partial^2 T}{\partial x^2} \tag{8.53}$$

当 $x = s(t)$ 时,

$$-k \frac{\partial T}{\partial x} = -k \frac{\partial T}{\partial x} + Q_{chem} \rho_v \frac{ds(t)}{dt} \tag{8.54}$$

根据质量守恒, 则有方程:

$$-\frac{\partial \rho}{\partial t} = \frac{\partial}{\partial x} (\dot{m}''_g) + \frac{\partial \rho_g}{\partial t} \tag{8.55}$$

利用方程 (8.50) ～方程 (8.55) 并结合边界条件与初始条件, 就可以进行模拟计算, 实验采用极限氧指数作为测试仪器, 热电偶从试样上方开始, 每隔 3 mm 布置一个热电偶测温。模拟结果与实验结果的比较如图 8.34 所示, 图中, 实线为实验测得的不同点的温度曲线, 虚线为对应的模拟曲线, 从变化曲线看, 模拟结果与实验结果具有较好的一致性。模型还可以模拟气体生成速率以及膨胀前沿面随时间不断变化的位置, 但没有进行实验比较。该模型仅仅是对传统的极限氧指数测试仪的实验条件进行模拟, 而该仪器的燃烧实验条件与实际火灾条件差别较大, 因此该模型对于实际火灾的模拟具有一定的局限性。

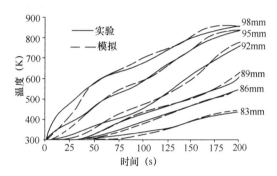

图 8.34 PP/APP-PER 膨胀阻燃材料在 LOI 实验中的温度分布与模拟结果的比较

Morice 等人研究了膨胀体系 PP/APP-PER 和 PP/APP750 的对火反应及传热行为。其实验结果表明, 使用 APP750 的 PP 与 APP/PER 体系相比, 其阻燃性能大幅提高。在 Morice 等人的研究中, 为了更好地表征膨胀层的传热行为, 提出并使用了降解锋面 (degradation front) 的概念, 即降解实际发生的位置。同时, 使用质量损失表征聚合物的降解。这样, 可以用 IKP 方法 (不变动力学参数模拟方法) 计算出不变的活化能、指前因子, 以及与动力学函数有关的概率分布等, 该法在体系降解反应的第一步使用。使用该法可以计算降解锋面的温度 (T_d)。

首先, 假定降解服从 Arrhenius 定律, 有:

$$\frac{da}{dt} = kf(a) = A_{inv} \exp\left(-\frac{E_{inv}}{RT_d}\right) f(a) \tag{8.56}$$

从方程 (8.56) 中, 可得降解锋面温度 T_d 如下:

$$T_d = \frac{E_{inv}}{R} \frac{1}{\ln\left(\frac{A_{inv} f(a)}{da/dt}\right)} \tag{8.57}$$

计算出的 T_d 曲线和实验的温度分布表明, 在相同温度范围内, PP/APP750 降解锋面达到了 11 mm, 而 PP/APP-PER 只达到了 8 mm。另外, PP/APP750 的 T_d 值更低。显然, T_d 值越低, 意味着质量损失速率和热释放速率也越低, 体系膨胀效率越高。图 8.35 为 PP/APP-PER 和 PP/APP750 的温度网格图。

Bourbigot 等人在上述研究基础上, 以锥形量热计实验结果为依据, 采用引燃/静态模型

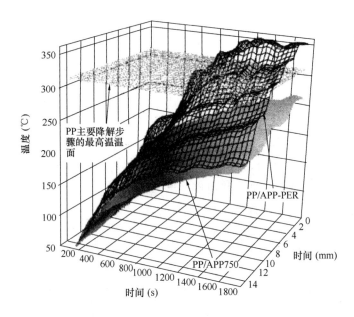

图 8.35　PP/APP-PER 和 PP/APP750 的温度网格图

(ignition model/static model) 和动态模型（dynamical model）分别确定了阻燃聚合物燃烧过程中的热物性参数，并通过这些热物性参数来解释膨胀阻燃机理。使用一维引燃模型如下：

$$t_{ig}^{-1/2} = \left[\frac{2}{\sqrt{\pi k\rho C_p (T_{ig} - T_\infty)}} \right] \cdot \ddot{q}''_{ext} - \left[\frac{0.64\, \ddot{q}''_{cr}}{\sqrt{\pi k\rho C_p (T_{ig} - T_\infty)}} \right] \tag{8.58}$$

其中，$\ddot{q}''_{cr} = \varepsilon\sigma(T_{ig}^4 - T_\infty^4)$，指临界辐射热通量，$\varepsilon$ 为发射率；σ 为 Stephan-Boltzman 常数；T_{ig} 为点燃温度；T_∞ 指环境温度。

如果对 $\ddot{q}''_{ext}$ 和 $t_{ig}^{-1/2}$ 作图，可以得到直线 $y = ax + b$，从而可以计算出 a 和 b。为计算热导率 k 和热扩散系数 $\alpha = \dfrac{k}{\rho C_p}$，需要测量密度 ρ 和比热容 C_p。这可以通过在热释放速率曲线的不同时刻，关闭外部辐射热通量得到不同的残渣，并测量即可得到。研究结果表明，从点燃到燃烧结束，残渣的 ρ 和 C_p 一直不变，这意味着，当膨胀屏蔽形成时，在涂料中发生的化学变化不会改变热物性参数。如果 k 值小，膨胀屏蔽层的传热降低，基底温度上升慢，膨胀涂料形成之后降解速度降低。而且，如果填料储存能量（ρC_p），则不容易返回给环境。因此热物性参数的不同可以解释不同膨胀体系的不同火灾行为。

利用引燃模型计算的热物性参数值仅适用于膨胀屏蔽层表面，采用动态模型，则可计算燃烧过程中体系中各点位置材料的热物性参数。该方法使用的温度曲线来自锥形量热计实验。动态模型计算公式如下：

$$\alpha = \left(\frac{1}{T - T_0} \cdot \frac{\partial T}{\partial t} \right)^2 \cdot \frac{THE}{\ddot{q}''_{ext}} \tag{8.59}$$

其中，T 为材料的温度；T_0 为室温；THE 为总释放热；$\ddot{q}''_{ext}$ 为外部辐射热通量。

表观热扩散系数 α 随时间和样品深度的变化即可以用方程（8.59）来计算。Bourbigot 等人分别计算了 PP/APP-PER 和 PP/APP 750 两种膨胀体系中热扩散系数随时间和深度的变化，结果表明，膨胀发生后，随时间的增加 α 不断减小。对比静态和动态两个模型计算出来的 α 值，发现后者的结果在经历离散区后接近前者的计算值。这是因为前者假定 α 随时间不变，所以只有在膨胀层形成之后，材料燃烧达到准稳态时才收敛于相同值。

Anderson 等人曾经把发泡炭层看作复杂非均一体系，并用简化热阻模型研究了膨胀炭层的绝热性质。认为膨胀炭层具有低热导率是因为有分解气体滞留在炭层之中。Reshetnikov 等人则将多孔炭层看作由许多层组成，炭层和空气层间隔排列，进入每层的热量有来自上层和下层的辐射通量以及上层的热传导，该层的热损失为该层的热辐射及进入下层的传导热。发泡炭层结构如图 8.36 所示。利用模型估算出了炭孔内的热辐射量与通过气体的导热值在一个数量级上，因此得出，对炭层加热主要是由于总热流中的辐射部分起作用。

（2）二维和三维模型

Bhargava 等人在研究环氧树脂涂层二维传热特性的基础上，提出了预测涂层在喷射火焰直接作用下其温度与表面厚度分布的二维数学模型。火焰直接作用在涂层的中心部位，温度沿喷射火焰中心轴对称分布，涂层的膨胀厚度和表面温度随中心距的增大而降低，涂层在火

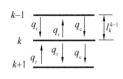

图 8.36　发泡炭层的结构示意图

焰作用的中心处膨胀更快。受热膨胀过程涉及热流运动，包括进入涂层到基材（z 方向）和沿径向（r 方向）向四周导热。基材背面和边缘的热损失可以忽略。因此，穿过可膨胀环氧树脂涂层能量守恒方程为：

$$\rho C_{\text{p}} \frac{\mathrm{d}T}{\mathrm{d}t} = k\left[\frac{1}{r}\frac{\partial}{\partial r}\left(r\frac{\partial T}{\partial r}\right) + \frac{\partial^2 T}{\partial z^2}\right] \tag{8.60}$$

在方程（8.60）中没有体现涂层降解、气化、膨胀造成的热影响，Bhargava 等人把这些现象用"表观"比热容来解释。

方程（8.60）的边界条件和初始条件如下：

$t = 0; 0 \leqslant r \leqslant R, 0 \leqslant z \leqslant L(r,0); T = T_0$（初始温度）

$t > 0; 0 \leqslant r \leqslant R, z = L(r,t); T = T_{\text{f}}(r)$（表面火焰温度分布）

$$0 < r < R, z = 0; \rho_{\text{sub}} r\Delta x C_{\text{p,sub}}\frac{\mathrm{d}T}{\mathrm{d}t} = \Delta x k_{\text{sub}}\frac{\partial}{\partial r}\left(r\frac{\partial T}{\partial r}\right) + rk\frac{\mathrm{d}T}{\mathrm{d}z} \tag{8.61}$$

其中，ρ_{sub} 为基材密度；$L(r,t)$ 指在半径 r 处、t 时刻样品的厚度；Δx 指基材的厚度。

通过方程（8.60）和方程（8.61）以及边界和初始条件可以计算出膨胀炭层的温度和表面厚度分布。模拟结果与实验结果进行了比较，吻合较好。图 8.37 为在涂有 A、B 两种涂料后，被保护基材在火焰中心和距火焰中心 100mm 处的计算温度和实验测定温度随时间的变化图。该模型虽然是二维模型，但也仅考虑了能量方程，并且也未考虑膨胀过程的吸热影响和反应动力学因素。

Butler 等人在研究膨胀体系时，同时考虑了气泡和熔体的流体力学特性、传热和化学反应，提出了三维数学模型。在该模型中，膨胀体系用包含大量膨胀气泡的高黏性不可压缩流体表示。单个气泡在局部的变化满足质量、动量和能量守恒方程，宏观上满足材料膨胀及防

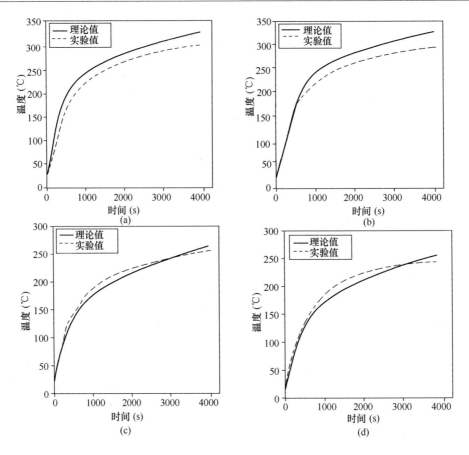

图 8.37　基材在中心及距中心 100mm 处计算温度和实验温度对比图

（a）A 类涂料，中心处温度；（b）A 类涂料，距中心 100mm 处；

（c）B 类涂料，中心处温度；（d）B 类涂料，距中心 100mm 处

火性能。三维模型的基本构成是：气泡生长、传质和传热。

　　模型中的样品为矩形，假定其中含有大量（达到 10000 个）无限小的气泡成核点，并随机分布在整个样品中。在样品上表面施加一定的热流，用能量方程描述样品的温度场。当某一成核点的温度超过了发泡剂的分解温度，气体产生，气泡开始生长。黏度和表面力是温度的函数，显著的温度梯度和重力的作用导致膨胀气泡发生迁移。气泡（其热导率比周围熔体低一个数量级）的出现使温度场变形。图 8.38 为试样表面受到 $40kW/m^2$ 的热流时气泡的发展情况。试样尺寸为 $10cm \times 10cm \times 1cm$，气泡核随机分布在试样中心 $6cm \times 6cm \times 1cm$ 的区域内。

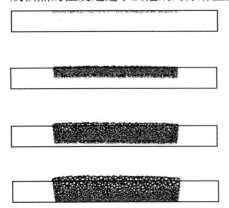

图 8.38　试样气泡生长图

　　由于模型中气泡数量太多，很难精确求解质量、动量和能量方程，使其满足所有的边界条件。最简化的方法是只考虑流体中具有温度梯度的单个气泡，并对其求解，然后假定整个熔体场为单个场（气泡）的总和。当气泡足够大，并且固化时，气泡不再独

立移动，此时的材料行为与泡沫类似。

　　该模型考虑了熔体的黏度、气泡的生成和生长以及传热过程，比一维模型更全面，但该模型中几个重要方程采用的都是分析解，而且膨胀计算过程中气泡数量必须作为输入值，但实际膨胀过程中很难知道气泡的数量，所以，输入值仅是经验值。另外，膨胀的宏观行为也是在考虑单个气泡的基础上进行简化叠加获得，尚无实验结果进行比较，因此缺乏可靠性。

第9章 材料火灾危险性分析与评价

材料的火灾危险性包括引燃危险性、热危险性和非热危险性。引燃危险性以材料在给定条件下的引燃时间来表征；热危险性是指材料发生燃烧反应放出的热所具有的潜在的热破坏作用；非热危险性是指材料发生燃烧反应生成的烟气所具有的潜在的腐蚀、刺激和毒害作用。

9.1 引燃危险性

火灾燃烧释放的热量的危害是巨大的，它可以促进室内可燃物的热解、炭化，使结构构件失效，从而引起建筑物坍塌，还使人处于烧伤烫伤的危险状态中。室内特别是热烟气的温度可以用来判断人的危险时刻、轰燃发生时间、结构单元失效时间及对热源和其他物体的热反馈。

引燃过程是火灾燃烧过程中的重要阶段，它既是火灾发生最初的引发阶段，也是火灾发展蔓延的关键过程。通常，当聚合物分解产物在其表面形成可燃性混合气体时，在一定条件下会被引燃。引燃分自燃和强制引燃两种模式。前者是在没有火源的情况下发生，这只有在燃料气和氧化剂的混合物达到一定温度时才能发生，由固体表面的高温或表面反应如阴燃、碳氧化引起的气相引燃也属这一类引燃；后者是指由诸如明火、电火花、燃烧的飞灰等外部点火源引起的引燃。火灾中最常见的引燃模式是强制引燃。当引燃反应产生的热释放能量大于向环境损失的能量，就会形成持续火焰。

聚合物表面的引燃也是一个非常复杂的过程。在聚合物表面的引燃过程中存在两个相互竞争的过程，一个是气相的扩散过程，包括组分、流速、温度、驻留时间；另一个是气相反应过程，主要取决于气相反应的诱导时间。当气相反应的诱导时间小于混合气体的驻留时间时，聚合物的固相化学反应（裂解）和传热过程就成为引燃过程的控制机理。因为诱导时间短意味着分解产物一旦形成就被会引燃，这样，决定引燃过程快慢的因素就是传热过程和固相分解反应的速度。

材料的着火性是指材料在热能的作用下，其表面挥发出的可燃气体被引燃的能力。材料的起火过程受几何条件（材料的位置及摆放）、空气流动、火源位置、强度、位置及持续作用时间、环境温度等条件的影响。虽然不同固体可燃物的燃烧特性及火灾危险性不同，但对于绝大多数可燃固体而言，可以用着火特性评定其火灾危险性。材料的下述性质和状态与火灾起始阶段有关：①材料的分解温度和分解行为。如果材料制品的结构能力很重要的话，这点尤为重要。②材料引燃的难易程度。材料的引燃性可用闪点温度、自燃温度和极限氧浓度表征。③材料暴露的程度。着火特性可以用熔点、燃点表示，也可以根据锥形量热仪测定的点火时间来衡量，或者根据引燃材料的最小热辐射通量来衡量。

材料的引燃时间（t_{ig}）是使材料表面有发光火焰燃烧时所维持引燃的时间，以 s 为单位。引燃时间越长，表明聚合物材料在此条件下越不易引燃，材料的阻火性就越好。它是评估聚合物材料点火性的重要指标之一。表9.1为几种聚合物在不同热辐射通量下的引燃时间及其表面温度。

表9.1　几种聚合物不同热辐射通量下的引燃时间及其表面温度

聚合物名称	辐射通量 （kW/m²）	引燃时间 （s）	表面温度 （℃）
LDPE	25 50 75	199 45 28	250.4 361.8 474
PP	25 50 75	124 37 18	314.4 600.7 472
PMMA	25 50 75	137 35 20	310 386 646.6
POM	25 50 75	149 47 23	——
PA6	25 50 75	371 76 30	496 560.14 574
HIPS	25 50 75	228 48 23	——
EVA18	25 50 75	347 50 22	624.75 413.6 565
酚醛树脂	25 50 75	351 45 17	713.14 389.5 381.1
环氧树脂	25 50 75	202 37 20	519.81 482 527.2

材料引燃的最小热辐射通量可以用临界热辐射通量（critical heat flux，CHF）的概念表达。CHF是使材料产生可燃混合气体的最小热辐射通量，也是维持引燃的最小热辐射通量。热响应参数（thermal response parameter，TRP）是指材料抵抗产生可燃混合气体的能力。CHF和TRP值越大，材料加热、引燃和着火所需的时间越长，因而其火焰的传播蔓延速率越低。

CHF 是根据锥形量热计及同类实验结果提出的参数。一般而言，只有在大于 CHF 的热辐射条件下材料才能被引燃。CHF 的确定方法是，将材料水平暴露在不同热辐射条件下试验，直到试样在 15min 内没有被引燃，则该热辐射通量即为试样的 CHF。

TRP 反映材料抵抗被引燃及火焰传播的能力，其大小为：

$$TRP = \Delta T_{ig}\sqrt{k\rho c_p\left(\frac{\pi}{4}\right)} \tag{9.1}$$

其中，ΔT_{ig} 为材料引燃温度与环境温度的差值；k、ρ、c_p 分别为材料的导热系数、密度、热容。

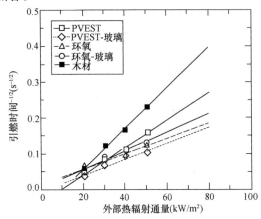

图 9.1　几种聚合物引燃时间倒数的平方根与外加热辐射通量之间的关系图

TRP 与材料的物理、化学性质均有关，如材料的化学结构、阻燃处理及厚度等。材料厚度增加或采取了被动防火措施都会增大其 TRP 值。

在第 3 章已讨论过，对热厚型材料而言，引燃时间倒数的 1/2 次方与外加热热辐射通量具有线性关系，即

$$\sqrt{\frac{1}{t_{ig}}} = \frac{(\dot{q}''_e - CHF)}{TRP} \tag{9.2}$$

以式（9.2）为依据，通过测定不同热辐射通量下材料的引燃时间，再通过作图、外推，即可得到材料的 TRP（直线斜率的倒数）和 CHF（截距）。如图 9.1 所示，给出了几种聚合物引燃时间倒数的平方根与外加热辐射通量之间的关系图。

9.2　热危险性

9.2.1　热释放与轰燃

热释放速率是可燃物燃烧时单位时间内释放出的热量。火灾中材料燃烧产生的热是引起烧伤、热窒息、脱水等伤亡的重要原因，也是火灾现场的建筑物、其他物体损坏的主要原因。热释放速率越大，造成的火灾越严重。通常以材料的热释放速率峰值（$pkHRR$）表示燃烧的危害程度。大部分可燃物燃烧时，热释放速率随时间变化。

关于应用热释放来对材料进行分级和评价的方法，Petrella 等人提出了用两个参数 x 和 y 来研究材料对轰燃的影响，并据此对材料潜在的火灾危险进行分级。

参数 x 为轰燃倾向指数，是材料热释放速率峰值（$pkHRR$）与引燃时间（t_{ig}）的比值，表达式为：

$$x = \frac{pkHRR}{t_{ig}}\ \left[\mathrm{kW/(m^2 \cdot s)}\right] \tag{9.3}$$

材料具有较高的热释放速率峰值和较短的引燃时间，是其发生轰燃的必要条件，因而材料的轰燃倾向指数越大，发生轰燃的可能性也就越大，具有的潜在火灾危险也就越大。

按 x 值的大小将材料潜在的火灾危险划分为三个等级：

① 低危险：$0.1\sim1.0$；

② 中等危险：$1.0\sim10$；

③ 高危险：$10\sim100$。

然而在实际上，并不是所有火灾都会经历轰燃阶段，这主要是由于：①没有在瞬间释放足以发生轰燃的热量的过程；②材料的量（火灾载荷）没有达到轰燃的条件；③材料经过阻燃处理，在一般情况下难以燃烧。因此，可以使用总热释放量（THR）这一参数对火灾的危险性进行评价，总热释放量是材料燃烧时释放的总的热量，是热释放速率对时间的积分，积分时间从材料被点燃开始到峰值过后材料的质量损失为 $1g/m^2$ 时止。

此处将材料的总热释放量定义为参数 y，即

$$y = THR \ (MJ/m^2) \tag{9.4}$$

按 y 值的大小将材料潜在的火灾危险划分为四个等级：

① 很低危险：$0.1\sim1.0$；

② 低危险：$1.0\sim10$；

③ 中等危险：$10\sim100$；

④ 高危险：$100\sim1000$。

轰燃倾向指数可以较好地反映火灾的严重程度，但它仅表征了可能达到的最大热释放速率，不能反映火灾过程中总的热释放量，而总热释放量又不能反映材料单位时间内释放的热量是多少，因此，综合考虑材料的轰燃倾向指数和总热释放量，可以较全面地反映材料的火灾危险。对应用锥形量热仪测得的材料相关数据做简单的 x-y 散点图，可以对比不同材料的火灾危险性，散点图的横坐标为参数 x，即材料的轰燃倾向指数，纵坐标为参数 y，即材料的总热释放量。Petrella 等利用锥形量热仪对 ABS、PS、FPU、RPU、电线电缆五类材料做了 130 次实验，并将测试、计算结果绘制了散点图，如图 9.2 所示。图中位于坐标系右上区域的材料具有较高的轰燃倾向指数和总热释放量，火灾危险性较大；而左下区域材料的轰

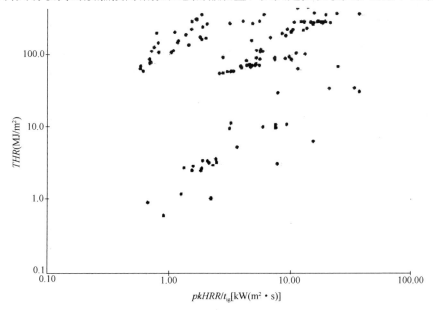

图 9.2　不同材料轰燃倾向指数与总热释放量

燃倾向指数和总热释放量都较小，火灾危险性也较小。

需要指出的是，材料的轰燃倾向指数是热释放速率峰值与引燃时间的比值，因而这个参数依火灾时热通量、通风情况及材料损坏程度的不同而有很大区别。总热释放量体现材料所含有的总的化学能，与燃烧时的条件关系不大。表 9.2 为以轰燃倾向指数为参考标准，PVC 顶棚材料样品在不同实验条件下的潜在火灾危险等级。

表 9.2　PVC 顶棚材料样品的火灾轰燃倾向指数及潜在的火灾危险等级

辐射热通量（kW/m²）	30		40	
	正面	背面	正面	背面
轰燃倾向指数	0.8	0.8	1.99	2.45
危险等级	低	低	中等	中等

9.2.2　火焰传播

当材料暴露在内部热源或外加热作用下时，产生可燃混气，被引燃，并在引燃区表面产生火焰，火焰产生的热量通过热传导、对流、辐射等方式向引燃区外释放传播，如果释放的热量达到了临界辐射热通量、热响应参数及材料的气化值，则引燃区外发生热解，火焰前沿也向引燃区外移动，并在引燃区外产生火焰。随着燃烧面积的不断扩大，火焰高度、热释放速率、热辐射均会增加，热分解前锋线和火焰前沿均会移动。依此重复，只要热分解前锋线之前预热表面获得的热辐射满足材料的临界辐射热通量、热响应参数及气化值，火灾就会在材料表面不断向前蔓延。

（1）材料火焰传播指数

当材料暴露在内部热源或外加热作用下时，如果释放的热量达到了材料的 CHF、TRP 及材料的气化值，则引燃区外发生热解，火焰前沿也向引燃区外移动，并在引燃区外产生火焰，随着燃烧面积的不断扩大，火焰高度、热释放速率、热辐射均会增加，热分解前锋线和火焰前沿均会移动。依此重复，只要热分解前锋线之前部位获得的热辐射满足材料的 CHF、TRP 及气化值，火灾就会在材料表面不断蔓延。材料热解前锋的移动速度通常用来描述火灾传播的速率，传播速率与传播方向（向上、向下传播）、反应时氧的含量等因素有关。图 9.3 为 PMMA 燃烧火焰在向下传播时热解前锋位置与时间的关系图，图 9.4 为 PMMA 燃烧火焰在向上传播时热解前锋位置与时间的关系图，图 9.5 为不同氧浓度下 PMMA 燃烧火焰热解前锋位置与时间的关系图。

对于热厚型材料，在热辐射强度较大的情况下，满足以下半经验公式：

$$\dot{q}''_f \propto \left(\frac{\chi_{rad}}{\chi_{ch}} \dot{Q}'_{ch} \right)^{1/3} \tag{9.5}$$

其中，$\dot{q}''_f$ 为火焰的辐射通量（kW/m²）；χ_{rad} 为以辐射形式释放的热量（kJ）；χ_{ch} 为总的热量（kJ）；$\dot{Q}'_{ch}$ 为材料单位宽度上的热释放速率（kW/m）。

因此，火焰传播速率可以表示为：

$$\sqrt{v} \propto \frac{\left[(\chi_{rad}/\chi_{ch})(\dot{Q}'_{ch}) \right]^{1/3}}{TRP} \tag{9.6}$$

将式（9.6）右边乘以 1000（热辐射份数为 0.42），可得火焰传播指数（FPI）：

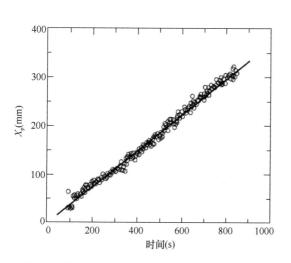

图 9.3 PMMA 燃烧火焰在向下传播时热解前锋
位置与时间的关系图

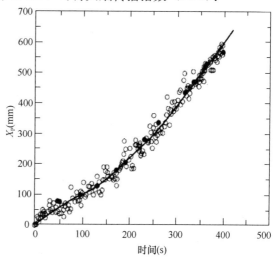

图 9.4 PMMA 燃烧火焰在向上传播时热解前锋
位置与时间的关系图

$$FPI = \frac{1000\,(0.42\,\dot{Q}'_{ch})^{1/3}}{TRP}$$

$$= \frac{750\,(\dot{Q}'_{ch})^{1/3}}{TRP} \qquad (9.7)$$

火焰传播指数可用来描述材料在高热辐射强度下（通常以提高 O_2 浓度来达到此条件）的火焰传播行为，并可依据 FPI 的数值大小将材料分为如下四类：

① FPI＜7（无火焰传播）：Ⅰ 类材料。在引燃区外无火焰传播的材料，火焰处于临界熄灭状态。

② 7＜FPI＜10（减速火焰传播）：Ⅱ 类材料。在引燃区外有减速的火焰传播的材料，火焰在引燃区外的传播是有限的。

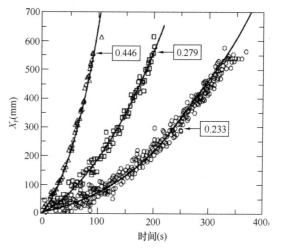

图 9.5 不同氧浓度下 PMMA 燃烧火焰热解前锋
位置与时间的关系图

③ 10＜FPI＜20（非加速的火焰传播）：Ⅲ 类材料。火焰缓慢向非引燃区传播的材料。

④ FPI＞20（加速的火焰传播）：Ⅳ 类材料。火焰快速地向非引燃区传播的材料。

（2）逆风火焰传播条件

由图 9.3 和图 9.4 可以发现，其他条件相同的情况下，逆风火焰传播速度远小于顺风火焰传播，因而逆风火焰传播的条件更加苛刻。一般而言，逆风火焰传播速度与风速有直接的关系。当风速 $u_\infty = 0$ 时，可以看成是一种逆流正以火焰速度 v 流入火焰。当风速增大时，氧气与燃料混合作用增强，相应的热分解产物生成速率也随之增大，由此可预计 v 也会增大。但是，当 u_∞ 继续增大某一极限后，空气或氧气穿越反应区的流动时间小于化学反应时间，因而使 v 降低，甚至使火焰熄灭。

187

逆风火焰传播必须具备两个条件：一是火焰前端为层流预混火焰，燃烧速度必须是 $u_\infty + v$，要使火焰持续传播，在火焰前端附近的质量流通量必须达到燃烧的浓度下限，即逆风火焰传播的燃烧浓度下限（LFL）准则；二是来自火焰和外部的入射热通量必须大于引燃的临界热通量，如果这个条件不能满足，火焰将停止传播。

① 燃烧浓度下限

在这里，燃烧浓度下限的燃料质量通量必须与加热产生的质量流通量相匹配，满足燃烧浓度下限的质量流通量为：

$$\dot{m}''_F = \frac{h_c(T_{f,crit} - T_0)}{\Delta h_c} \tag{9.8}$$

当火焰的对流热通量为临界火焰温度的对应值时，加热产生的质量通量为：

$$\dot{m}''_F = \frac{h_c(T_{f,crit} - T_0) + \dot{q}''_e - \sigma(T_{ig}^4 - T_\infty^4)}{L} \tag{9.9}$$

对于初始和环境温度均为 T_∞ 的长时加热过程：

$$T_0 - T_\infty = \frac{\dot{q}''_e}{h_t} \tag{9.10}$$

这里，$h_t = h_f + h_c$，令质量通量相等，整理后得到：

$$\left(\frac{h_t}{L} + \frac{h_c}{\Delta h_c}\right)(T_0 - T_\infty) = h_c(T_{f,crit} - T_\infty)\left(\frac{1}{\Delta h_c} - \frac{1}{L}\right) + \frac{h_t(T_{ig} - T_\infty)}{L} \tag{9.11}$$

根据式（9.11），如果辐射热通量仅与预热表面的温度相关，则逆风火焰传播的最小表面温度 $T_{0,s}$ 为：

$$T_{0,s} - T_\infty = \frac{\left(\frac{h_t}{h_c}\right)\left(\frac{\Delta h_c}{L}\right)(T_{ig} - T_\infty) - \left[\left(\frac{\Delta h_c}{L}\right) - 1\right](T_{f,crit} - T_\infty)}{\left(\frac{h_t}{h_c}\right)\left(\frac{\Delta h_c}{L}\right) + 1} \tag{9.12}$$

此外，式（9.12）也可以用传播的临界热通量来表示，考虑到引燃的临界热通量 $\dot{q}''_{0,ig} = h(T_{ig} - T_\infty)$，于是，对于对应条件 1 的临界热通量为：

$$(\dot{q}''_{0,s})_1 = \frac{\left(\frac{h_t}{h_c}\right)\left(\frac{\Delta h_c}{L}\right)\dot{q}''_{0,ig} - \left[\left(\frac{\Delta h_c}{L}\right) - 1\right](T_{f,crit} - T_\infty)}{\left(\frac{h_t}{h_c}\right)\left(\frac{\Delta h_c}{L}\right) + 1} \tag{9.13}$$

在式（9.13）中，HRP（$HRP = \Delta h_c / L$）和对流换热系数的重要性显而易见。

② 临界热通量

在火焰加热区，必须达到临界热通量，否则不会引燃，因而也就没有火焰的传播。无论厚型还是薄型材料，对于处于临界热通量的条件下，满足如下等式：

$$\dot{q}''_f + \dot{q}''_e = \sigma(T_{ig}^4 - T_\infty^4) \tag{9.14}$$

对条件 2 中的临界热流做 $\dot{q}''_e = (\dot{q}''_{0,s})_2$ 的估算，对于火焰在空气中的逆风传播，$\dot{q}''_f \approx 50 \sim 70 \mathrm{kW/m^2}$。此外，空气中层流火焰温度 $T_f \approx 2000℃$，这样就可以估算火焰的入

射热通量为：

$$\dot{q}''_f = h_{c,f}(T_f - T_{ig})$$
$$\approx 50W/(m^2 \cdot K) \times (2000-500) K$$
$$\approx 75kW/m^2 \qquad (9.15)$$

该估算值与文献报道的测量值基本相符，说明式（9.15）可以作为火焰入射热流的计算式。取典型的引燃温度（如 $T_{ig} \approx 500℃$）对 $\sigma(T_{ig}^4 - T_\infty^4)$ 进行估算，可得出 $\sigma(T_{ig}^4 - T_\infty^4) \approx 20kW/m^2$，因此，临界热通量可由式（9.16）表示：

$$(\dot{q}''_{0,s})_2 = \sigma(T_{ig}^4 - T_\infty^4) - h_{c,f}(T_f - T_\infty) \qquad (9.16)$$

式（9.16）表明，该临界热通量恒为负值，说明条件2不可能控制火焰的传播。

按照条件1，在式（9.13）中，因为分母中的第一项远大于1，则有：

$$(\dot{q}''_{0,s})_1 \approx \dot{q}''_{0,ig} - h_c\left(1 - \frac{L}{\Delta h_c}\right)(T_{f,crit} - T_\infty) \qquad (9.17)$$

条件2的近似结果可表示为：

$$(\dot{q}''_{0,s})_2 \approx \dot{q}''_{0,ig} - h_{c,f}(T_f - T_\infty) \qquad (9.18)$$

一般而言，$h_{c,f}(T_f - T_\infty) > h_c(1 - L/\Delta h_c)(T_{f,crit} - T_\infty)$，因而有：

$$(\dot{q}''_{0,s})_1 > (\dot{q}''_{0,s})_2 \qquad (9.19)$$

由式（9.19）可以得出，逆风火焰传播的过程主要由条件1控制。

9.2.3　火灾的热危害

火灾燃烧释放大量的热，其危害主要体现在对人和建筑的损伤两个方面。因而建筑防火规范确立了两个目标，即室内人员的生命安全及建筑结构的稳定性。对于人员来说，不论是皮肤和肺直接接触热气还是接受来自一定远处的热辐射，热量对人体均会构成物理上的危险性。因此规范专门规定了人体暴露于其中时的最高温度及最大辐射热流。结构构件的承重和分隔能力的计算也是基于构件所暴露其中的火灾环境的温度。

对于人员暴露在高温下忍受时间极限的研究还比较缺乏，工业卫生文献上给出一定暴露时间下（代表时间是8h）的热胁强（heat stree）数据，对人对高温的忍耐性未能提出多少建议。曾有试验表明，身着衣服、静止不动的成年男子在温度为100℃的环境下呆30min后便觉得无法忍受；而在75℃的环境下可坚持60min。不过这些试验温度数值似乎偏高了。扎波（Zapp）指出，在空气温度高达100℃极特殊的条件下（如静止的空气），一般人只能忍受几分钟；一些人无法呼吸温度高于65℃的空气。对于健康的着装成年男子，克拉尼（Cranee）推荐了温度与极限忍受时间的关系式为：

$$t = 4.1 \times 10^8/[(T - B_2)/B_1]^{3.6} \qquad (9.20)$$

式中，t 为极限忍受时间（min）；T 为空气温度（℃）；B_1 为常数（成年男子，1.0）；B_2 为另一常数（成年男子，0）。

这一关系式并未考虑空气湿度的影响。当湿度增大时人的极限忍受时间会降低。因为水蒸气是燃烧产物之一，火灾烟气的湿度较大是必然的。衣服的透气性和隔热程度对忍受温度升高也有重要影响。目前在火灾危险性评估中推荐数据为（干燥情况下）：短时间脸部暴露的安全温度极限范围为 65～100℃，人的生存极限呼吸水平温度为 131℃，人体能承受的最高温度为 149℃。

火灾烟气可高达几百度，封闭空间（如地下室）烟气的温度可高达 1000℃，聚烯烃的燃烧火源温度可达 1227℃，此外，与聚合物燃烧时的熔滴接触也会造成烧伤。高温烟气对暴露其中的人产生烘烤，使其体温升高，引致烧伤、热虚脱、脱水及呼吸道闭塞/水肿。

研究表明，皮肤若维持在 $3kW/m^2$ 的热辐射强度下，超过 1s 就会产生轻微的烧伤，在 $10kW/m^2$ 的热辐射强度下 10s 就会被严重烧伤，为不失能，人体所接受的辐射热流应小于 $1kW/m^2$。表 9.3 为常见热通量水平。

表 9.3　常见热通量水平

来　源	kW/m^2
辐射到地球表面的太阳光	≤1
皮肤感到疼痛的最小值（短期暴露）	～1
烧伤的最小值（短期暴露）	～4
使常见薄型物品着火的最小值	≥10
使日用家具着火的最小值	≥20
受小型层流火焰加热的表面	50～70
受湍流火焰加热的表面	20～40
ISO 9705 墙角试验燃烧器对墙面的辐射 （0.17m² 的丙烷燃烧）在 100 kW （0.17m² 的丙烷燃烧）在 300 kW	 40～60 60～80
室内轰燃火中（800～1000℃）	75～150
大型池火中（800～1200℃）	75～267

此外，人员在火场中不可避免地会吸入烟气，人吸进高温烟气后，高温烟气流经鼻腔、咽喉、气管进入肺部的过程中，会灼伤鼻腔、咽喉、气管甚至肺，致使其黏膜组织出现水泡、水肿或充血。含有水蒸气的烟气造成的热力损伤更为严重。

高温对建筑物和其他物体的破坏作用也是显而易见的，因火烧造成建筑物的结构组件的破坏具有明显的潜在危险性。可能发生的情况有脆弱化，地板承重能力下降，或墙壁、屋顶崩塌等。火灾对结构的破坏有时不易单从外观察觉，因此火灾后结构强度衰减程度的评估相当重要。建筑物因结构受火灾而崩塌毁坏的情况不多，但不可忽视建筑物受到二次外来灾害（如地震）时可能发生的危险。

9.3　非热危险性

9.3.1　烟气的危害作用

非热危害一般取决于燃烧产物的化学性质和在墙壁、天花板、家具、设备、零部件等物品上的沉积，以及环境条件等多种因素。随着社会发展，人民生活水平的提高，在现代建筑火灾中，燃烧产物的非热危险性往往大于热危险性带来的伤害。有统计数据表明，近些年火灾中 85% 以上的死亡者都是由于吸入烟气致死。表 9.4 列出了国内外部分火灾中死亡人数的统计情况，从表中可以看出，在日本大阪千日百货大楼的火灾事故中，因烟气致死 93 人，占死亡人数的 78.8%。唐山林西百货大楼是一座三层楼的建筑，一楼家具厅存放有 40 余捆化纤地毯、50 余张海绵床垫，在火灾中，这些聚合物材料燃烧产生大量毒性气体，从一楼东西两个楼梯口向上蔓延，很快充满了二、三楼逃生通道。罹难者解剖报告显示，80 名死亡人员中，除 1 人外，79 人都因中毒而死。

表 9.4　某些火灾死亡人数统计

发生时间	火灾单位	死亡人数	受伤人数
1972 年 5 月 13 日	日本大阪千日百货公司	118	82
1974 年 2 月 1 日	巴西圣保罗乔尔马大楼	179	300
1993 年 2 月 14 日	唐山林西百货大楼	80	53
1994 年 12 月 7 日	新疆克拉玛依友谊馆	325	130
2004 年 2 月 15 日	吉林中百商厦	53	70

暴露在火灾毒性烟气中会造成不同程度的生理危害，甚至是死亡或终身残疾，这些危害主要包括：由于烟的遮光性及刺激性烟气、热量对眼睛的损伤，使逃生者看不清火场的情况；由于吸入火场中带有刺激性的热烟气，使呼吸道感到疼痛、呼吸困难或者损伤呼吸道；吸入毒性气体而导致窒息，从而使人昏迷，失去知觉；由于热的作用使暴露的皮肤、上呼吸道感到疼痛，从而阻碍人员逃生，这种危害甚至会造成建筑物的倒塌。所有这些损害都有可能是终身的，而且除了第一项以外，如果暴露的时间足够长的话就都是致命的。

从火灾烟气的非热危害来看，由于火灾烟气所特有的物理、化学特性，烟气的危害作用主要体现在烟气的减光性、恐怖性、窒息性、刺激性、腐蚀性等方面。

9.3.2　减光性

对烟气的减光性衡量的主要参数有光学密度、消光系数、百分遮光度和能见度，分别表示为：

$$D_0 = \log\left(\frac{I_{\lambda 0}}{I_\lambda}\right) \tag{9.21}$$

$$K_c = -\log(I/I_0)/L \tag{9.22}$$

$$B = [(I_0 - I)/I_0] \times 100 \tag{9.23}$$

$$V_c = R/K_c \tag{9.24}$$

以上各式中，I_0 和 I 分别为入射光强和透过烟气后的光强度；L 为光束经过的测量空间段的长度（m）；I/I_0 为该空间的投射率（%）；D_0 为单位长度的光学密度（1/m）；K_c 为烟气的减光系数（1/m）；B 为烟气的百分遮光度（%）；V_c 为能见度（m）；R 为比例系数。

光学密度与烟气浓度之间成线性关系。由 Lambert-Beer 定律可得：

$$I_{x,\lambda} = I_{0,\lambda} e^{-kCL} \tag{9.25}$$

式中，k 为烟气的吸收系数；C 为烟气的组分浓度（一般假设烟气只有吸收作用，于是 C 便为烟气浓度）。

对式（9.25）两边取对数，有

$$C = -\frac{1}{kL}\ln\frac{I_{x,\lambda}}{I_{0,\lambda}} \qquad (9.26)$$

改为常用对数，有

$$C = -\frac{2.301}{kL}\log\frac{I_{x,\lambda}}{I_{0,\lambda}} \qquad (9.27)$$

于是，烟气的光学密度与其浓度之间的关系可表达为：

$$D_0 = \frac{kL}{2.301}C \qquad (9.28)$$

烟气的光学密度与浓度之间的关系为我们利用光学手段测量烟气的浓度及其他的基本性质提供了理论基础。

可见光波长 λ 为 $0.4\sim0.7\mu m$。一般火灾烟气中的烟粒子粒径 d 为几微米到几十微米，由于 $d > 2\lambda$，烟粒子对可见光是不透明的。烟气在火场上弥漫，会严重影响人们的视线，使人们难以寻找起火地点、辨别火势发展方向和寻找安全疏散路线。

要看清某物体，则要求物体与背景之间有一定的对比度。对于很大的、均匀的背景下的孤立物体，其对比度定义为：$C = B/B_0 - 1$，B、B_0 分别为物体和背景的亮度或光线强度。日光下黑色物体相对于白色背景的对比度为 -0.02，该值定义为能够从背景中清楚地辨别物体的临界对比度。物体能见度定义为距对比度减少到 -0.02 这点的距离。实际火灾环境中，能见度的测量常以物体不可辨清的最小距离为标准，并不用光度计去实际测量对比度。

普通人视力所能达到的范围称为能见距离或视程（或称能见度），当发生火灾时，疏散通道上的能见距离在整个疏散过程中都必须给予保障，这个保证安全疏散的最大能见度距离称为极限视程，该极限视程随着对建筑物的熟悉程度不同而不同，当熟悉建筑情况时，极限视程为 $5m$；当不熟悉建筑情况时，其极限视程为 $30m$。

火场能见度与许多因素有关，包括烟气的散射、室内的亮度、所辨认的物体是发光还是反光以及光线的波长等。并且还依赖于逃生者的视力及光强的适应状态。尽管如此，通过大量的测试和研究，建立了火场能见度与烟气消光系数之间的经验关系：

$$K_c V_c = 8 \quad （对于发光物体）$$
$$K_c V_c = 3 \quad （对于反光物体）$$

这表明能见度与烟气的消光系数大致成反比，且相同情况下发光物体的能见度是反光物体的 $2\sim4$ 倍。

在消防上，按消光系数的大小对发烟程度进行分级，$0 < K_c < 0.1$ 时，发烟程度为极少；$0.1 < K_c < 0.5$ 时，发烟程度为少；$0.5 < K_c < 1.0$ 时，发烟程度较多；$K_c > 1.0$ 时，为发烟程度多。在火灾情况下，对建筑物内部通道熟悉的人，消光系数的允许临界值为 1.0；对内部不熟悉者，应在 0.2 以下。

9.3.3 恐怖性

发生火灾时，特别是轰燃出现以后，火焰和烟气冲出门窗孔洞，浓烟滚滚，烈火熊熊，人们呼喊哭泣，使人感到十分恐怖。由于火灾的突发性，难免产生紧张、害怕，甚至惊恐万状、手足无措，若再有人员拥挤疏散通道，或是楼梯被烟火封锁，势必造成混乱，有人甚至会失去理智，辨别方向的能力进一步减弱。人们应注意利用烟气的某些性质，提高灭火效率，做好安全疏散。表 9.5 列出了一些常见可燃物燃烧时烟的特征。在火场上，根据烟的特征可以判别燃烧的物质；根据烟的浓度、温度和流动方向，可以查找火源，并大体上判断物质的燃烧速度和火势的发展方向。

表 9.5 常见可燃物燃烧时烟的特征

物质名称	烟的特征		
	颜色	嗅	味
木 材	灰黑色	树脂嗅	稍有酸味
石油产品	黑色	石油嗅	稍有酸味
硝基化合物	棕黄色	刺激嗅	酸味
橡胶	棕黄色	硫嗅	酸味
棉和麻	黑褐色	烧纸嗅	稍有酸味
丝	—	烧毛皮嗅	碱味
聚氯乙烯纤维	黑色	盐酸嗅	碱味
聚乙烯	—	石蜡嗅	稍有酸味
聚苯乙烯	浓黑色	煤气溴	稍有酸味
锦纶	白色	酰胺类嗅	—
有机玻璃	—	芳香	稍有酸味
酚醛塑料（以木粉填）	黑色	木头、甲醛嗅	稍有酸味

9.3.4 窒息性

人体与外界的气体交换，吸入氧气和呼出二氧化碳是通过肺实现的，这包括肺通气（肺与外界的气体交换）和肺换气（肺与血液间的气体交换）两个方面。肺通气量不足时会使肺部氧气含量降低，二氧化碳含量增高；肺换气不足时会使血液中氧气含量降低，二氧化碳含量增高，会出现窒息死亡。

火灾发生时，可燃物燃烧过程要消耗大量的氧气，1kg 纸完全燃烧需消耗氧气 $4m^3$。假如一房间面积 $20m^2$，层高 3m，1kg 纸完全燃烧后其氧含量会降低到 14.3％。当空气中含氧量低于 6％ 时，短时间内人就会因缺氧而窒息死亡。脑缺氧仅 3~4min 便会发生不可逆的缺氧性损伤。因此在缺氧环境中，大脑首先受影响，产生功能障碍，使人窒息死亡。即使含氧量在 6％ ~14％之间，虽然不会因缺氧而短时死亡，但也会因活动能力下降或丧失活动能力不能顺利逃离火场，最终被火烧致死。在密闭性高的空间内（如地下室），氧气的含量最低可达 3％。

烟尘堵塞窒息死亡。当含有大量烟尘的烟气被火灾现场中人员吸入后，会黏附在鼻腔、口腔和气管内，进入支气管、细支气管和小支气管，甚至由扩散作用能进入肺部黏附在肺泡上，所以火灾中死者的鼻腔、口腔、舌体上表面和气管处会发现大量烟尘，有时会是厚厚的一层，严重时会堵塞鼻腔和气管，致使肺通气不足，最终窒息死亡。

有些燃烧产物会对人的喉、气管、支气管和肺产生强烈的刺激作用，使人不能正常呼吸而窒息死亡。二氧化硫、氨和炭粒刺激喉部黏膜引起咳嗽反应，可作用于平滑肌或通过轴索反应诱发支气管痉挛，增加气道阻力；光气、二氧化氮刺激肺感受器，使呼吸浅快，产生呼吸困难，引起肺水肿，影响肺通气；二氧化硫、氨气和氯化氢等易溶性气体进入湿润的呼吸道后便迅速溶解，造成上呼吸道化学性烧伤，继发炎性水肿后引起上呼吸道阻塞。

化学窒息死亡。吸入一氧化碳、硫化氢及氰化物后会出现化学窒息死亡。一氧化碳与血红蛋白的亲和力要比氧大 210 倍，当空气中一氧化碳含量达 0.1% 时，血液中将形成 50% 碳氧血红蛋白和 50% 氧合血红蛋白，造成一氧化碳重度中毒，使呼吸中止。而火灾现场中几分钟内烟气中的氧含量就会远低于 21%，一氧化碳含量会远高于 0.1%，能造成人短时间内死亡。氰化物具有极强的细胞毒作用，进入体内后会迅速与细胞色素氧化酶结合生成氰化高铁细胞色素氧化酶，使细胞色素丧失传递电子的能力，使呼吸链中断，细胞死亡，致人短时死亡。

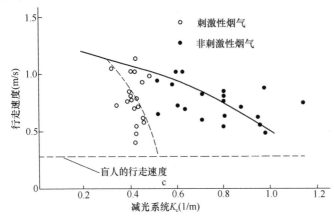

图 9.6　在刺激性与非刺激性烟气体中人的行走速度

9.3.5　刺激性与腐蚀性

烟气中有些气体对人的肉眼有极大的刺激性，使人睁不开眼而降低能见度，因而在火灾中会延长人员的疏散时间，使他们不得不在高温并含有多种有毒物质的燃烧产物影响下停留较长时间。试验证明，室内火灾在着火后大约 15min 左右烟气的浓度最大，此时人们的能见距离一般只有数十厘米。图 9.6 给出了暴露在刺激性和非刺激性烟气的情况下，人沿走廊的行走速度与烟气遮光性的关系。烟气对眼睛的刺激和烟气密度都对人的行走速度有影响。

随着减光系数增大，人的行走速度减慢，在刺激性烟气的环境下，行走速度减慢得更严重。当减光系数为 0.4（1/m）时，通过刺激性烟气的表观速度仅是通过非刺激性烟气时的 70%；当减光系数大于 0.5（1/m）时，通过刺激性烟气的表观速度降至约 0.3 m/s，相当于蒙上眼睛时的行走速度。行走速度下降是由于受试验者无法睁开眼睛，只能走"之"字形或沿着墙壁一步一步地挪动。表 9.6 列出了各种燃烧产物的刺激性和腐蚀性及许可浓度。

表 9.6　各种有毒气体的刺激性、腐蚀性及其许可浓度

气体名称	分　类	长期允许浓度	火灾疏散条件浓度
缺 O_2	单纯窒息性	—	>14%
CO_2	毒害性、单纯窒息性	50	3%
CO	毒害性、化学窒息性	10	2000
HCN	毒害性、化学窒息性	10	200
H_2S	毒害性、化学窒息性	5	1000
HCl	刺激性、腐蚀性	50	3000
NH_3	刺激性	1	—
Cl_2	毒害性、刺激性	3	—
HF	刺激性、腐蚀性	0.1	100
$COCl_2$	毒害性、化学窒息性	5	25
NO_2	刺激性、腐蚀性	5	120
SO_2	刺激性、腐蚀性		500

腐蚀是指有害的化学反应和（或）破坏或因为与环境发生反应而导致的材料变质。以下这些因素对腐蚀损坏的程度有重要影响：①氧气；②燃烧产物的性质和浓度；③相对湿度；④温度；⑤被腐蚀材料的性质及相对于烟羽流的方向；⑥烟羽流的流速；⑦灭火剂的作用；⑧清理暴露表面的技术及实施的时间等。另外，被腐蚀材料表面的湿度对腐蚀程度也有很大的影响，研究表明，HCl 在湿滤纸表面的沉积量是干燥滤纸的 4 倍。

大多数商业和工业场所最易受到的火灾非热危害主要是烟气的腐蚀作用，如电信中心、机房、控制室、无尘厂房等场所发生火灾时烟气的腐蚀性危害往往更为严重。电信中心及通风控制系统的设备大多要做镀锌或镀铬酸锌处理，所有镀锌表面对腐蚀性物质都很敏感。当镀锌表面暴露在 HCl 气体中时，锌被腐蚀生成氯化锌，氯化锌具有很强的吸湿性，即便是在相对湿度低于 10％的空气中也能吸收水分形成导电的氯化锌溶液，从而引发严重电气线路故障。

文献报道在一个 2.8m×2.8m×2.4m 的不通风的房间内采用 PVC 地板铺地的火灾试验中，约有 50％的氯离子沉积在墙壁上，氯离子的沉积率与壁面材料有关。

火灾条件下，金属的腐蚀遵循以下关系式：

$$D_{corr} = \mu c^m t^n \tag{9.29}$$

其中，D_{corr} 为金属腐蚀深度（Å）；t 为暴露时间（d）；c 为腐蚀物的浓度（g/m³）；μ、m、n 为实验常数。

对短时间暴露的金属表面，$n=1$，从式（9.29）变为：

$$\dot{R}_{corr} = \mu c^m \tag{9.30}$$

其中，$\dot{R}_{corr}$ 为腐蚀率（Å/min）。

对于长期暴露的金属表面，由于腐蚀产物可形成保护层，腐蚀率降低，此时 $n=1/2$，式（9.30）变为：

$$\dot{R}_{corr} = \frac{\mu c^m}{t^{1/2}} \tag{9.31}$$

对于气态的腐蚀情况来说，水的存在非常重要，气态腐蚀的试验数据表明式（9.30）中的 $m=1$，修正后的关系式为：

$$\dot{R}_{corr} = \frac{\mu y_{corr} \dot{m}'' A}{f_{water} \dot{V}} \tag{9.32}$$

其中，y_{corr} 为腐蚀产物的产率（g/g）；$\dot{m}''$ 为金属的质量损失速率［g/（m²·s）］；f_{water} 为材料燃烧时生成的水或湿空气中所含的水的体积分数；$\dot{V}$ 为燃烧产物和空气混合物的流速（m³/s）。

9.4　火灾烟气毒性评估

9.4.1　评估指标

近二十多年来，随着聚合物材料在建筑领域的广泛使用，建筑火灾中由烟气导致的人员伤亡所占比例已高达 80％以上。起初，人们对导致这一结果的原因有两种不同的观点，一种认为是由于现代建筑和家居中使用合成高分子材料所致；另一种认为是现代生活方式使用大量的家具和可燃装饰装修材料，从而增加了火灾载荷，使有毒气体的释放速率增加所致，而与使用的材料无直接关系。

正是基于上述两种不同的观点，产生了两种不同的评价方法。前者认为现代合成材料中含有以往材料中不曾有过的新组分（曾被称为超级毒性物质），使燃烧产物在很小剂量下即可产生较大的毒害作用，这种作用可通过简单的、小尺寸的毒性试验来测定，并采用半数致死浓度（LC_{50}）来衡量物质毒性的大小。后者认为主要毒性产物与以往基本相同，但是，现代火灾的发展速度增大，有毒气体的释放速率较以往显著增加，这是烟气毒效增强的主要原因。减轻火灾烟气危害的最佳方法是控制材料燃烧性能（包括引燃性、火焰传播和烟气释放速率等），而不是改变毒性产物本身的性质。基于此，烟气毒性可以通过大尺寸火灾试验进行评价，也可通过适当的小尺寸试验获取相关数据。

对于涉及人员疏散的火灾，火场中人员的生存主要取决于如下两个方面：一方面是火灾发展进程，包括引燃、发展、扩大，以及火灾烟气积聚和蔓延。火灾危害程度受到主动、被动消防措施的影响。对任一特定火灾场景进行评估的目的，就是为了计算人员暴露在火灾烟气中的可耐受时间，也就是人员丧失行为能力的临界时间。另一方面是人员疏散的过程。这一过程依赖于火灾探测、报警、人员对警报的反应（疏散行动前的时间）、人员的状况（如年龄、身体状况、睡觉与否、人员密度等）、疏散行动前的行为（如寻找信息、整理衣物、选择出口等）、疏散线路的设计、出口的数量和宽度，以及在疏散过程中人们对热和烟的心理、生理反应等。

从火灾对受害者的影响来看，主要有三个阶段：第一是火灾的发展阶段，此时火灾中的人员还没有受到热和烟的影响，这一阶段的安全逃生主要取决于人员的心理行为和主观判断。例如，受害者是如何接收火警、对火警报如何反应、是打算离开火场还是要将火扑灭、与火场中其他人的相互影响情况和对火场逃生环境的反应等。在第二阶段，人员已暴露在烟、热和毒性产物之中，此时生理因素，如刺激、窒息的作用将影响其疏散能力，在这一阶段最主要的影响疏散的因素是产物的毒性及其动力学特性等。第三个阶段是由于毒性、燃烧或其他因素使火灾中的人员死亡的阶段。火灾产物的毒性危害在第二和第三阶段具有非常重要的影响。

烟气毒害危险性评价所要考虑的主要因素包括以下三个方面：一是使人员疏散受到影响的危害所发生的时间；二是使人员机能丧失无法疏散的时间，并与疏散所需时间比较；三是暴露在有毒烟气中是否会导致永久性伤害或死亡。

通过对大、小尺寸火灾实验和动物在热解产物中的染毒实验的分析，对于火灾产物毒性可得到两个基本认识：一是材料热分解气态产物中含有多种有毒物质，即使单一材料也是如此，产物的化学组成主要取决于材料分解时的温度和供氧条件；二是尽管烟气化学组成非常复杂，但其基本的毒害作用相对简单，主要是窒息性（如 CO、HCN 致毒）或刺激性（如卤化氢致毒），并且二者之间的相互作用具有叠加性。

在考虑单一毒性产物的毒害作用之前，需要确定一些可定量评价的基本参数，这些参数包括毒性产物在目标机体中的浓度和保持某一浓度的时间。对于窒息性的气体，最重要的判据是这些物质在大脑血液或脑细胞中的浓度；而对于刺激性气体，最主要的因素是气体在鼻、喉或肺中的浓度。在某些情况下，直接测量这些参数是非常重要也是可行的。譬如

CO，直接影响受害者的不是它在烟气中的浓度，而是它在人体血液中积累的碳氧血红蛋白的浓度，这一浓度可以通过对一滴血的检测而得到。尽管如此，目前在实际工作中直接测量各种毒性产物在人体中的累积浓度是不可能的。因此，不需小动物实验，只通过化学分析来确定产物毒性是目前比较普遍采用的方法。此外，小动物实验虽然具有直观性，但常有一定的误差和不确定性。

在传统的动物试验中，动物染毒时间规定为 4 小时，毒性评价标准是 4 小时内使 50％的动物死亡的浓度，通常称为 4 小时半数致死浓度（4-hr LC_{50}）。然而在实际工作中，预测在更高浓度、更短时间或在较低浓度、较长时间下毒性气体对目标物的影响也是很重要的。为此，可采用哈伯提出的毒性累积模型来描述。该模型指出，在毒性产物浓度一定时，毒性大小取决于毒性剂量的累积，即

$$W = C \times t = LC \cdot t_{50} \tag{9.33}$$

其中，W 为剂量常数（mg·min/L）；C 为毒性气体浓度；t 为达到半数死亡的时间（min）；LC 为半数致死浓度（mg/L）；t_{50} 为达到半数死亡的时间（min）。

式（9.33）中，C 与 t 的乘积表示受害者在确定的损害下（半数死亡）所吸入的毒性产物的剂量，而在整个暴露过程中的某时刻吸入的剂量是多少，可以用有效剂量分数（fractional effective dose，FED）表示。短时间内的 C 与 t 的乘积除以造成确定伤害的 C 与 t 的乘积，然后将这些剂量分数相加，当到达确定伤害时的加和为 1。

$$FED = \frac{t \text{ 时刻接受到的剂量}(C \cdot t)}{\text{导致失能或死亡的有效剂量}(C \cdot t)} \tag{9.34}$$

对于刺激性毒气来说，人对它的敏感性强，它的毒害作用依赖于气体的即时浓度而不是吸入的剂量，因此采用刺激性浓度分数（fractional irritant concentration，FIC）表征，即

$$FIC = \frac{t \text{ 时刻刺激性气体的浓度}}{\text{影响人的疏散能力的浓度}} \tag{9.35}$$

火灾中毒性气体的毒害作用主要由以下三个参数表征：一是导致人员疏散效率降低或丧失行为能力的刺激性气体的浓度；二是导致人员意识模糊或失去知觉的窒息性气体的剂量；三是导致肺水肿和肺炎而死亡的刺激性气体的剂量。对于刺激性气体，主要考虑何时到达阻碍人员疏散的浓度，以及何时使人员丧失行为能力。因而，用刺激浓度分数（FIC）来加以衡量，且各种刺激性气体的 FIC 可以累加。当 FIC=1 时，预示着人员的疏散能力将受到影响，当 FIC 达到更高（3～5）时人员将丧失行为能力。不同刺激性气体的毒害作用具有很宽的范围，相差有 6 个数量级之多。导致人员窒息的主要气体是 CO、HCN 和 O_2 减少，CO_2 也很重要，因为它加快了人们吸入 CO 和 HCN 的速度。

在一定条件下，较小剂量的烟气就能够对生物体产生损害作用或使生物体出现异常反应。人体摄入毒性潜值（human toxicity potential by ingestion，HTPI）采用烟气对人体的半致死剂量（median lethal dose，LD_{50}）数据来评价。LD_{50} 是指引起一群受试对象 50％个体死亡所需的剂量，LD_{50} 的单位为 mg/kg（体重）。LD_{50} 的数值越小，表示毒物的毒性越强；反之，LD_{50} 数值越大，毒物的毒性越低。LD_{50} 的测定方法有很多种，如目测概率单位法、加权概率单位法（Bliss 法）、寇氏法、序贯法等，其中加权概率单位法是目前公认最准确的测定方法。由于通常人体的毒性数据不全，可近似利用其他生物的 LD_{50} 数据代替。人

体暴露毒性潜值（human toxicity potential by exposure，$HTPE$）采用最小有效剂量（minimal effective dose，MED）来表示。MED 又称阈剂量或阈浓度，是指在一定时间内，一种毒物按一定方式或途径与机体接触，能使某项灵敏的观察指标开始出现异常变化或使机体开始出现损害作用所需的最低剂量。由于 LD_{50} 和 MED 表示的都是毒性与数据成反比，即数据越大，毒性越小；反之数据越小，毒性越大。因此都采取倒数形式表示潜值的大小，其值可以用下面式子表达：

$$HTPI = \frac{1}{LD_{50}} \tag{9.36}$$

$$HTPE = \frac{1}{MED} \tag{9.37}$$

考虑到时间是逃离火场的主要因素，因而，又提出了 LT_{50} 和 IT_{50}（分别指烟气使 50% 试验动物丧生或停止活动的时间），在评价材料热解和燃烧产物毒性时，这种判据越来越受重视。使用停止活动而不用死亡作判据的缺点是时间较短，而致死所用的正常暴露时间（30min）似乎又太长。这是因为在通常情况下，建筑火灾中人员远少于 30min 就可以离开发生火灾区域，甚至可离开整个建筑物。

9.4.2 火灾烟气毒性评估的试验方法

火灾烟气成分十分复杂，具有可反应性，且浓度随时间和空间快速变化。因此，需要建立可行的毒性评价方法对火灾烟气毒性进行有效评估与预测。从 20 世纪 60 年代以来，国内外不少研究机构都开展了相关研究，提出了多种火灾烟气毒性评价指标和试验方法。

（1）小尺度物理模型

火灾烟气毒性测试通常采用小尺度试验方法。所谓小尺度试验，是借助温度、有无火焰和供氧量等参数改变，在小尺度试验装置中得到不同火灾、不同阶段的化学反应环境，给定条件下，材料火灾烟气毒性与全尺寸试验相应阶段相似。小尺度试验是在特定加热和通风条件下，对材料的烟气毒性进行测试的方法。

目前，国内外采用的小尺度物理模型并不统一，有 15 种之多。这些模型中评价较高的有德国 DIN 53436 管式炉、美国 NBS 杯形炉、NBS 锥形炉和辐射炉。

DIN 53436/53437 法采用直径为 40mm 的管式炉，在预定的加热温度、气体流速和氧气浓度下加热试样。测定时，管式炉在试样上方与气流反向移动。试样可在氮气或空气中于 600℃以下热解。热解产物的毒性可用化学分析法或动物法测定。

NBS 法是指在一小型炉内令 8g 试样受热燃烧。此小型炉安装于容积为 0.2m³ 的测试室内，试样燃烧生成的产物在室内循环流动，其中，HX 的测量是每隔 3min 采样 100μL（利用密封绝热注射器），然后用气相色谱或离子色谱进行分析。

辐射炉法也采用 NBS 法的测试室，但以辐射加热器引燃试样（125mm×76mm×51mm），加热器安装在烟箱之下，其提供的最大热流为 50kW/m²。有机卤系阻燃材料的燃烧产物毒性用化学法或生物法测定。

1996 年，ISO 发布了第一个关于火灾烟气毒性的国际标准 ISO 13344。在该标准中推荐了 8 种小尺寸物理模型，但没有做进一步的筛选。

我国于 1987—1990 年间进行了材料产烟毒性试验方法学基础的研究，解决了材料产烟毒性试验的定量化、重复性、再现性等技术问题，建立了我国独特的材料产烟毒性试验方法和装置。其产烟原理参照德国标准 DIN 53436 管式炉，并与小鼠暴露染毒试验相结合，适用于各种材料的不同产烟情况下进行不同染毒时间的动物染毒评价。以该装置为基础，我国于 2006 年发布了国家标准《材料产烟毒性危险分级》(GB/T 20285)。

（2）动物暴露染毒

成分分析与动物暴露染毒试验是目前国际上评估火灾烟气毒性的两种主要技术途径。动物染毒法有利于对烟气总体毒效的评价。以前针对材料烟气毒性评价，主要建立在动物染毒试验的基础上，衡量标准有 LC_{50}（lethal concentration）、IC_{50}（Incapacitation concentration）/RD（respiratory depression）和 EC_{50}（effete concentration）等。LC_{50} 是在一定暴露期和后观察期内 50% 的染毒动物死亡时对应有毒气体或者材料火灾烟气的浓度（g/m³），暴露时间有 10min、30min、60min、140min 和 240min 不等；后期观察有 5min、7min、7d 和 14d 不等。与此类似，定义丧失能力的浓度 IC_{50}/RD 是对呼吸系统造成损害的评价参数。最常用的评价指标是 LC_{50}。

美国匹兹堡大学建立的动物染毒试验的基本原理是燃烧一定量的试样，并将大鼠置于燃烧气态产物中，观察大鼠的受害情况。该试验装置包括动物暴露室、燃烧炉及其他部件，如泵、流量计、过滤器、冰浴室、称量系统和数据采集系统。试验时，首先放入试样 10g，当试样失重达 1% 时，将染毒室与燃烧炉相连，并开始计算染毒时间（总染毒时间为 30min）。利用负压向染毒室内吸入空气，流速为 20L/min，以避免大鼠被热烟气灼伤。将大鼠在染毒室中停留 30min 后，将其移出，检查其眼睛角膜的不透明度，记录大鼠死亡数。重复上述试验，但改变试样用量，最后求得试样量与燃烧产物毒性的关系曲线，并用 Weil 法计算 LC_{50}。

根据在不同时间内的染毒小动物的急性死亡率 m_i 和致死系数 K_i，可计算材料燃烧或裂解产物的生物毒性指数（TX）：

$$TX = \frac{\sum K_i m_i}{\sum K_i} \tag{9.38}$$

式中，m_i 为时间 i 时的总的死亡率；K_i 为时间 i 时的致死系数。

引起早期死亡的材料的 TX 很高，但随时间增加而减小。动物实验一般是在特殊的实验箱中进行的，它们大致可分为静态和动态两种。

（3）成分分析

采用化学分析的方法对火灾烟气有毒成分进行分析测试，有利于研究烟气中各毒性组分产生的毒性作用，综合分析毒性产生的原因和机理。一般采用气相色谱、气-质联用、NDIR、磁氧分析、离子色谱和比色分析等传统分析方法确定火灾烟气毒性组分。但是，由于传统的成分分析法主要是根据不同的火灾烟气成分的特性采用不同的分析方法，操作程序烦琐，且大多只能采取间歇取样分析，无法对整个燃烧过程的火灾毒性烟气成分进行在线实时分析。因此，早在 1997 年欧盟就资助芬兰、英国等 6 个国家 10 个科研机构联合开展了"傅里叶变换红外光谱（FTIR）在线分析火灾烟气成分"的 SAFIR 计划。该计划当时属于欧盟标准化研究项目，并为 CEN、ISO、IEC 和 IMO 制定烟气成分分析标准做准备。同样，ISO/TC 92 也在 2002 年年会上首次提出了工作草案 ISOWD 19702 "火灾气流物毒性试验用 FTIR 技术对火灾烟气成分的分析"。

国内 2003 年四川消防研究所开展了"分析火灾烟气成分的新方法研究"，建立了 FTIR

分析烟气多组分的方法，实现了对烟气多组分的在线实时测量。表 9.7 中所示的是空气流速为 50 L/h 时采用红外光谱法测得部分材料的燃烧气体产物及含量。

表 9.7 材料的燃烧气体产物

材料	CO_2	CO	COS	SO_2	N_2O	NH_3	HCN	CH_4	C_2H_4	C_2H_2
聚乙烯	502	195	—	—	—	—	—	65	187	10
聚苯乙烯	590	207	—	—	—	—	—	7	—	—
尼龙-6，6	563	194	—	—	—	—	4	26	39	—
聚丙烯酰胺	783	173	—	—	—	—	32	21	20	—
聚丙烯腈	630	132	—	—	—	—	59	8	—	—
聚氨基甲酸酯	625	160	—	—	—	—	11	17	37	6
聚苯硫醚	892	219	3	451	—	—	—	—	—	—
环氧树脂	961	228	—	—	—	—	3	33	5	6
脲-甲醛树脂	980	80	—	—	—	—	22	—	—	—
三聚氰胺-甲醛树脂	702	190	—	—	27	136	59	—	—	—
雪松	1397	66	—	—	—	—	—	2	1	—

9.4.3 火灾烟气毒性评估的数学模型

（1）N-气体模型

实验评估的方法存在成本高、周期长及生物伦理等问题，为了降低实验所需的花费和动物使用的数量，美国 NIST 首先提出了 N-气体模型，该方法有一个假设条件，即材料燃烧所产生的大部分毒性效应均由同样数目的少数几种气体导致。也就是说，烟气中少数（N）气体代表着大部分可观察到的毒性效应。人们可以燃烧一种物品，然后测定 N-气体中每一种的释放速率，最后根据试验结果把多种效应结合在一起。到目前为止，一般考虑 CO、CO_2、O_2（贫氧）、HCl、HBr、HCN 和 NO_2 这 7 种气体。计算经验公式如下：

$$N\text{-}气体 = \frac{m[CO]}{[CO_2] - b} + \frac{21 - [O_2]}{21 - LC_{50}(O_2)} + \left\{ \frac{[HCN]}{LC_{50}(HCN)} \times \frac{0.4[NO_2]}{LC_{50}(NO_2)} \right\} +$$

$$\frac{0.4[NO_2]}{LC_{50}(NO_2)} + \frac{[HCl]}{LC_{50}(HCl)} + \frac{[HBr]}{LC_{50}(HBr)} \tag{9.39}$$

式中，括号内的值代表这种气体在 30min 暴露时间内的平均积分浓度，10^{-6}（即 ppm）；m 和 b，当 CO_2 浓度低于 5% 时，分别取 -18 和 122 000，当 CO_2 浓度高于 5% 时，分别取 23 和 $-386\ 000$。

许多单一和混合气体研究表明，当 N 值约等于 1 时，测试动物部分死亡；当 $N < 0.8$ 时，无动物死亡；当 $N > 1.3$ 时，所有测试动物死亡。由于浓度与动物死亡的效应曲线非常陡，通常认为，如果动物死亡的百分率不是 0 或 100% 时，试验所对应的浓度接近预测的 LC_{50}。N-气体模型的预测结果与试验结果较一致，在许多研究中已经得到了证实。

N-气体模型还可以分析烟气各成分气体的相互作用，如果某种材料的燃烧产物导致一部分比例的试验动物死亡（不是 0 或 100%），且 N-气体值近似等于 1 时，表明试验量接近于材料的 LC_{50}；无动物死亡，表明燃烧气体间存在拮抗作用；所有动物都死亡，表明可能存在不为人所知的某种其他毒性气体,或气体间存在毒性协同作用,或可能存在其他逆向因素。根据这种分析方法,目前人们已发现 CO_2 和 CO、NO_2 存在协同作用,而 NO_2 同 HCN 存在拮抗作用。

(2)FED 或 FEC 评价模型

FED 法依据的是染毒有效剂分数(fractional effective exposure dose)。FED 法首先测量燃烧所释放出的某些气体的数量,然后把各测量结果转换成它们各自杀死某种动物所需的总剂量中所占的比例。转换依据是一些主要有毒气体致死浓度组合在一起的大量数据。如果毒性可以简单相加,则 FED 可以定义为:

$$FED = \sum_i \frac{\int_0^i C_i dt}{LC_{50}(i)t} \tag{9.40}$$

式中,C_i 为第 i 种气体的浓度;$LC_{50}(i)t$ 为 i 种气体的半数致死浓度与时间的乘积。

在实验室条件下,暴露时间是固定的,且浓度随时间变化较小,则式(9.40)可简化为:

$$FED = \sum_i \frac{C_i t}{LC_{50}(i)t} \tag{9.41}$$

于是 FED 模型与 N-气体模型具有相似的形式:

$$FED = \frac{m[CO]}{[CO_2] - b} + \frac{[HCN]}{LC_{50}(HCN)} + \frac{21 - [O_2]}{21 - LC_{50}(O_2)} + \frac{[HCl]}{LC_{50}(HCl)} + \frac{[HBr]}{LC_{50}(HBr)} \tag{9.42}$$

式中,括号内的值代表该气体在大气中的实际浓度;LC_{50} 是在 30min 内及暴露后 14d 观察期间使 50% 试验动物产生死亡的总的毒性气体浓度。如果火灾调查或试验测试中发现有其他气体,也可以加入此公式中。

窒息性毒性气体模型的基本原理可定义为:

$$FED = \sum_{i=1}^n \sum_{t_1}^{t_2} \frac{C_i}{(C_t)_i} \Delta t \tag{9.43}$$

式中,C_i 为第 i 种窒息性气体的浓度,10^{-6};$(C_t)_i$ 为使试验动物失能的某种气体的暴露水平,$10^{-6} \times min$。

通过测定每种窒息性气体的暴露时间和浓度来计算单一气体的 FED 值,比较混合气体的总 FED 值(即各种气体 FED 之和)和预测的总 FED 阈值,如果总累计的 FED 值大于预测的 FED 阈值,在这种浓度下,动物不能安全逃生。

该模型认为,当氧浓度不低于 13% 时,可以不考虑 O_2 的损害作用,最主要的窒息性气体为 CO 和 HCN,因此,式(9.43)可转变为:

$$FED = \sum_{i=1}^n \frac{[CO]}{[C_t]_{CO}} \Delta t + \sum_{t_1}^{t_2} \frac{[HCN]}{[C_t]_{HCN}} \Delta t \tag{9.44}$$

式中,CO 和 HCN 浓度用 10^{-6} 表示。

当 CO_2 浓度超过 2% 时,会使动物高度换气而导致窒息性气体吸入量增加,此时窒息性气体总 FED 值将增加,式(9.44)应乘以一个频率因子(V_{CO_2})进行校正。V_{CO_2} 与不同浓度的 CO_2 的关系可以用下式进行计算:

$$V_{CO_2} = \exp \frac{\left[\%CO_2\right]}{5} \tag{9.45}$$

用 V_{CO_2} 校正式（9.44），得到：

$$FED = \exp \frac{\left[\%CO_2\right]}{5} \sum_{t_1}^{t_2} \frac{\left[CO\right]}{\left[C_t\right]_{CO}} \Delta t + \exp \frac{\left[\%CO_2\right]}{5} \sum_{t_1}^{t_2} \frac{\left[HCN\right]}{\left[C_t\right]_{HCN}} \Delta t \tag{9.46}$$

FEC 模型主要是针对刺激性气体的有效浓度分数（fractional effective concentration），它是各种刺激性气体浓度对能导致暴露试验动物产生效应的浓度的比率之和。刺激性气体对呼吸系统、感官和肺部刺激效应可以使用一个总相对阈值浓度来评价。如果暴露剂量超过此阈值，表明可能会产生使人难以忍受的刺激作用，这种严重的刺激效应将会妨碍和阻止居民的安全逃生。如果每种刺激性气体的刺激作用具有加和性，则所有刺激性气体刺激效应的总 FEC 值可用式（9.47）表示。

$$FEC = \frac{\left[HCl\right]}{IC_{HCl}} + \frac{\left[HBr\right]}{IC_{HBr}} + \frac{\left[HF\right]}{IC_{HF}} + \frac{\left[SO_2\right]}{IC_{SO_2}} + \frac{\left[NO_2\right]}{IC_{NO_2}} + \frac{\left[CH_2=CH-CHO\right]}{IC_{CH_2=CH-CHO}}$$
$$+ \frac{\left[甲醛\right]}{IC_{甲醛}} + \sum \frac{\left[刺激性气体\right]}{IC_i} \tag{9.47}$$

式中浓度均用 10^{-6} 表示。

每种刺激性气体的 FECs 由其不同的暴露时间决定。将每种刺激性气体在各自暴露时间内的 FECs 求和，并与总 FEC 阈值进行比较，以此来选择合适的安全逃逸标准。如果在任何暴露时间内总 FEC 值高于 FEC 阈值，将会对暴露在此气体浓度下的人员产生严重的刺激作用，可能对居民的安全逃生产生显著的不利影响。

（3）TGAS 评估模型

由于还没有火灾毒性气体使人体失能的数据，即便是灵长类动物试验数据也非常少，对失能的估计必须依据小动物试验，主要是小鼠和大鼠。由于不同种类的动物个体存在很大的体重和换气量差异，建立能从小动物试验推广到人的数学模型极为重要。鉴于此，Stuhmiller 等提出了一个新的定量数学模型，该模型的基本式及参数定义如下。

毒性气体在死腔（解剖死腔和生理死腔）区和肺泡中被吸收，进入身体的换气量中仅有一部分达到了肺泡区。由于死腔对气体的吸收，进入肺泡中的气体浓度将减少。吸收系数 U 用于描述毒性气体在死腔中的吸收，作为毒性气体总吸收量的一部分。

$$\left(\frac{dM_{abs}}{dt}\right) = UV_e C_{ext} + V_a \left[(1-U)C_{ext} - C_{alv}\right] \tag{9.48}$$

式中，M_{abs} 为被身体吸收的量（mmol）；V_e 为气流体积速率（L/min）；C_{ext} 为外部气体浓度（mmol/L）；V_a 为肺泡内的换气速率（L/min）；C_{alv} 为肺泡内的气体浓度（mmol/L），在肺泡中吸收气体的量可以通过测定进入和离开肺泡中气体的浓度差表示。

为便于在不同种属间进行相互推算，定义用体重标准化了的内部剂量作为种属剂量的量度 D（mmol/kg），公式如下：

$$D = \frac{M_{abs}}{M_{body}} \tag{9.49}$$

假定在不同种属间具有相同的毒理学机理，因此用体重标准化后的失能内部剂量将与种属无关，且假定肺泡内的气体浓度与内部剂量成比例，即：

$$C_{alv} = KD \tag{9.50}$$

式中，K 是分配系数（kg/L）。结合式（9.48）～式（9.50），可导出：

$$\frac{\mathrm{d}D}{\mathrm{d}t} = \frac{\varepsilon V_{\mathrm{e}}}{M_{\mathrm{body}}}(C_{\mathrm{ext}} - \alpha D) \tag{9.51}$$

式（9.51）表明，体重标准化后的内部剂量是时间的函数。

呼吸换气参数取决于动物的活动状况、动物吸入气体的类型和动物种属，可用下式表示：

$$V_{\mathrm{e}}(种属) = V_{\mathrm{e}}(种属，静止)\frac{V_{\mathrm{e}}(种属，活动)}{V_{\mathrm{e}}(种属，静止)} \times \frac{V_{\mathrm{e}}(种属，暴露)}{V_{\mathrm{e}}(种属，不暴露)} \tag{9.52}$$

动物静止时的呼吸换气速率随体重的不同而不同，可用参数 K（$\mathrm{L \cdot min^{-1} \cdot kg^{-1}}$）表示，此参数取决于动物种类。

$$V_{\mathrm{e}}(种类，静止) = k(种类)M_{体重} \tag{9.53}$$

定义 $f(x)$ 用于描述不同种属动物活动状况对换气速率的影响，表示为：

$$f(种属，活动) = \frac{V_{\mathrm{e}}(种属，活动)}{V_{\mathrm{e}}(种属，净值)} \tag{9.54}$$

由于暴露在不同的毒性气体中，动物可能增加或减少换气量，用一个因子 $\theta(x)$ 表示。

$$\theta(种属，气体种类) = \frac{V_{\mathrm{e}}(种属，暴露)}{V_{\mathrm{e}}(种属，不暴露)} \tag{9.55}$$

联合式（9.52）～式（9.55），可得：

$$V_{\mathrm{e}}(种类，活动状况，暴露) = kM_{体重}f\theta \tag{9.56}$$

结合式（9.51）和式（9.56），可导出：

$$\frac{\mathrm{d}D}{\mathrm{d}t} = \varepsilon k f\theta(C_{\mathrm{ext}} - \alpha D) \tag{9.57}$$

由于动物不同个体之间对某种毒性气体的耐受能力存在一定差异，采用一个标准化的正态随机变量的累积分布函数 F 表示动物失能概率。

$$\rho = F\left(\frac{D/D_{50}^* - 1}{\sigma}\right) \tag{9.58}$$

式中，D_{50}^* 为使 50% 试验动物失能的内部剂量（mmol/kg）；σ 为样本标准差。

对于气体混合物，如果混合气体中各种气体具有相互独立的毒性机理，混合气体复合失能概率为：

$$\rho = 1 - [(1-\rho_1) \cdot (1-\rho_2) \cdot (1-\rho_3) \cdot \cdots] \tag{9.59}$$

式中，ρ_1 为第一种气体使试验动物失能的概率；ρ_2、$\rho_3 \cdots$ 与此相同。暴露在以下 7 种火灾毒性气体 [CO、HCN、O_2（贫氧）、CO_2、NO_2、HCl、AC（丙烯醛）] 中，使人或动物失能的概率为：

$$\rho = 1 - [(1-\rho_{\mathrm{CO}}) \cdot (1-\rho_{\mathrm{HCN}}) \cdot (1-\rho_{\mathrm{HCl}}) \cdot (1-\rho_{\mathrm{NO_2}}) \cdot$$
$$(1-\rho_{\mathrm{AC}}) \cdot (1-\rho_{\mathrm{O_2}}) \cdot (1-\rho_{\mathrm{CO_2}}) \cdots] \tag{9.60}$$

在 TGAS 模型的应用中发现，火灾主要毒性气体中，CO 和 O_2（贫氧）在导致人员失能方面起主要和直接作用，而 CO_2 由于其毒性作用较低，对导致人员失能的直接作用不大。传统观点也认为，CO_2 并不是典型的毒性气体，即使是在较高的 CO_2 浓度下，人体也不会造成十分严重的后期影响，CO_2 的危害常被低估。通过 TGAS 模型研究不同火灾模型中 CO_2 对人员失能效应及对模型的试验验证发现，尽管 CO_2 本身毒性不大，单独存在时虽对人员失能作用较小，但高浓度 CO_2 可大大增加人体的呼吸换气速率（最高可使呼吸换气速率增高 8 倍以上），导致其他毒性气体吸入量增加，进而间接严重影响人体失能。因此，在有其他复杂混合气体存在的火灾烟气中，CO_2 的危害作用不可低估。

（4）各模型间的对比分析

N-气体模型是美国和国际标准化组织估计火灾烟气致死性所采用的一种模型，N-气体模型已发展成为 N-气体方法，在不同的燃烧系统如辐射热、对流热以及大规模的室内模拟测定中显示出了很好的预测结果。FED 模型本质上是 N-气体模型的扩展，当假设在实验室条件下暴露时间固定，而浓度随时间的变化较小，则 FED 模型便具有与 N-气体模型相同的数学表达形式。与 N-气体模型相比，FED 模型提供了开放的扩展形式，即当暴露时间不固定、烟气浓度随时间变化较大时，则以积分形式进行处理，因而，FED 模型提供的相对有效浓度概念更适于在实际火灾中由于烟气浓度随时间不断变化而提供动力学评估。此外，新 FED 模型区分了窒息性气体和刺激性气体，并且考虑了 CO_2 浓度变化对动物呼吸换气的影响，进而影响对火灾烟气毒性的预测评估，这些因素都是 N-气体模型没有考虑的。火灾产生烟气中通常包括窒息性气体和刺激性气体，尽管每种毒性气体的 FED 值具有加和性，但窒息性气体 FED 值和刺激性气体 FED 值不能结合在一起，必须独立考虑。如果证实火灾烟气中存在窒息性和刺激性两类气体，则分别用窒息性气体 FED 和刺激性气体 FEC 模型进行毒性评价，这比 N-气体模型和建立在 N-气体模型基础上的 FED 模型更为恰当。N-气体模型和 FED 模型都具有三方面的缺点：一是认为所有毒性气体具有共同的作用机理，剂量效应具有加和性；二是不能解释由于动物的活动状况、动物种属差异以及除 CO_2 以外的其他气体而导致的动物呼吸换气的变化，进而影响对毒性气体的吸收；三是 FED 模型不能提供对失能的估计概率，而这正是许多军事和民用危险评价中所要求的。比较 N-气体模型的预测值与试验条件下所得数据的相关性，取得了一定的成功，但仍有其局限性。

TGAS 模型通过计算内部剂量来估计直接失能概率，可以很好地解释由于动物种属差异、活动状况和特殊气体种类的不同而导致动物换气的变化影响毒性气体的吸收情况。由于内部剂量已用体重进行标准化，可以在不同种属间进行推算，使该模型从小动物推广到人，同时，该模型可以从各种单独气体使动物失能的概率，按照相互独立事件原理来计算混合气体失能的概率。但由于做了一系列的简化，TGAS 模型也具有如下局限性：一是忽略了毒性物质间的内部相互作用，这种生物化学的相互作用意味着假设失能概率作为独立事件并不严格正确；二是仅讨论了有限数量的气相毒性物质对失能效应的影响，然而，火灾中可能存在许多其他重要的失能气体和其颗粒、气溶胶等物理形式；三是失能效应外推到人，依据的是体重标准化的内部剂量，但不同种属间其他生化和生理差异也会影响失能作用，这要求引入一个更完整的描述这些生理和生化通路的模型，以纠正并解释这些种属的差异；最后，一直以小动物试验来测定失能的内部剂量，然而由于意识功能降低引起的失能通常也会限制人员逃生。人们不可能获得有关不同种属间可能发生的意识功能降低的差异情况，也不可能用这种简单的相乘来描述所有混合气体的复合失能效应。

虽然 TGAS 模型在描述换气反应方面还存在许多缺点，并缺乏内部剂量相互作用的信息，但该模型提供了根据急性染毒和毒性气体混合物来直接估计失能效应的定量形式，其预测值与已有试验数据具有很好的一致性。这些估计可以用来判断保护系统的有效性和个人的逃生能力，以及保护他们免受火灾气体的危害。

N-气体模型、FED、FEC 以及 TGAS 模型使用了部分假设条件，使得这些模型的应用都具有一定的局限性。此外，这些模型都不包括目前已经知道可能发生的内在生物化学和生理学的毒性相互作用。如 CO_2 和贫氧可通过与体内化学受体的相互作用引起动物换气的变化；血红蛋白同氧、一氧化碳、二氧化氮之间的竞争影响血液运输氧的能力；氰化氢干扰血液从血红蛋白中卸载氧导致进一步的相互作用。与 N-气体模型、FED、FEC 模型相比，TGAS 模型更加系统化，该模型对混合气体失能效应的估计是令人鼓舞的，特别是对刺激性气体和 CO 混合物，能很好地解释刺激性气体通过减少动物的呼吸换气量而增加了其失能时间。此外，TGAS 模型还提供了改进模型参数的开放形式，通过引进考虑到毒性气体相互作用的参数以及大量试验，获取广泛的试验材料数据以及不同种属大量失能的数据，将会促进对模型的进一步改进。

9.4.4　火灾烟气毒性评估的计算机模拟

通过试验手段对燃烧和火灾现象进行分析的方法，其应用十分广泛。然而，由于燃料本身的复杂性，特别在火灾研究中，受各种随机因素的影响，各种实体火灾试验的可重复性并不强，加之采用试验手段对燃烧现象进行分析的试验设备和观测记录手段还不完善，试验和数据采集记录的过程十分繁琐，因而完全采用试验手段研究燃烧现象，其周期长、花费大，效果不够明显。

随着计算机硬件技术及火灾科学理论的发展，应用计算机数值模拟对火灾现象进行分析已经成为可能。它使人们能以计算机为工具，把燃烧理论、燃烧试验和火灾工程研究三者有机结合起来，开辟应用燃烧理论直接指导试验和设计工作的途径，不但有助于深入了解基本燃烧现象和实际燃烧过程，而且使火灾性能化设计等在更大程度上依靠合理的计算，从而减少试验工作的盲目性和工作量，节约实验过程中的能源、材料和人力。因此，通过日益成熟的计算机模拟手段，研究并掌握各种燃料在不同环境条件下的燃烧有毒物质生成机理，是揭示火灾发生、蔓延及导致人员伤亡规律的一条可行而简便的途径，能为有效控制燃烧有害物生成，研制新型高效清洁阻燃剂、灭火剂提供理论依据和技术途径。

赵泽文等人采用计算机数值模拟对火灾中烟气毒性物质生成机理（火灾"毒性效应"场分布）进行了分析。他们利用大型 CFD（computational fluid dynamics，计算流体动力学）工程计算软件 FIUENT 对建立的火灾场景进行模拟计算，得出火灾烟气的空间场分布数据，同时利用 FIUENT 提供的 UDF（user define function）接口，耦合化学仿真模拟软件 CHEMKIN，计算空间各点火灾烟气的化学成分，从而得到火灾"毒性效应"的场分布数据。

对火灾环境"毒性效应"时空分布的研究必然涉及复杂的湍流流动、传热传质、相变、化学反应和相互耦合的物理化学过程以及生物毒理等方面的内容。首先，必须研究火灾中典型材料燃烧的简化反应动力学机理；其次，建立耦合简化反应动力学机理的输运和扩散过程数学模型，进行数值计算，获得火灾烟气组分浓度的时空分布，进而根据热烟气中有害物质对生物的毒理分析，找到热烟气对生物体的损伤评价参数和临界点；最后求得火灾环境中"毒性效应"场的时空分布。对于不同燃料在各种不同初始条件下和不同边界条件下的燃烧过程，通过"毒性效应"场分布的对比和分析，可以为性能化防火设计和人员疏散逃生等提供重要的理论依据和方法。计算流程如图 9.7 所示。

由于燃烧中有害物质生成大多数属于"慢"反应过程，所以必须考虑其详细化学反应

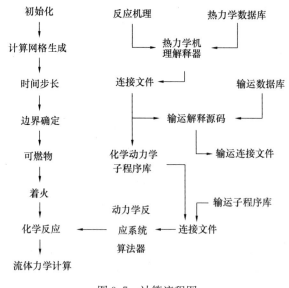

动力学特征，对其中有限化学反应速率与扩散、混合以及与流动过程之间的相互作用进行深入分析，传统的在多维流动燃烧分析中假定反应为单步或无限快的燃烧模型已不能满足要求。目前，国际燃烧学界高度重视含详细化学反应动力学机理的三维流动研究，但巨大的挑战来源于极其巨大的计算量，所以有关学者致力于耦合简化反应机理的多维流动计算研究。但应该看到，该方面的研究目前尚处于探索阶段，一些成功的例子多集中于空间极小、边界条件简单的燃烧室内，对小分子燃料燃烧过程的计算和分析。由于在火灾中，燃烧空间大、边界复杂并且燃料种类多样，耦合详细

图 9.7 计算流程图

化学反应动力学机理或简化反应机理的三维流动研究目前尚未见报道。至此，似乎如何选择研究的材料成了一个难题。但由于大多研究的最终目的是制定出通用的"毒性效应"场分布的数值预测及分析方法，所以可以先选择一些有代表性燃料的燃烧进行研究。例如，个别低碳烷烃类气体燃料、液体汽油，特别是火灾中常见的聚合物，通过试验、矩阵分析和化学反应动力学机理分析，合理制定简化反应机理。

目前国外对燃料详细的基元反应动力学的研究已开展了数十年，取得了许多重要的成果；国内在此方面的研究还不充分，但目前该领域的研究已逐渐引起国内学者的重视。

耦合详细/半详细反应动力学机理的多维反应流数值模拟，其计算量巨大。因此，国内外开展了对详细化学反应动力学机理进行简化的研究工作。使用的方法有准稳态假设（quasi steady state assumption，QSSA）、准平衡假设（partial equilibrium，PE）及具有相当严格数学基础的 ILDM（intrinsic low-dimensional manifolds）方法。ILDM 方法通过分析各基元反应特征值来设定较快的反应，在反应空间上的每一点进行计算，可以得到一个低维的简化反应空间。1992 年 U. Mass 和 S. B. Pope 首次使用这种方法，对氢气燃烧的化学反应机理进行了简化，建立了由两个控制参数组成的二维数据库，该数据库可以应用在燃烧的模拟计算中。近年来，ILDM 方法已逐渐应用到对燃烧的计算模拟研究中。应该特别指出的是：ILDM 方法基于燃料详细反应动力学机理的"分层"机构，其理论推导的透明性和严密性使其成为目前国际上最为先进的简化方法之一，但由于反应系统微分方程的非线性、相互耦合和其本身的复杂性，使得从扩展系统中分离原反应系统特征量变得非常困难，所以，目前国际上成功进行 ILDM 研究的单位并不多。

对火灾中典型燃料燃烧有毒物质生成现象进行数值模拟预测是火灾环境"毒性效应"研究的主要内容之一。具体包括：典型燃料详细/半详细反应动力学机理制定；基元反应、物质组分热物性参数和输运参数的精确制定是计算机模拟精度的重要保证；燃料预混、扩散毒性物质生成规律；在不同当量比、压强、出口流量等条件下，燃烧中有毒物质的生成和释放规律；主要是利用耦合燃料详细/半详细化学反应动力学机理计算，研究获得典型燃料燃烧

中的主要物、中间物、自由基和痕迹物质生成规律；其中，利用 CHEMKIN 中的 PREMIX 及 OPPDIF 模块分别研究层流预混和扩散火焰，以及相对射流火焰。同时可实现利用简化机理对定压、绝热燃烧中有毒物质生成组分的数值预测；根据燃烧链式反应具有分层结构的原理，运用 ILDM 模型和多组分模型对详细/半详细反应机理进行简化；研究获得火灾条件下简化机理运用的方法和合理性；总包反应和详细反应模拟软件的耦合；研究获得设定火灾场景下空间各部位有毒物质的浓度等变化规律。

许镇等为了在非烟气毒性实验规定的暴露时间内更加准确地评价建筑火灾烟气毒性危害，引入毒性评价指标 50% 致命浓度 LC_{50} 与暴露时间的关系，对基于有效剂量分数 FED 的多气体毒性评价 N-气体模型进行改进，并开发了基于火灾动力学模拟器 FDS 数据的烟气毒性评价程序。通过该程序，分别用改进模型与原模型对某单层住宅进行了烟气毒性评价。结果表明：在实验规定暴露时间，二者的评价结果相同；在非实验规定暴露时间，二者的评价结果存在差异。对评价结果的分析，说明改进的 N-气体模型在非实验规定暴露时间内的毒性评价更加准确。

参 考 文 献

[1] 舒中俊，徐晓楠，李响. 聚合物材料火灾燃烧性能评价[M]. 北京：化学工业出版社，2007.

[2] 詹姆士 G. 昆棣瑞. 火灾学基础. 杜建科，王平，高亚萍译[M]. 北京：化学工业出版社，2010.

[3] 杜建科，舒中俊，朱惠军，等. 材料燃烧性能与试验方法[M]. 北京：中国建材工业出版社，2013.

[4] 赵成刚，曾绪斌，邓小斌，等. 建筑材料及制品燃烧性能分级评价[M]. 北京：中国标准出版社，2007.

[5] 胡源，尤飞，宋磊，等. 聚合物材料火灾危险性分析与评估[M]. 北京：化学工业出版社，2007.

[6] 张晨，岳尔斌，仇圣桃. 钢的高温力学性能及其影响因素分析[J]. 连铸，2008，(6)：6-10.

[7] 杨晓菡. 建筑室内木材火灾特性参数规律性研究[D]. 重庆：重庆大学，2006.

[8] 张辉. 结构用钢高温力学性能分析及防火技术措施[J]. 消防技术与产品信息，2005，(11)：34-36.

[9] 方梦祥，宋长忠，沈德魁，等. 木材热解与着火特性试验研究[J]. 浙江大学学报：工学版，2008，42
(3)：511-516.

[10] 沈德魁，方梦祥，李社锋，等. 热辐射下木材的热解与着火特性[J]. 燃烧科学与技术，2007，13
(5)：437-442.

[11] 沈德魁. 热辐射下积炭类可燃物热解与着火特性的机理研究[D]. 杭州：浙江大学，2007.

[12] 杨立中，郏军芳，周晓冬，等. 辐射方向对木材引燃特性影响的实验研究[J]. 工程热物理学报，
2010，31(12)：2133-2136.

[13] 朱五八. 不同通风状况下典型软垫家具火灾特性研究[D]. 合肥：中国科学技术大学，2007.

[14] C. A. 哈珀. 建筑材料防火手册. 公安部四川消防研究所译[M]. 北京：化学工业出版社，2006.

[15] 王庆国，张军，张峰. 锥形量热仪的工作原理及应用[J]. 现代科学仪器，2003，(6)：36-39.

[16] 刘万福，葛明慧，赵力增，等. 影响热释放速率测量因素的实验研究[J]. 工程热物理学报，2009，
30(4)：717-720.

[17] 王允，陈禹. 锥形量热仪在阻燃材料研究中的应用[J]. 武警学院学报，2006，22(1)：31-32.

[18] 刘向峰，张军. 基本参数对锥形量热法测定高分子材料热释放速率的影响[J]. 高分子材料科学与工
程，2003，19(4)：27-31.

[19] 董惠. ISO 9705 大尺度火灾热释放速率相关实验研究[D]. 哈尔滨：哈尔滨工程大学，2006.

[20] 孙金华，王青松，纪杰，等. 火焰精细结构及其传播动力学[M]. 北京：科学出版社，2011.

[21] 张英. 典型可炭化固体材料表面火蔓延特性研究[D]. 合肥：中国科学技术大学，2012.

[22] 陈鹏. 典型木材表面火蔓延行为及传热机理研究[D]. 合肥：中国科学技术大学，2006.

[23] 凌忠钱，周昊，钱欣平，等. 自由堆积多孔介质内预混燃烧火焰传播[J]. 化工学报，2008，59(2)：
456-460.

[24] 裴蓓，陈立伟，路长. 典型阴燃物质燃烧特性实验研究[J]. 火灾科学，2011，20(2)：94-98.

[25] 尹艺，黄新杰，张英，等. 浸没难挥发性可燃液体的多孔介质表面火焰传播特性[J]. 燃烧科学与技
术，2011，17(6)：546-550.

[26] 黄新杰. 不同外界环境下典型保温材料 PS 火蔓延特性规律研究[D]. 合肥：中国科学技术大
学，2011.

[27] 唐飞. 不同外部边界及气压条件下建筑外立面开口火溢流行为特征研究[D]. 合肥：中国科学技术大
学，2013.

[28] 王骁，李水清，陈娉婷，等. 环境辐射对固体燃料火焰传播速度的影响[J]. 工程热物理学报，2013，34(12)：2401-2404.

[29] 张夏，于勇. 不同重力下薄燃料表面火焰传播的相似性[J]. 燃烧科学与技术，2008，14(4)：289-294.

[30] 张小乐，胡隆华，霍然，等. 低重力下典型固体燃料的火焰特征及燃烧速率[J]. 燃烧科学与技术，2011，17(3)：262-267.

[31] 邱榕，范维澄. 火灾常见有害燃烧产物的生物毒理(Ⅱ)：一氧化氮、二氧化氮[J]. 火灾科学，2001，10(4)：200-204.

[32] 李志红. 火灾中常见有害燃烧产物的毒害机理与急救措施[J]. 安全与环境工程，2010，17(3)：93-97.

[33] 蒋玲，刘筱璐，王瑛琪. 火灾计算机模拟技术发展现状浅析[J]. 消防科学与技术，2009，28(3)：156-159.

[34] 静元. 建筑火灾计算机模拟软件介绍[J]. 西安建大科技，2007，(2)：46-52.

[35] 孟宏涛. FDS＋EVAC 在建筑火灾疏散研究中的应用[J]. 安徽建筑工业学院学报：自然科学版，2010，18(2)：21-25.

[36] 智会强，牛坤，姜明理，等. 火灾数值模型的验证和确认[J]. 河北工程大学学报：自然科学版，2013，30(1)：74-77.

[37] 甘子琼，戚天游，肖华荣. 钢结构防火涂料现状及其发展[J]. 涂料工业，2004，34(3)：42-46.

[38] 马洪涛. 钢结构防火涂料现状及其发展趋势[J]. 山东建材，2007，(3)：37-41.

[39] GB 14907—2002 钢结构防火涂料[S].

[40] CECS 200：2006 建筑钢结构防火技术规范[S].

[41] 王玲玲，李国强，王永昌. 湿热老化后膨胀型钢结构防火涂层导热系数数值计算[J]. 防灾减灾工程学报，2012，32(1)：124-130.

[42] 王霁，舒中俊，张克俭. 电缆防火涂料等效热扩散系数的确定方法[C]. 上海：第三届全国防火涂料学术与技术研讨会论文集，2011：112-122.

[43] 李国强，韩林海，娄国彪，等. 钢结构及钢-混凝土组合结构抗火设计[M]. 北京：中国建筑工业出版社，2006.

[44] 韩君，李国强，楼国彪. 非膨胀型防火涂料的等效热传导系数及其试验方法[J]. 防灾减灾工程学报，2012，32(2)：191-196.

[45] 王安彬，刘栋栋，李磊. 钢结构防火涂料等效热传导系数实验研究[C]. 第3届全国工程安全与防护学术会议论文集，2012：699-774.

[46] 蒋首超，徐小洋，赵蕾，等. 钢结构防火涂料等效热传导系数的确定[J]. 四川建筑科学研究，2004，(9)：114-116.

[47] 苏晓明. 含硼超薄型钢结构防火涂料的研制[D]. 廊坊：中国人民武装警察部队学院，2013.

[48] 章熙民，任泽霈，梅飞鸣. 传热学. 第5版[M]. 北京：中国建筑工业出版社，2007.

[49] 魏高升，杜小泽，于帆，等. 瞬态热带法热物性测试技术中加热功率的选取[J]. 中国电机工程学报，2008，28(20)：44-47.

[50] 赫丽宏，林凌，李刚. 一种改进的绝热材料导热率测控系统的设计[J]. 仪器仪表学报，2003，24(4)：181-183.

[51] 张涛，余建祖，高红霞. TPS法测定泡沫铜/石蜡复合相变材料热物性[J]. 太阳能学报，2010，31(5)：604-609.

[52] 徐慧，徐锋. 一种基于虚拟技术的新的测量材料导热系数的方法[J]. 大学物理，2005，24(4)：48-50.

[53] 王强. 基于保护平面热源法的隔热材料热物性测量技术研究[D]. 哈尔滨：哈尔滨工业大学，2009.

[54] 魏高升，张欣欣，于帆，等. 激光脉冲法测量硬硅钙石绝热材料热扩散率[J]. 北京科技大学学报，2006，28(8)：778-781.

[55] 李丽新，刘秋菊，刘圣春，等. 利用瞬态热线法测量固体导热系数[J]. 计量学报，2006，27(1)：39-42.

[56] 于帆，张欣欣，高光宁. 热线法测量半透明固体材料的导热系数[J]. 计量学报，1998，19(2)：112-118.

[57] 孟凡凤，李香龙，吴晓辉，等. 利用探针法测定土壤的导热系数[J]. 绝缘材料，2006，39(6)：65-70.

[58] 于帆，张欣欣. 热带法测量材料导热系数的实验研究[J]. 计量学报，2005，26(1)：27-29.

[59] 陈昭栋. 平面热源法瞬态测量材料热物性的研究[J]. 电子科技大学学报，2004，33(5)：551-554.

[60] 王补宣，韩礼钟，方肇洪. 常功率平面热源法加热器热容量的影响[J]. 工程热物理学报. 1983，4(1)：38-45.

[61] 舒中俊，孙清辉，陈南，等. 穿管保护对 ZR-VV 电缆绝缘失效条件的影响[J]. 消防科学与技术，2010，29(6)：473-477.

[62] 彭芳麟. 数学物理方程的 MATLAB 解法与可视化[M]. 北京：清华大学出版社，2008.

[63] 刘加奇. 聚合物基复合材料导热性能的模拟研究[D]. 北京：北京化工大学，2011.

[64] 温晓炅，包建军，刘艳. 聚合物的热传导与阻燃[J]. 塑料工业，2006，34(5)：252-255.

[65] 张峰. 典型膨胀阻燃聚合物材料燃烧过程分析与模拟研究[D]. 青岛：青岛科技大学，2008.

[66] 张军，纪奎江，夏延致. 聚合物燃烧与阻燃技术[M]. 北京：化学工业出版社，2005.

[67] 舒中俊，徐晓楠，杨守生，等. 基于锥形量热仪试验的聚合物材料火灾危险评价研究[J]. 高分子通报，2006，(5)：37-45.

[68] 刘军军. 材料燃烧烟气毒性综合评价[D]. 重庆：重庆大学，2005.

[69] 童朝阳，阴忆烽，黄启斌，等. 火灾烟气毒性的定量评价方法评述[J]. 安全与环境学报，2005，4(5)：101-105.

[70] 刘军军，李风，张智强. 火灾烟气毒性评价和预测技术研究[J]. 中国安全科学学报，2006，16(1)：76-84.

[71] 刘军军，李风，兰彬，等. 火灾烟气毒性研究的进展[J]. 消防科学与技术，2005，26(4)：674-678.

[72] 黄锐，杨立中，方伟峰，等. 火灾烟气危害性研究及其进展[J]. 中国工程科学，2002，4(7)：80-85.

[73] 杨晓菡. 基于 ISO 9705 房间木垛火试验的 FDS 模拟预测研究[J]. 消防科学与技术，2009，28(3)：151-155.

[74] 赵泽文，蒋勇. 计算机数值模拟在火灾烟气有毒物质生成研究中的应用[J]. 消防技术与产品信息，2008，(12)：32-35.

[75] 张阳. 聚合物材料燃烧性和阻燃性的研究[D]. 广州：华南理工大学，2012.

[76] 陆晓东. 聚合物着火、燃烧特性的研究[D]. 青岛：青岛科技大学，2006.

[77] 杨立中，方伟峰. 可燃材料火灾中的毒性评估方法[J]. 中国安全科学学报，2001，11(1)：65-70.

[78] 方伟峰，杨立中. 可燃材料烟气毒性及其在火灾危险性评估中的作用[J]. 自然科学进展，2002，12(3)：245-249.

[79] 李宁，黄凯旗. 木质装饰材料的防火处理[J]. 家具与室内装饰，2002，(3)：51-53.

[80] 王静，王恩元. 浅谈有机卤系阻燃材料火灾中的烟气毒性评估[J]. 西部探矿工程，2005，(10)：241-243.

[81] 张和平，徐亮，杨昀，等. 室内沙发燃烧的全尺寸实验和数值模拟[J]. 燃烧科学与技术，2005，11

(3)：208-212.

[82] 许镇，唐方勤，任爱珠. 烟气毒性多气体的改进评价模型[J]. 清华大学学报：自然科学版，2011，51 (2)：194-197.

[83] GB/T 20285—2006 材料产烟毒性危险分级[S].

[84] Mouritz A P, Gibson A G. Fire Properties of Polymer Composite Materials [M]. Published by Springer，2006.

[85] Quintiere J G. A Theoretical Basis for Flammability Properties of Materials [J]. Fire and Materials，2006，(30)：175-214

[86] Babrauskas V, Peacock R D. Heat Release Rate：the Single Most Important Variable in Fire Hazard [J]. Fire Safety Journal, 1992, 18：255-272.

[87] Hirschler M M. Smoke and Heat Release and Ignitability as Measures of Fire Hazard from Burning of Carpet Tiles[J]. Fire Safety Journal, 1997, 18：305-324.

[88] Babrauskas V. Fire Test Methods for Evaluation of Fire-retardant Efficacy in Polymeric Materials[C]. In：Fire Retardancy of Polymeric Materials, ed. A. F. Grand and C. A. Wilkie, New York：Marcel Dekker, Inc.,, 2000：81-113.

[89] Babrauskas V, Baroudi D, Myllyniäki J, et al. The Cone Calorimeter Used for Predictions of the Full-scale Burning Behaviour of Upholstered Furniture[J]. Fire and Materials, 1997, 21：95-105.

[90] Urbas J, Luebbers G E. The Intermediate Scale Calorimeter Development[J]. Fire and Materials, 1995, 19：65-70.

[91] Lattimer B Y. Heat Fluxes from Fires to Surfaces[C]. In：The SFPE Handbook of Fire Protection Engineering, 3rd edition, ed. DiNenno P J, MA：Boston, 2001.

[92] Heskestad G. Luminous Height of Turbulent Diffusion Flames[J]. Fire Safety Journal, 1983, 5：103-108.

[93] Back G, Beyler C L, DiNenno P, et al. Wall Incident Heat Flux Distributions Resulting from an Adjacent Fire[C]. In：Proceedings of the 4th International Symposium on Fire Safety Science, 1994：241-252.

[94] Beyler Craig L, Hirschler Marcelo M. Thermal Decomposition of Polymers[C]. In：The SFPE Handbook of Fire Protection Engineering, 3rd edition, ed. DiNenno P J, MA：Boston, 2001,

[95] Kodur V K R, Harmathy T Z. Properties of Building Materials[C]. In：The SFPE Handbook of Fire Protection Engineering, 3rd edition, ed. DiNenno P J, MA：Boston, 2001,

[96] Brauman S K. Polymer Degradation during Combustion [J], J. Polymer Sci., B, 1988, 26：1159-1171.

[97] Grassie N, Scott G. Polymer Degradation and Stabilisation[M], Cambridge, UK：Cambridge University Press, 1985.

[98] Madorsky S L. Thermal Degradation of Polymers, Robert E. Kreiger, New York, 1985.

[99] Levchik S, Wilkie C A. Char Formation[C]. In：Fire Retardancy of Polymeric Materials, ed. Grand A F, Wilkie C A, New York：Marcel Dekker Inc.,, 2000：171-215.

[100] Pektas I. High-temperature Degradation of Reinforced Phenolic Insulator[J]. Journal of Applied Polymer Science, 1998, 68：1337-1342.

[101] Gibson A G., Hume J. Fire Performance of Composite Panels for Large Marine Structures[J]. Plastics, Rubber and Composites, Processing and Applications, 1995, 23：175-183.

[102] Gibson A G, Wright P N H, Wu Y S, et al. Modelling Residual Mechanical Properties of Polymer Composites after Fire[J]. Plastics, Rubbers and Composites, 2003, 32：81-90.

[103] Bourbigot S, Flambard X, Poutch F. Study of the Thermal Degradation of High Performance Fibers Application to Polybenzazole and P-aramid Fibres[J]. Polymer Degradation & Stability, 2001, 74: 283-290.

[104] Bourbigot S, Flambard X. Heat Resistance and Flammability of High Performance Fibres: a Review [J]. Fire and Materials, 2002, 26: 155-168.

[105] Brown J R, Fawell P D, Mathys Z. Fire-hazard Assessment of Extended-chain Polyethylene and Aramid Composites by Cone Calorimetry[J]. Fire and Materials, 1994, 18: 167-172.

[106] Mouritz A P, Gardiner C P. Compression Properties of Fire-damaged Polymer Sandwich Composites [J]. Composites, 2002, 33A: 609-620.

[107] Bates S C, Solomon P R. Elevated Temperature and Oxygen Index Apparatus and Measurements[J]. Journal of Fire Sciences, 1993, 11: 271-284.

[108] Tewarson A. Generation of Heat and Chemical Compounds in Fires[C]. In: The SFPE Handbook of Fire and Protection Engineering, 3nd edn (eds P. J. DiNenno), Section 3, National Fire Protection Association Quincy, Massachusetts, 1995: 3-68.

[109] Quintiere J G, Rangwala A S. A Theory for Flame Extinction Based on Flame Temperature[J]. Fire and Materials, 2004, 28: 387-402.

[110] Babrauskas V, Parker W J. Ignitability Measurements with the Cone Calorimeter[J]. Fire and Materials, 1987, 11: 31-43.

[111] Scudamore M J. Fire Performance Studies on Glass-reinforced Plastic Laminates[J]. Fire and Materials, 1994, 18: 313-325.

[112] Hshieh F-Y, Beeson H D. Flammability Testing of Flame-retarded Epoxy Composites and Phenolic Composites[J]. Fire and Materials, 1997, 21: 41-49.

[113] Mouritz A P, Mathys Z. Mechanical Properties of Fire-damaged Glass-reinforced Phenolic Composites [J]. Fire and Materials, 2000, 24: 67-75.

[114] Dembesy N A, Jacoby D J. Evaluation of Common Ignition Models for Use with Marine Cored Composites[J]. Fire and Materials, 2000, 24: 91-100.

[115] Lyon R E, Demario J, Walters R N, et al. Flammability of Glass Fiber-reinforced Polymer composites [C]. Proceedings of the Fourth Conference on Composites in Fire, 15-16 September 2005, Newcastle-upon-Tyne, UK.

[116] Gibson A G, Wu Y S, Chandler H W, et al. A Model for the Thermal Performance of Thick Composite Laminates in Hydrocarbon Fires Composite Materials in the Petroleum Industry[J]. Revue de I'Institute Francais du Petrole, 1995, 50: 69-74.

[117] Long Shi, Michael Yit Lin Chew. A Review of Fire Processes Modeling of Combustible Materials under External Heat flux[J]. Fuel, 2013, 106: 30-50.

[118] Linterisa G T, Lyon R E, Stoliarov S I. Prediction of the Gasification Rate of Thermoplastic Polymers in Fire-like Environments[J]. Fire Safety Journal, 2013, 60: 14-24.

[119] Zhou Liming. Solid Fuel Flame Spread and Mass Burning in Turbulent Flow[D]. Berkeley, America: University of California, 1991.

[120] Drysdale D. An Introduction to Fire Dynamics. 3rd ed. [M]. Chichester, England: John Wiley & Sons, Ltd. 2011.

[121] Ufuah E, Bailey C G. Flame Radiation Characteristics of Open Hydrocarbon Pool Fires[C]. Proceedings of the World Congress on Engineering 2011, Vol 3, WCE 2011, July 6-8, 2011, London, U. K.

[122] Quintiere J G, Iqbal N. An Approximate Integral Model for the Burning Rate of Thermoplastic-like

Materials[J]. Fire Mater, 1993, 18: 89-98.

[123] Quintiere J G. Fire Growth: An Overview[M]. Fire Technology First Quarter, 1997: 7-31.

[124] Fleury Rob. Evaluation of Thermal Radiation Models for Fire Spread Between Objects[D]. Christchurch, New Zealand, America: University of Canterbury, 2010.

[125] Chih-Hung Lin, Yuh-Ming Ferng, Wen-Shieng Hsu, et al. Investigations on the Characteristics of Radiative Heat Transfer in Liquid Pool Fires[J]. Fire Technology, 2010, 46: 321-345.

[126] Modak A, Croce P. Plastic Pool Fires[J]. Combustion and Flame, 1977, 30: 251-65.

[127] Iqbal N, Quintiere J G. Flame Heat Fluxes in PMMA Pool Fires[J]. J. Fire Protection Engng, 1994, 6(4): 153-162.

[128] Orloff L, Modak A, Alpert R L. Burning of Large-scale Vertical Surfaces[J], Proc. Comb. Inst. , 1977, 16: 1345-54.

[129] Kung H C, Stavrianidis P. Buoyant Plumes of Large-combustion Scale Pool fires[J]. Proc. Comb. Inst. , 1982, 19: 905-12.

[130] Tewarson A, Pion R F. Flammability of Plastics. I. Burning intensity[J]. Combustion and Flame, 1978, 26: 85-103.

[131] Tewarson A. Experimental Evaluation of Flammability Parameters of Polymeric Materials[C], In: Lewin M, and Pearce E M, eds. , Flame Retardant Polymeric Materials, Plenum Press, New York, 1982: 97-153.

[132] Mc Allister S, Finney M, Cohen J. Critical Mass Flux for Flaming Ignition of Wood as a Function of External Radiant Heat Flux and Moisture Content[C]. 7th US National Technical Meeting of the Combustion Institute, Atlanta, GA, March 20-23, 2011.

[133] Babrauskas V. Why was the Fire so Big? HHR: The Role of Heat Release Rate in Described Fires [J]. Fire & Arson Investigator, 1997, 47: 54-57.

[134] Babrauskas Vytenis. Heat Release Rates[C], In: The SFPE Handbook of Fire and Protection Engineering, 3nd edn (eds W. Douglas Walton, P. E), Section 3, National Fire Protection Association Quincy, Massachusetts, 2002, p. 3-1.

[135] Standard Test Method for Heat and Visible Smoke Release Rates for Materials and Products Using an Oxygen Consumption Calorimeter[C], ASTM E 1354, Philadelphia: American Society for Testing and Materials, 1997.

[136] Babrauskas V, Specimen Heat Fluxes for Bench-Scale Heat Release Rate Testing[J]. Fire and Materials, 1995, 19: 243-252.

[137] Hasemi Y. Experimental Wall Flame Heat Transfer Correla-tions for the Analysis of Upward Wall Flame Spread[J]. Fire Science and Technology, 1984, 4: 75-90.

[138] Tewarson A, Jiang F H, Morikawa T. Ventilation-Controlled Combustion of Polymers[J]. Combustion and Flame, 1993, 95: 151-169.

[139] deRis J, Cheng X. The Role of Smoke-Point in Material Flammability Testing[C]. In: Fire Safety Science—Proceedings of the Fourth International Symposium, New York: Elsevier Applied Science, 1994.

[140] Koylu U O, Sivathanu Y R, Faeth G M. Carbon Monoxide and Soot Emissions from Buoyant Turbulent Dif-fusion Flames[C]. In: Fire Safety Science—Proceedings of the Third International Symposium, New York: Hemisphere Publishing Co. 1991, 625-634.

[141] Mouritz A P, Mathys Z. Heat Release of Polymer Composites in Fire[C]. In: Proceedings of the SAMPE Symposium and Exhibition, 16-20 May 2004.

[142] Ohlemiller T, Shields J. One and Two-sided Burning of Thermally Thin Materials[J]. Fire and Materials, 1993, 17: 103-110.

[143] Hunter J, Forsdyke K L. Phenolic Glass Fiber-reinforced Plastic and its Recent Applications[J]. Polymer Composites, 1989, 2: 169-185.

[144] Jiang Yun. Decompositon, Ignition and Flame Spread on Furnishing Materials[D]. Australia: Victoria University, 2006.

[145] Hopkins D Jr, Quintiere J G. Material Fire Properties and Predictions for Thermoplastics[J]. Fire Safety Journal, 1996, 26: 241-268.

[146] Hjohlman Maria, Andersson Petra. Flame Spread Modelling of Textile Materials[R]. SP Technical Research Institute of Sweden, SP Report 2008: 34.

[147] Mujeebua M A, Abdullah M Z, Mohamad A A, et al. Trends in Modeling of Porous Media Combustion[J]. Progress in Energy and Combustion Science, 2010, 36: 627-650.

[148] Griffiths J F, Barnard J A. Flame and Combustion. 3rd ed. [M]. Pondicherry, India: Chapman & Hall, 1995.

[149] Leung C W, Chow W K. Review on Four Standard Tests on Flame Spreading[J]. International Journal on Engineering Performance-Based Fire Codes, 2001, 3(2): 67-86[20].

[150] Tewarson A. Lee J L, Pion R F. The Influence of Oxygen Concentration on Fuel Parameters for Fire Modeling[C]. Eighteenth Symposium (International) on Combustion, Combustion Institute, Pittsburgh, PA, pp. 563-570 (1981).

[151] Tewarson A. Flammability Properties of Engine Compartment Fluids, Part 1: Combustion Properties of Fluids Containing Carbon, Hydrogen and Oxygen[R]. Technical Report OBIR7. RC, Factory Mutual Research, Norwood, MA (1998).

[152] Tewarson A. Smoke Point Height and Fire Properties of Materials[R]. Technical Report NBS-GCR-88-555, National Institute of Standards and Technology, Gaithersburg, MD (1988).

[153] Tewarson A, Macaione D. Polymers and Composites: An Examination of Fire Spread and Generation of Heat and Fire Products[J]. J. Fire Sciences, 1993, 11: 421-441.

[154] Glassman I. Soot Formation in Combustion Processes[C]. In: Twenty-Second Symposium (International) on Combustion, Combustion Institute, Pittsburgh: 1986, 295-311.

[155] Kent J H. A Quantitative Relationship between Soot Yield and Smoke Point Measurements[J]. Combustion and Flame, 1986, 63: 349-358.

[156] Nelson G L. Carbon Monoxide and Fire Toxicity: A Review and Analysis of Recent Work[J]. Fire Technology, 1998, 34: 38-58.

[157] Anderson C E, Ketchum D E, Mountain W P. Thermal Conductivity of Intumescent Hars[J]. Journal of Fire Science, 1988, (6): 390-410.

[158] European Commission for Constructional Steelwork. Design Manual on the European Recommendation for the Fire Safety of Steel Structures [M]. Brussels, 1985.

[159] Kantorovich I I, Bar-Ziv E. Heat Transfer within Highly Porous Chars: A Review[J]. Fuel, 1999, (78): 279-299.

[160] Staggs J E J. Thermal Conductivity Estimates of Intumescent Chars by Direct Numerical Simulation [J]. Fire Safety Journal, 2010, (45): 238-247.

[161] Staggs, J E J, Crewe R J, Butler R. A Theoretical and Experimental Investigation of Intumescent Behaviour in Protective Coatings for Structural Steel[J]. Chemical Engineering Science, 2012, (71): 239-251.

[162] Carson J K, Lovatt S J, Tanner D J, et al. Thermal Conductivity Bounds for Isotropic, Porous Materials[J]. International Journal of Heat and Mass Transfer, 2005, (48): 2150-2158.

[163] Bartholmai M, Schriever R. Influence of External Heat Flux and Coating Thickness on the Thermal Insulation Properties of Two Different Intumescent Coatings Using Cone Calorimeter and Numerical Analysis[J]. Fire and Materials, 2003, 37: 151-162.

[164] Yuan J F. Intumescent Coating Performance on Steel Structures under Realistic Fire Conditions[D]. 2009, the University of Manchester.

[165] Griffin G J. The Modeling of Heat Transfer Across Intumescent Polymer Coatings[J]. Journal of Fire Science, 2009, 00: 1-29.

[166] Guo Qiang Li, Guo Biao Lou, Chao Zhang, et al. Assess the Fire Resistance of Intumescent Coatings by Equivalent Constant Thermal Resistance[J]. Fire Technology, 2012, (48): 529-546.

[167] Salmon D. Thermal Conductivity of Insulations Using Guarded Hot Plates, Including Recent Developments and Sources of Reference Material[J]. Measurement Science and Technology, 2001, 12 (12): 89-98.

[168] Balageas D L. Thermal Diffusivity Measurement by Pulsed Methods[J]. Hightemp-high Press. 1989, 21: 85-96.

[169] Akoshima M, Baba T. Thermal Diffusivity Measurements of Candidate Reference Materials by the Laser Flash Method[J]. Int. J. Thermo. 2005, 26(1): 151-163.

[170] Zhang X, Degiovanni A, Maillet D. Hot-Wire Measurement of Thermal Conductivity of Solids[J]. High Temp. -High Press, 1993(25): 577-584.

[171] Labudova G, Vozarova V. Uncertainty of the Thermal Conductivity Measurement Using the Transient Hot Wire Method[J]. Journal of thermal analysis and calorimetry, 2002, 67(1): 257-265.

[172] Sassi L, Mzali F, Jemni A, et al. Nasrallah. Hot-Wire Method for Measuring Effective Thermal Conductivity of Porous Media[J]. Journal of Porous Media, 2005, 8(2): 97-113.

[173] Woodfield P L, Fukai J, Fujii M, et al. Determining Thermal Conductivity and Thermal Diffusivity of Low-Density Gases Using the Transient Short-Hot-Wire Method[J]. International Journal of Thermophysics, 2008, 29(4): 1299-1320.

[174] Santos D, Wilson N. Advances on the Hot Wire Technique[J]. Journal of the European Ceramic Society, 2008, 28(1): 15-20.

[175] Standard Test Method for Determination of Thermal Conductivity of Soil and Soft Rock by Thermal Needle Probe procedure[S]. American Society for Testing and Materials, 2000, D5334-00.

[176] Izaak van Haneghem. Standards for Non-Steady State Probe Technique[S]. NPL Standards for Contact Transient-Measurements of Thermal Properties. 2005: 1-5.

[177] Yamasue E, Masahiro S, Hiroyuki F, et al. Thermal Conductivities of Silicon and Germanium in Solid and Liquid States Measured by Non-Stationary Hot Wire Method with Silica Coated Probe[J]. Journal of Crystal Growth, 2002, 234(1): 121-131.

[178] Bilek J, Atkinson J, Wakeham W. Measurements of the Thermal Conductivity of Molten Lead Using A New Transient Hot-Wire Sensor[J]. International Journal of Thermophysics, 2007, 28(2): 496-505.

[179] Log T. Thermal Conductivity Measurements Using a Short Transient Hot-strip Method[J]. Rev. Sci. Instrum. 1992, 63(8): 3966-3971.

[180] Log T. Transient Hot-Strip Method for Simultaneous Determination of Thermal Conductivity and Thermal Diffusivity of Refractory Materials[J]. J. Am. Geram. Soc. 1991, 74 (3): 650- 653.

[181] Gobbé Claire, Iserna Sébastien, Ladevie Bruno. Hot Strip Method: Application to Thermal Characterisation of Orthotropic Media[J]. International Journal of Thermal Sciences, 2004, 43(10): 951-958.

[182] Log T. Transient Hot-Strip Method for Measuring Thermal Conductivity of Thermally Insulating Materials[J]. Fire and Materials, 1993, 62(3): 797-804.

[183] Ludovit Kubicar. Standards for Transient Pulse and Stepwise Plane Source Technique[S]. NPL Standards for Contact Transient-Measurements of Thermal Properties. 2005: 1-5.

[184] Gustafsson S E. Transient Plane Source Techniques for Thermal Conductivity and Thermal Diffusivity Measurement of Solid Materials[J]. Rev. Sci. Instrum, 1991, 62(3): 797-804.

[185] Log T, Gustafsson S E. Transient Plane Source Technique for Measuring Thermal Transport Properties of Building Materials[J]. Fire and Materials, 1994, 19(1): 43-49.

[186] Gustafsson S E. Standards for Transient Plane Source Technique[J]. NPL Standards for Contact Transient-Measurements of Thermal Properties. 2005: 1-5.

[187] Gustavsson M, Gustafsson S E. Thermal Conductivity as an Indicator of Fat Content in Milk[J]. Thermochimica Acta, 2006, 442: 1-5.

[188] Tewarson A. Flammability Parameters of Materials: Ignition, Combustion and Fire Propagation[J]. J. Fire Science, 1994, 10: 188-241.

[189] Tewarson A, Khan M M. A New Standard Test Method for the Quantification of Fire Propagation Behavior of Electrical Cables Using Factory Mutual Research Corporation's Small-Scale Flammability Apparatus[J]. Fire Technology, 1992, 28: 215-227.

[190] Khan M M. Classification of Conveyor Belts Using Fire Propagation Index[R]. Technical Report J. I. OT1E2. RC, Factory Mutual Research, Norwood, MA (1991).

[191] Purser David A. Toxicity Assessment of Combustion Products[J]. In: SFPE Handbook of Fire Protection Engineering, 3rd ed., NFPA, Quincy, MA, ch. 2-6 (2002).

[192] Hirschler M M. Fire Hazard and Toxic Potency of the Smoke from Burning Materials[J]. J. Fire Sciences, 1987, 5: 289-307.

[193] Grand A F. Evaluation of the Corrosivity of Smoke Using a Laboratory Radiant Combustion Exposure Apparatus[J]. J. Fire Sciences, 1992, 10: 72-93.